遥感图谱超分辨率重建技术

胡新礼 田 岩 著

科学出版社
北 京

内 容 简 介

本书是作者多年从事遥感影像处理与分析教学、科研工作中关于图像超分辨率重建研究的总结，主要介绍卫星遥感影像超分辨率处理的基本原理、方法和技术。

书中首先介绍了图像超分辨率的基本理论和方法，然后介绍了卫星影像的超分辨率重建技术，包括卫星影像退化因素分析及辨识、基于退化模型的卫星影像超分辨率重建、基于学习的卫星影像超分辨率重建、多角度卫星影像超分辨率重建、红外影像超分辨率重建、光学影像辅助的异源图像超分辨率重建，以及高/多光谱遥感影像空间超分辨率重建等，最后介绍了光谱超分辨率重建。

本书针对国产遥感卫星，突出理论性、系统性和实用性，适合从事卫星遥感影像处理和分析的相关工程技术人员使用，也可以作为高校院所相关专业的师生参考用书。

审图号：GS 京（2025）1327 号

图书在版编目（CIP）数据

遥感图谱超分辨率重建技术 / 胡新礼，田岩著.—北京：科学出版社，2025.6

ISBN 978-7-03-073666-6

Ⅰ.①遥… Ⅱ.①胡… ②田… Ⅲ.①遥感图像-高分辨率图形-研究 Ⅳ.①TP75

中国版本图书馆CIP数据核字（2022）第203451号

责任编辑：孙伯元　郭　媛 / 责任校对：崔向琳
责任印制：师艳茹 / 封面设计：无极书装

科学出版社 出版
北京东黄城根北街 16 号
邮政编码：100717
http://www.sciencep.com

北京富资园科技发展有限公司印刷
科学出版社发行　各地新华书店经销
*
2025 年 6 月第　一　版　开本：720×1000 1/16
2025 年 6 月第一次印刷　印张：18
字数：363 000
定价：189.00 元
（如有印装质量问题，我社负责调换）

前　言

　　图像超分辨率重建是在不改变成像系统的前提下，突破了成像硬件系统的瓶颈，从图像处理的角度利用算法提升图像的分辨率，以达到提高图像质量的目的。随着计算机技术的发展以及相关应用的迫切需求，图像超分辨率重建已经广泛应用于图像生产、数据预处理以及遥感数据产品应用等诸多领域。

　　图像超分辨率重建融数学、物理、人工智能与计算机科学于一体。与机器视觉、人工智能、图像传输以及计算机科学等技术密切相关。目前，对于图像超分辨率重建的研究，历久而弥新。

　　本书在编排过程中，主要基于以下几点考虑：其一，较为全面系统地介绍图像超分辨率重建的基本原理、概念，并介绍主流方法和技术；其二，力求反映遥感数据超分辨率重建的进展；其三，针对我国的卫星影像，开展超分辨率重建研究，提高我国国产卫星数据的应用水平。因此，本书在编排过程中，一方面详细梳理了超分辨率重建研究的经典内容和方法，同时又遴选了该领域的最新成果，以期读者能够了解图像超分辨率重建的概貌；另一方面采用我国的卫星数据作为示例，使读者能够对该领域原理和方法有一个直观明了的认识。

　　本书源自经典图像超分辨率重建方法的归纳总结，以及作者从事相关课题研究的成果和学生的毕业论文。书中的第 2 章到第 5 章，主要介绍可见光卫星影像的超分辨率重建；第 6 章和第 7 章侧重于红外图像的超分辨率重建；第 8 章主要介绍高/多光谱遥感影像空间超分辨率重建；不同于前面各章中的空间超分辨率重建，第 9 章主要阐述遥感数据光谱维度的超分辨率重建，旨在提高光谱影像分辨率，丰富其谱信息。

　　由于作者水平有限，书中不足之处在所难免，恳请读者批评指正。

目 录

前言

第1章 绪论 ··· 1
1.1 超分辨率问题的源起 ·· 1
1.2 超分辨率重建的理论依据 ·· 4
1.3 超分辨率重建研究的意义 ·· 6
1.4 超分辨率重建的基本方法分类 ·· 7
参考文献 ·· 8

第2章 卫星影像退化因素分析及辨识 ··· 9
2.1 系统噪声 ·· 9
2.1.1 光电散粒噪声 ··· 9
2.1.2 读出噪声 ·· 9
2.1.3 斑点噪声 ··· 10
2.1.4 条带噪声 ··· 10
2.1.5 脉冲噪声 ··· 11
2.2 信噪比估计 ··· 11
2.3 光学系统退化参数估计 ··· 23
2.3.1 散焦退化半径估计 ··· 24
2.3.2 运动退化参数估计 ··· 27
2.3.3 高斯散焦退化参数估计 ··· 36
2.4 大气湍流退化参数估计 ··· 41
参考文献 ··· 44

第3章 基于退化模型的卫星影像超分辨率重建 ···································· 46
3.1 遥感卫星典型成像模式 ··· 46
3.1.1 光机扫描成像仪 ·· 46
3.1.2 线阵推扫成像仪 ·· 47
3.1.3 面阵凝视成像仪 ·· 48
3.2 图像超分辨率问题的退化模型 ·· 49
3.3 图像超分辨率重建问题的两个特性 ·· 50
3.3.1 反问题 ·· 50
3.3.2 不适定性问题 ··· 51

3.4 单幅图像超分辨率重建 ………………………………………………………… 51
3.4.1 反向迭代投影方法 ……………………………………………………… 52
3.4.2 非盲去卷积方法 ………………………………………………………… 53
3.4.3 盲去卷积方法 …………………………………………………………… 55
3.5 序列图像超分辨率重建 ………………………………………………………… 57
3.5.1 频率域超分辨率重建方法 ……………………………………………… 58
3.5.2 非均匀插值方法 ………………………………………………………… 61
3.5.3 凸集投影方法 …………………………………………………………… 63
3.5.4 最大后验概率方法 ……………………………………………………… 64
3.5.5 其他方法 ………………………………………………………………… 68
参考文献 …………………………………………………………………………… 68

第 4 章 基于学习的卫星影像超分辨率重建 ………………………………………… 71
4.1 基于神经网络的超分辨率重建 ………………………………………………… 71
4.1.1 基于霍普菲尔德和 BP 神经网络的超分辨率重建 …………………… 71
4.1.2 基于深度学习的超分辨率重建 ………………………………………… 73
4.2 基于流形学习的超分辨率重建 ………………………………………………… 85
4.2.1 基本概念 ………………………………………………………………… 85
4.2.2 基于局部线性嵌入的降维方法 ………………………………………… 86
4.2.3 基于邻域嵌入的超分辨率重建方法 …………………………………… 87
4.3 基于稀疏表示的超分辨率重建 ………………………………………………… 90
4.3.1 压缩感知理论和超分辨率重建 ………………………………………… 90
4.3.2 稀疏表示理论 …………………………………………………………… 91
4.3.3 过完备字典学习 ………………………………………………………… 93
4.3.4 基于稀疏表示的超分辨率重建的经典方法 …………………………… 94
4.3.5 Zeyde 超分辨率重建方法 ……………………………………………… 97
4.3.6 基于多尺度自相似的学习方法 ………………………………………… 101
参考文献 …………………………………………………………………………… 105

第 5 章 多角度卫星影像超分辨率重建 ……………………………………………… 109
5.1 引言 ……………………………………………………………………………… 109
5.2 多角度影像配准 ………………………………………………………………… 110
5.2.1 遥感影像配准一般步骤 ………………………………………………… 110
5.2.2 遥感影像配准方法分类 ………………………………………………… 112
5.3 多角度影像超分辨率重建 ……………………………………………………… 120
5.3.1 传统非均匀插值方法的超分辨率重建 ………………………………… 120
5.3.2 非均匀插值方法的改进 ………………………………………………… 124
5.3.3 基于核回归的非均匀插值方法的超分辨率重建 ……………………… 127

5.3.4　基于模型的多角度遥感影像超分辨率重建 ················· 130
　　　5.3.5　实验结果及分析 ·· 132
　参考文献 ·· 136

第6章　红外图像超分辨率重建 ·· 142
　6.1　红外成像原理及模型 ·· 142
　　　6.1.1　红外成像的物理过程 ······································ 142
　　　6.1.2　红外焦平面阵列的成像模型 ······························· 144
　6.2　影响红外系统分辨率的主要因素 ································ 145
　6.3　红外图像超分辨率重建 ·· 147
　6.4　基于插值方法的红外图像超分辨率重建 ······················· 148
　6.5　基于退化模型的红外图像超分辨率重建 ······················· 154
　　　6.5.1　基于最大后验概率方法的红外图像超分辨率重建 ······· 154
　　　6.5.2　基于凸集投影方法的红外图像超分辨率重建 ············ 159
　　　6.5.3　基于正则化方法的红外图像超分辨率重建 ··············· 164
　6.6　基于流形学习的红外图像超分辨率重建 ······················· 172
　参考文献 ·· 176

第7章　光学影像辅助的异源图像超分辨率重建 ··················· 180
　7.1　概述 ·· 180
　7.2　基于可见光影像辅助的红外图像超分辨率重建 ··············· 182
　　　7.2.1　基于边缘相关性分析的红外图像超分辨率重建 ·········· 182
　　　7.2.2　基于总广义变差正则化的红外图像超分辨率重建 ······· 186
　　　7.2.3　实验结果及分析 ·· 195
　7.3　基于可见光影像辅助的深度图像超分辨率重建 ··············· 201
　　　7.3.1　基于双边滤波的深度图像超分辨率优化重建 ············ 202
　　　7.3.2　基于马尔可夫随机场模型的深度图像超分辨率重建 ···· 205
　　　7.3.3　基于总广义变差正则化的深度图像超分辨率重建 ······· 207
　　　7.3.4　实验结果及分析 ·· 211
　参考文献 ·· 218

第8章　高/多光谱遥感影像空间超分辨率重建 ······················ 222
　8.1　引言 ··· 222
　8.2　混合像元解混和定位简述 ······································· 222
　8.3　高/多光谱混合像元线性分解模型 ······························ 224
　　　8.3.1　混合像元线性分解模型 ···································· 224
　　　8.3.2　端元选取方法 ··· 224
　　　8.3.3　高/多光谱影像混合像元分解 ······························ 232

8.4 高/多光谱影像亚像元定位 237
    8.4.1 亚像元定位 237
    8.4.2 基于位置可信度分析的高光谱亚像元定位 238
    8.4.3 基于元胞自动机多光谱亚像元定位 239
参考文献 242

第9章 光谱超分辨率重建 245
9.1 引言 245
9.2 基于多光谱影像的超光谱影像重建 246
    9.2.1 光谱超分辨率重建基本思想 246
    9.2.2 基于像元解混的光谱超分辨率重建流程 246
9.3 光谱超分辨率重建实现 248
    9.3.1 多光谱地表反射率图像获取 248
    9.3.2 多光谱端元提取 249
    9.3.3 多光谱迭代插值 251
    9.3.4 插值光谱选择 258
    9.3.5 高光谱传感器响应采样 259
    9.3.6 高光谱影像合成 260
9.4 光谱超分辨率实验及分析 261
    9.4.1 实验方案 261
    9.4.2 测试数据选择 261
    9.4.3 光谱超分辨率真实性验证 262
    9.4.4 光谱影像分类能力验证 272
参考文献 278

第1章 绪 论

随着遥感应用定量化水平的提高,图像超分辨率重建的研究方兴未艾。本章主要针对超分辨率问题的源起、理论依据、理论意义和实际价值,以及基本方法分类等方面进行简要的介绍。

1.1 超分辨率问题的源起

计算机科学和空间科学的发展大力地推动了传感器技术、航空航天平台技术,以及数据通信技术的进步,也带动了遥感技术的发展。遥感技术由于其大范围、快捷的观测优势,已呈现出多平台、多传感器、多角度和多时相的发展趋势[1]。

空间分辨率是传感器设计的关键性指标,也是评价遥感影像质量及开展遥感应用研究的重要参数。空间分辨率越高,图像像元所代表的实际场景面积越小,越能提供丰富的地物信息。高分辨率遥感影像可以反映出地物目标丰富的细节,从而凸显出地物目标的特征显著性和空间分布特性,为影像的精准解译提供了可能。近年来,国内外投入大量的人力、物力和财力开展高分辨率遥感影像的获取和分析,催生了高分辨率影像在测绘制图、交通建设、资源环境、农业林业、军事解译、灾害监测等众多领域的遥感产品[2]。

下面介绍美国、中国、法国及其他国家研制的比较有代表性的高分辨率卫星。

1. 美国高分辨率卫星

Landsat 系列卫星为美国国家航空航天局(National Aeronautics and Space Administration, NASA)的陆地观测卫星,自 1972 年 Landsat-1 卫星发射成功后,其空间分辨率由 80m 提升至 15m。Landsat-8 于 2013 年 2 月 11 日发射,包含有 8 个波段,其中波段 1~3 为可见光,波段 4、5、7 为近红外光,波段 6 为热红外光,波段 8 为全色影像。

IKONOS 卫星发射于 1999 年 9 月 24 日,是世界上第一颗提供高分辨率卫星影像的商业遥感卫星,可采集 1m 分辨率全色影像和 4m 分辨率多光谱影像,同时可将全色影像和多光谱影像融合成 1m 分辨率的彩色影像。

QuickBird 卫星于 2001 年 10 月由美国 DigitalGlobe 公司发射,是一种能提供亚米级空间分辨率的商业卫星,该卫星包含有红、绿、蓝和近红外四个波段,分辨率为 0.61m。

WorldView 系列卫星的首发星 WorldView-1 于 2007 年 9 月 18 日发射成功，其全色成像系统每天能够拍摄 50 万 km^2 内的分辨率为 0.5m 的影像。WorldView-2 卫星能够提供 0.5m 分辨率的全色影像和 1.8m 分辨率的多光谱影像。WorldView-3 于 2014 年 8 月 13 日发射成功，拍摄的影像分辨率最高可达 0.31m。

作为世界上规模最大的商业卫星遥感公司，美国 GeoEye 公司于 2008 年 9 月 6 日成功发射了商业对地成像卫星——GeoEye-1。该卫星具有 0.41m 分辨率的全色波段和 1.65m 分辨率的多光谱波段。

美国的 Keyhole 系列，即 KH-11、KH-12 型照相侦察卫星，是美国的新型数字成像无线电传输卫星。KH-11 型属第五代普查型照相侦察卫星，于 1976 年 12 月发射，地面分辨率为 1.5~3m。美国使用的主要是 1989 年 8 月发射的 KH-12 型照相侦察卫星。

2. 中国高分辨率卫星

高分一号是我国高分辨率对地观测系统国家科技重大专项的首发星。该星配置了两台 2m 分辨率全色/8m 分辨率多光谱相机，四台 16m 分辨率多光谱宽幅相机。高分二号卫星于 2014 年 8 月 19 日在太原卫星发射中心发射，分辨率优于 1m。

资源一号 02C 卫星于 2011 年 12 月 22 日成功发射。该卫星具有两个显著特点：一是配置的 10m 分辨率的 P/MS 多光谱相机是我国民用遥感卫星中最高分辨率的多光谱相机；二是配置的两台 2.36m 分辨率的 HR 相机使数据的幅宽达到 54km，从而使数据覆盖能力大幅增加，重访周期大大缩短。

资源三号卫星发射于 2012 年 1 月 9 日，这是我国首颗民用高分辨率光学传输型立体测图卫星。该卫星集测绘和资源调查功能于一体。资源三号上搭载的前、后、正视相机可以获取同一地区三个不同观测角度立体像对，因此能够提供丰富的三维几何信息，填补了我国立体测图这一领域的空白，具有里程碑式的意义。

环境与灾害监测预报小卫星 A、B 星(HJ-1A/1B 星)于 2008 年 9 月 6 日成功发射。在 HJ-1A 卫星和 HJ-1B 卫星上均装载有设计原理完全相同的两台电荷耦合器件(charge coupled device, CCD)相机，星下点地面像元分辨率为 30m。HJ-1A 卫星装载了超光谱成像仪，其地面像元分辨率为 100m。HJ-1B 卫星上装载了红外相机，地面像元分辨率为 150~300m。

中巴地球资源卫星(China-Brazil Earth Resources Satellite, CBERS)是由中国和巴西两国联合立项的卫星，我国为其研制贡献了巨大力量。CBERS-02 卫星于 2003 年 10 月 21 日发射升空。该卫星搭载的 CCD 相机星下点的空间分辨率为 19.5m，扫描幅宽为 113km。CBERS-02 卫星上的红外遥感多光谱扫描仪(infrared remote multispectral scanner, IRMSS)有 1 个全色波段、2 个短波红外波段和 1 个热红外波段。可见光、短波红外波段的空间分辨率为 78m，热红外波段的空间分辨率为 156m。

CBERS-02卫星上的宽视场成像仪(wide field imager, WFI)有1个可见光波段、1个近红外波段，星下点的可见光分辨率为258m。

3. 法国高分辨率卫星

SPOT卫星是法国国家空间研究中心(Centre National D'Etudes Spatiales, CNES)研制的一种地球观测卫星系统。其中SPOT-7全色分辨率为1.5m，多光谱分辨率为6m，星上载有两台称为"新型Astrosat平台光学模块化设备"(new Astrosat optical modular instrument, NAOMI)的空间相机，两台相机的总幅宽为60km。

SPOT卫星家族后续卫星命名为Pléiades，由Pléiades-1和Pléiades-2组成。首颗Pléiades-1卫星已于2011年12月17日成功发射，空间分辨率为50cm，幅宽达到20km。Pléiades-2于2012年12月1日成功发射，该卫星可每天重访全球任意一点，并可以近于实时地接收立体像对及三像对。

4. 其他国家高分辨率卫星

德国的RapidEye卫星，发射于2008年8月29日，日覆盖范围达400万km^2，每天都可以对地球上任一点成像，空间分辨率为5m。通过5个光谱波段(蓝、绿、红、近红外和红外)获取影像。TerraSAR-X是德国的一颗雷达卫星，可在高514km的极轨道上环绕地球，利用有源天线昼夜搜集雷达数据，其分辨率可达1m。

2007年6月8日，意大利的COSMO-SkyMed 1雷达卫星成功升空。该卫星的分辨率为1m，扫描幅宽为10km，具有雷达干涉测量地形的能力。

日本地球观测卫星计划主要包括大气系列、海洋观测系列以及陆地观测系列。采用了先进陆地观测技术的对地观测卫星ALOS是JERS-1与ADEOS的后继星，2006年1月24日发射，分辨率可达2.5m。

RADARSAT-2卫星由加拿大于2007年12月14日在哈萨克斯坦的拜科努尔航天中心成功发射。RADARSAT-2除了延续RADARSAT-1的拍摄能力和成像模式，还增加了3m分辨率超精细模式和8m全极化模式，并且可以根据指令在左视和右视之间切换。

Cartosat-1号卫星，又名IRS-P5，是印度于2005年5月5日发射的遥感制图卫星，该卫星搭载有两个分辨率为2.5m的全色传感器，通过连续推扫的方式形成同轨立体像对。

尽管目前已经从传感器设计的角度大力提升了卫星遥感影像的空间分辨率，但是高分辨率传感器的研制付出了高昂的经济代价。除了经济上的制约，通过硬件的途径实现图像空间分辨率的提升，也有其性能的极限。实际情形中，高分辨率遥感影像的获取受制于以下三个因素。

(1)成像系统固有的传感器阵列排列密度，限制了遥感影像的分辨率。

(2) 欠采样效应会造成遥感影像的频谱混叠，使获取的图像因混叠效应而发生退化。

(3) 大气影响，以及平台和景物间的相对运动，也会导致成像产生模糊和退化，从而降低影像分辨率。

为了提高影像的分辨率，从硬件的角度来看，主要有以下两种方式，即改进数字成像传感器的硬件设备或增加芯片的尺寸。前者主要提高传感器的制作工艺以减小传感器阵列的尺寸或提高单位面积上像元的个数。这种方式势必大幅度减少通光量，使光强变小，造成严重的散粒噪声，从而降低图像的质量。一般做法是在像元尺寸和散粒噪声之间进行折中和平衡，如互补金属氧化物半导体器件（complementary metal oxide semiconductor, CMOS）的尺寸为 0.35μm 时，最佳像元尺寸约为 40μm^2。后者必然导致电容增加，因为大电容会降低电荷的转移速率，从而降低影像采集的速率。将成像系统探测元的正方形排列方式改成梅花形、超模式[3]或六边形[4]排列，虽然可将图像空间分辨率分别提高 $\sqrt{2}$ 倍、2 倍或 $\sqrt{2\sqrt{3}}$ 倍，但通过改变探测元排列的方式来提高分辨率非常有限，而且对于一般的图像应用，根据需要随时去调整探测元排列方式也不一定可行，因此实际情形中也难以采用这种方式[5]。另外，高精密光学仪器和图像传感器的高成本在很多涉及高分辨率成像的商业应用中也是一个重要的考虑因素[6,7]。

一方面存在获取高分辨率影像的迫切需求，另一方面受制于硬件传感器的性能极限，人们试图从算法的角度实现高分辨率影像的获取，这样就催生了超分辨率重建技术的发展。简言之，所谓超分辨率重建即是不改变探测系统的前提下，采用软件算法的方式实现图像空间分辨率的提升。毫无疑问，这种技术对于降低高分辨率图像的获取成本、提高图像的质量具有非凡的意义。正因如此，图像超分辨率重建技术一经提出，便受到了研究人员的广泛关注。

1.2 超分辨率重建的理论依据

傅里叶光学成像系统是一个低通滤波器，受光学衍射的影响，频率域中存在一个有限的通频带，导致该光学成像系统的传递函数在某个截止频率以上的取值均为零，即该光学成像系统在获取图像时丢失了图像的高频分量，而这些丢失的高频分量正是图像超分辨率重建需要恢复的细节。超分辨率重建的概念最早由 Harris 和 Goodman 针对单幅影像提出[8,9]，当时的重建算法虽有较好的仿真结果，但在实际应用中的效果却不尽人意，因此受到学界的质疑，Andrews 和 Hunt 甚至将单幅图像超分辨率重建称为超分辨率神话[10]。直到 1984 年，Tsai 和 Huang[11]首先提出利用多幅低分辨率卫星影像重建单幅高分辨率图像的方法之后，超分辨率重建技术才开始得到日益广泛的研究。

图像超分辨率重建的理论依据有下面四个[12,13]。

1. 解析延拓理论

如果函数在有限范围之外全部为 0，则该函数的谱函数被称为解析函数。根据解析函数的基本性质，在已知区间上的解析函数可以拓展到其他未知区间。由此可知，在任一局部区间上完全相同的两个解析函数，在整体区间上也必然完全相同，即它们为同一个函数。

图像可以看作是函数，由于具有空域有界的特点，因此其谱函数必然是一个解析函数。图像超分辨率重建的基本思想是获取丢失的高频分量，该高频分量对应于谱函数在截止频率以上的取值，因此图像超分辨率重建过程可转化为求解谱函数在截止频率以上部分取值的数学问题。

在已知图像低频分量的前提下，可以得到截止频率以下的谱函数，那么根据解析延拓理论，使用截止频率以下的谱函数可以计算得到截止频率以上的信息，即得到图像丢失的高频分量，从而实现图像超分辨率重建。

2. 信息叠加理论

实际图像在非相干成像中应该具有非负性，即图像的最小光强必须大于 0，同时应该具有有界性，即图像具有一定的大小，即

$$\begin{cases} f(x) > 0, & x \in X \\ f(x) = 0, & x \notin X \end{cases} \quad (1\text{-}1)$$

式中，X 为图像的有界范围。

式(1-1)也可以表示为

$$f(x)\text{rect}\left(\frac{x}{X}\right) \quad (1\text{-}2)$$

对式(1-2)取傅里叶变换，可得下式，即

$$F(u) = [F_a(u) + F_b(u)] * \text{sinc}(x/X) \quad (1\text{-}3)$$

式中，截止频率以下部分 $F_a(u)$ 和截止频率以上部分 $F_b(u)$ 共同构成 $f(x)$ 的傅里叶谱 $F(u)$。

sinc 是一个无限函数，则 $F_b(u)$ 代表的图像信息通过卷积叠加到了 $F_a(u)$ 代表的图像信息中，这意味着对于图像这种有界函数而言，截止频率以下的低频分量中包含丢失的高频分量。因此，可以通过对截止频率以下的低频分量进行分离，得到图像超分辨率重建所需的高频分量，从而实现图像超分辨率重建。

3. 非线性操作

由于受到噪声的影响，实际的光学成像过程通常表示为 $y = x * h + n$，式中，x 表示需要求解的高分辨率图像，h 表示低通滤波器，n 表示噪声，y 表示低分辨率观测图像。由于 n 的存在，x 不具有非负性。同时，由于 h 的低通作用，x 也不具有有界性。为了使实际图像具备应有的基本属性，必须对图像重建施加空间有界和非负有界这两个约束条件。

由于施加了上面的约束条件，y 成为一个非线性操作。在信号处理理论中，适宜的非线性操作可以对信号附加高频成分。图像超分辨率重建的本质恰恰是获得图像丢失的高频分量，因此通过对 y 加入约束条件，既使得 y 符合实际图像应具备的两个基本条件，又实现了向 y 所代表的图像中加入高频分量的目的。之后再对该高频分量进行适当调整就可以在一定程度上提升图像空间分辨率。

4. 亚像元位移

在传统的图像超分辨率重建中，图像空间分辨率提升的基本前提是有对同一场景拍摄的多幅低分辨率图像，且各幅低分辨率图像之间存在亚像元位移。该亚像元位移可使用运动估计算法计算。

要获得同一场景的多幅低分辨率图像，可以使用一台照相机多次拍摄或者多台照相机一次拍摄的方式，也可以使用一台摄像机拍摄视频序列的方式。其中每一幅低分辨率图像记录同一场景的不同侧面，或者是同一场景细节稍有不同的信息。只要拍摄设备在每次取景位置间存在微小的位置差，即实际的采样位置间存在微小偏差，则所获取的图像间便存在亚像元位移，而这种亚像元位移使得恢复高频分量成为可能。然而，如果所获取的低分辨率图像间仅存在整数单位的像元位移，则各幅低分辨率图像所记录的细节信息便会相互重合，此时便无法实现图像超分辨率重建。

综上所述，为实现图像超分辨率重建，需要获得图像丢失的高频分量，而解析延拓理论、信息叠加理论、非线性操作和亚像元位移都可以实现高频分量的获取，因此这些理论有力地支持了图像超分辨率重建的可行性。

1.3 超分辨率重建研究的意义

图像超分辨率重建需要获得同一个场景中存在于像元运动的图像序列，各帧图像能记录不同观察角度的互补信息。因此，低分辨率图像序列的运动估计和精确配准是图像超分辨率重建的一个重要环节，配准精度直接影响重建效果，配准速度直接影响重建效率。传统的运动估计和配准算法是像元级的，达不到超分辨率重建所要求的亚像元级精度的要求，因此，低分辨率图像序列的时空高精度配准是图像超分辨率重建面临的重要挑战之一。去卷积的方法一直被用于图像恢复，但经典的图像恢复算法都假设已知成像系统的模糊特性，即点扩展函数。然而在实际应用环境中，退化和模糊过程往往未知或不确定，实现超分辨率重建常常需要对图像的先验知识建模，估计造成模糊的点扩展函数。超分辨率盲重建方法是在几乎不具备任何有关退化或模糊的先验知识的情况下，通过低分辨率图像重建高分辨率图像。虽然从广义上讲，超分辨率重建可以看成图像恢复问题的特例，但是超分辨率重建伴有图像放大，图像恢复的盲去卷积算法大多不能直接应用于图像超分辨率盲重建，因此，虽然图像超分辨率重建的研究极具理论意义，但是目前的工作尚有很大的提升空间。

在应用方面，针对卫星影像而言，超分辨率重建可以有效提升卫星影像应用的幅度和水平。大致来讲，卫星影像超分辨率重建在以下四个方面具有重要的应用。

1. 国土资源调查

通过卫星影像的超分辨率重建，提升图像的分辨率，为国土资源的卫星调查提供更为精准的数据保证，从而提高国土资源调查的定量化水平。

2. 环境监测

环境监测是目前遥感领域的重要任务之一。通过提高影像的分辨率，可以实现环境监测的可靠性和精准性。

3. 灾害评估

面对各种灾害，为了实现对其有效的评估，高分辨率的影像必然发挥重要的作用。高分辨率影像的分析，可为决策部门提供可靠的灾害信息。

4. 军事侦察

通过卫星超分辨率重建，可以丰富场景的细节信息，有助于提高复杂背景下目标检测和识别的精度。

1.4 超分辨率重建的基本方法分类

按照不同的角度，超分辨率重建可分为不同的方法，以下简述各类基本的超分辨率重建方法。

(1) 按照使用数据源量的不同，可以分为：①单幅图像超分辨率重建，基于图像退化模型结合先验约束条件，进行超分辨率重建；②图像序列的超分辨率重建，利用传感器获取同一场景的序列图像，利用图像的配准、融合，以及相关去模糊的后处理技术获得一幅高分辨率图像；③多角度影像超分辨率重建，利用同一传感器获得同一场景中不同角度的图像，基于图像配准和图像退化模型进行超分辨率重建。

(2) 按照探测波段的不同，可以分为可见光影像的超分辨率重建、红外影像的超分辨率重建、SAR 的超分辨率重建、毫米波图像的超分辨率重建，以及高/多光谱影像的超分辨率重建等。

(3) 按照重建方法的不同，可以分为基于退化模型的超分辨率重建和基于学习的超分辨率重建。

(4) 按照重建对象域的不同，又可以分为空域的超分辨率重建（通常的空间分辨率重建）和光谱的超分辨率重建（光谱分辨率的提升）。

(5) 按照所使用的数据源的不同模态，可分为同源图像超分辨率重建（图像序列超分辨率重建、多角度影像超分辨率重建即属于此类）和异源图像辅助的超分辨率重建。所谓异源图像辅助的超分辨率重建是指利用不同源的高分辨率图像去辅助低分辨率图像的超分辨率重建。

参 考 文 献

[1] 李德仁. 浅论 21 世纪遥感与 GIS 的发展. 东北测绘, 2002, 25(4): 3-5.

[2] 徐青, 张艳, 耿则勋, 等. 遥感影像融合与分辨率增强技术. 北京: 科学出版社, 2007.

[3] 谭兵, 邢帅, 徐青, 等. SPOT 5 超模式数据处理技术研究. 遥感技术与应用, 2004, 19(4): 249-252.

[4] Almansa A, Durand S, Rougé B. Measuring and improving image resolution by adaptation of the reciprocal cell. Journal of Mathematical Imaging and Vision, 2004, 21(3): 235-279.

[5] 李展. 空间超分辨率图像重建算法研究. 广州: 华南理工大学, 2012.

[6] 钟九生. 基于稀疏表示的光学遥感影像超分辨率重建算法研究. 南京: 南京师范大学, 2013.

[7] 谢伟. 多帧影像超分辨率复原重建关键技术研究. 武汉: 武汉大学出版社, 2014

[8] Harris J L. Diffraction and resolving power. Journal of the Optical Society of America, 1964, 54(7): 931-936.

[9] Goodman J W. Introduction to Fourier Optics. New York: McGraw Hill, 1968.

[10] Andrews H C, Hunt B R. Digital Image Restoration. Upper Saddle River: Prentice Hall, 1977.

[11] Tsai R, Huang T S. Multiframe image restoration and registration. Advances in Computer Visual and Image Processing, 1984, 1: 317-339.

[12] 苏秉华, 金伟其, 牛丽红, 等. 超分辨率图像复原及其进展. 光学技术, 2001, 27(1): 6-9.

[13] 胥妍. 图像超分辨率重建算法研究. 北京: 北京邮电大学, 2013.

第 2 章 卫星影像退化因素分析及辨识

卫星影像在获取过程中，传感器的性能、成像通道特性、场景与传感器之间的相对运动、传感器的失焦，以及成像系统噪声等多种原因会导致卫星影像的退化。本章主要针对这些退化因素进行分析，并介绍退化参数的估计方法。

2.1 系统噪声

卫星遥感影像采集过程中会不可避免地引入系统噪声，这些噪声主要来自以下几个方面[1]：①各种人为强干扰源，包括多种可见光、红外干扰系统、电磁波干扰器，以及无源干扰等；②自然环境的干扰，如星体能量脉冲放电、大气的透光率变化(如云层和雾气)，以及地形、地貌、建筑物(如海面、雪、沙漠、低对比度的建筑物等)；③卫星设备自身因素的干扰，如卫星内部电子设备的噪声和部件相互之间的干扰等。

按照噪声的分布特性分类，成像系统的噪声源可以概括为以下几种：光电散粒噪声、读出噪声、斑点噪声、条带噪声和脉冲噪声等。

2.1.1 光电散粒噪声

光注入 CCD 光敏区产生信号电荷的过程可以看作是独立、均匀且连续发生的随机过程。单位时间内产生的信号电荷数目并非绝对不变，而是在一个平均值上做微小的变动。在对物体的入射光线进行光电转换时，会产生和成像物体相关的噪声。这种噪声分布符合统计学的泊松随机分布：

$$r(x,y) = \alpha \rho(\lambda_s), \quad \lambda_s = s(x,y) \tag{2-1}$$

式中，α 为标度因子；$\rho(\lambda_s)$ 为以 λ_s 为参数的泊松过程；λ_s 为信号 $s(x,y)$ 的函数。

2.1.2 读出噪声

在 CCD 摄像头输出图像时，读出噪声(由电子线路中电荷转移、信号放大、模数变换等产生)的存在进一步降低了图像质量。读出噪声为高斯随机分布，又可分为如下两种类型。

1. 与信号无关的高斯噪声模型

大部分线性图像复原和非线性图像算法中，均把噪声看作与信号无关的加性噪声，这种形式的噪声使复原算法的复杂性降至最低程度，以如下形式出现[2]：

$$r(x,y) = s(x,y) + n(x,y) \tag{2-2}$$

式中，$n(x,y)$ 为与信号无关的随机噪声，通常被视作零均值的高斯过程；$s(x,y)$ 为原始信号；$r(x,y)$ 为受噪声污染的图像，即为观测图像。

2. 与信号有关的高斯噪声模型

与信号有关的高斯噪声中最典型的是照片颗粒噪声。与信号有关及与信号无关的噪声通用模型为[3]

$$r(x,y) = s(x,y) + f\left[s(x,y)\right] \cdot n_1(x,y) + n_2(x,y) \tag{2-3}$$

式中，$s(x,y)$ 为原始信号；$n_1(x,y)$ 与 $n_2(x,y)$ 分别为与信号有关及无关的噪声过程；$f(s)$ 为信号函数，定义噪声与信号的关系，通常是非线性函数，当其为常数时，噪声通用模型退化为与信号无关的加性模型。

2.1.3 斑点噪声

属于乘性噪声的斑点噪声也是与信号有关的噪声，在遥感影像中普遍存在。斑点效应产生的独特的颗粒状图案，是由成像过程中那些相位延迟不同的相干回波信号的干扰，以及后级对信号做相关处理造成的，这些斑点噪声电平随着局部区域的平均灰度电平的增加而增加。

2.1.4 条带噪声

在卫星传感器光、电器件扫描地物的成像过程中，由于传感器的响应不均匀，原始数据在一定方向上会出现灰度值连续偏高或偏低的现象，这种现象表现为条带噪声。卫星发射前定标期间，需要对每个探测器进行绝对定标，但是定标所采用的积分球光能等级有限，产生均匀的低光度照明难度较大。另外，遥感成像系统所处的天空电磁环境极其复杂，机载或星载平台内部电路系统繁多，相互之间的干扰实时多变、错综复杂，传感器之间的响应参数无法始终保持一致。因此，条带噪声很难避免。

条带噪声和普通的斑点噪声混杂在一起，掩盖了图像真正的辐射信息，使图像的质量降低，给图像判读带来困难，严重影响遥感数据的应用效果。

含有条带噪声 CCD 图像模型可以表示为[4]

$$I_j(i) = S_j(i) + N_j(i) + R[i; S_j(i)], \quad i = 1, 2, \cdots, N_c \quad (2\text{-}4)$$

式中，$I_j(i)$ 为原始图像第 i 行第 j 列的像元灰度值，由信号的入射幅度 $S_j(i)$、点噪声 $N_j(i)$，以及条带噪声 $R[i; S_j(i)]$ 三个部分组成。

2.1.5 脉冲噪声

脉冲噪声是一种比较极端的系统干扰噪声，大幅度电磁干扰、像元坏点、继电器状态改变等都能引起脉冲噪声对图像的干扰。脉冲噪声对图像的干扰特点是表现极端，受脉冲噪声干扰的像元达到图像幅度极值(极大值或极小值)，不受脉冲噪声干扰的像元保持图像原始信息。脉冲噪声造成图像信息的严重丢失，会对后续的图像处理和传输造成严重的影响，因此必须对之抑制或消除。

脉冲噪声随机改变图像的部分像元值，在图像中表现为使一些像元点变白(用 a 表示)，一些像元点变黑(用 b 表示)，其概率密度函数表示为[5]

$$P(Z) = \begin{cases} p_a, & Z = a \\ p_b, & Z = b \\ 0, & \text{其他} \end{cases} \quad (2\text{-}5)$$

若 p_a 或 p_b 为零，则脉冲噪声成为单极脉冲；若 p_a 和 p_b 均不为零，则称之为双极脉冲；当 p_a 和 p_b 近似相等时，双极脉冲噪声表现为类似于随机分布在图像上的椒盐颗粒，因此双极脉冲噪声也称为椒盐噪声。产生脉冲噪声的干扰可以为正也可以为负。由于通常脉冲噪声干扰与图像信号的强度相比较大，因此，在一幅图像中脉冲噪声总是数字化为极值。

2.2 信噪比估计

图像的信噪比(signal-to-noise ratio, SNR)是衡量图像质量的重要指标之一。一般情况下，信噪比定义为信号与噪声的功率谱之比。图像信噪比大，意味着图像所含有的有用信息相较于噪声所引起的干扰要强，对于遥感影像而言，表示地物信息丰富，图像质量高；反之，则意味着图像的有用信息较少，地物信息贫乏，图像质量低。通常情况下，图像的信号和噪声的功率谱难以计算，所以将功率谱转化为能量来计算。在加性高斯白噪声的假定下，噪声能量的估计转化为噪声的方差估计，图像信噪比计算公式为[6]

$$\text{SNR} = -10\log\left(\frac{\sigma_N^2 \times M \times N}{\sum_{x=1}^{M}\sum_{y=1}^{N} I^2(x,y)}\right) \tag{2-6}$$

式中，$I^2(x,y)$ 为含噪声的图像；σ_N^2 为估计噪声的大小；$M \times N$ 为图像的尺寸。

可以看出，信噪比估计的关键在于噪声方差(噪声强度)的估计。图像噪声方差 σ^2 的估计有三种基本方法。

1. 基于平滑(滤波)的方法

基于平滑(滤波)的方法[7]的基本思路是用有噪声图像减去滤波去噪后的图像来估计噪声大小。这要求所使用的滤波器不但能够有效地去除噪声，同时又能保持图像的边缘细节。当图像中包含比较多的边缘和纹理时，这种方法容易对噪声产生严重的过估计问题。

2. 基于小波变换的方法

基于小波变换的方法[8]的基本思想是先对图像做小波变换，图像的能量主要集中在尺度大的子带上，而尺度小的高频子带系数的幅度较小、能量较低。当噪声较大时，可将最高频率子带的系数近似看成全部是噪声，由此来估计噪声的标准方差。Donoho 和 Johnstone[9]提出如下的小波域噪声标准方差估计公式，即

$$\hat{\sigma} = \frac{\text{median } D}{0.6745} \tag{2-7}$$

式中，median D 为高频子带小波系数幅度的中值。

该方法能够有效地估计出噪声的标准方差，但不能总是准确地估计出结果，这是因为高频子带的小波系数并不完全是噪声，还有少量的图像细节。

3. 基于边缘剔除的方法

基于以上两种基本方法，可以衍生出许多改进方法。块式估计法的改进之处在于如何提取图像平坦均匀的区域，剔除图像边缘纹理复杂区，或者消除图像本身细节纹理等对于局部噪声方差估计的影响。Immerkaer 认为图像的低频分量对拉普拉斯算子不敏感，所以可以采用拉普拉斯算子卷积噪声图像来估计噪声的方差[10]。Tai 和 Yang[11]认为 Immerkaer 没有考虑图像边缘区对于噪声估计的影响，将图像边缘区内局部的灰度变化也估计成噪声，所以他们在 Immerkaer 工作的基础上添加了边缘剔除，提高了噪声方差估计的准确性，该方法的流程如图 2-1 所示。

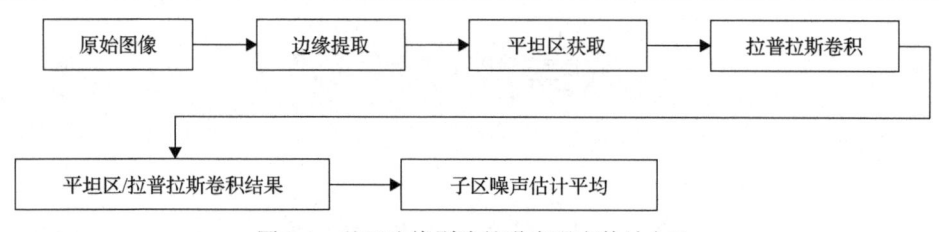

图 2-1 基于边缘剔除的噪声强度估计方法

在图 2-1 中,"平坦区/拉普拉斯卷积结果"步骤表示将提取出的平坦区减去拉普拉斯与平坦区卷积的输出作为该子区上噪声估计的结果,噪声的最终输出由对所有平坦区上估计的噪声进行平均得到。

为了构造拉普拉斯算子模板 N,首先定义 L_1 和 L_2 模板,即

$$L_1 = \begin{bmatrix} 0 & 1 & 0 \\ 0 & -4 & 1 \\ 0 & 1 & 0 \end{bmatrix}, \quad L_2 = \frac{1}{2}\begin{bmatrix} 1 & 0 & 1 \\ 0 & -4 & 0 \\ 1 & 0 & 1 \end{bmatrix} \tag{2-8}$$

估计噪声时,用到的模板 N 为

$$N = 2(L_2 - L_1) = \begin{bmatrix} 1 & -2 & 1 \\ -2 & 4 & -2 \\ 1 & -2 & 1 \end{bmatrix} \tag{2-9}$$

假设噪声在每点的标准差为 σ_n,则这个拉普拉斯算子的模板均值为零,方差为 $\sigma^2 = \left[4^2 + 4(-2)^2 + 4(1)^2\right]\sigma_n^2 = 36\sigma_n^2$。倘若原始图像 3×3 小块内灰度均匀,则利用拉普拉斯算子对噪声图像进行卷积之后,每点就仅剩下满足 $(0, 36\sigma_n^2)$ 统计特性的随机噪声。记 $I(x,y) * N$ 为在位置 (x,y) 处用模板 N 卷积后的值,可以计算出对整个图像运用模板 N 卷积后,得到每个像元点上对 $36\sigma_n^2$ 的估计值,对卷积图像所有点求平均,可以得到噪声方差 σ_n^2 的估计值,即

$$\sigma_n^2 = \frac{1}{36(W-2)(H-2)} \sum_{\text{image} I} \left[I(x,y) * N\right]^2 \tag{2-10}$$

式中,W 和 H 为原始噪声图像的尺寸。

文献[12]对式(2-10)进行了近似,这是因为不能保证图像的各小块完全灰度均匀,$I(x,y) * N$ 不全是噪声,有一部分图像细节包含某些误差,式(2-10)平方求和后误差会累积变大,因而需要利用绝对偏差来修正式(2-10)。

对于一个均值为 0、方差为 σ^2 的高斯分布,其绝对偏差为

$$\int_{-\infty}^{\infty} |t| \frac{1}{\sqrt{2\pi}\sigma} \exp\left(\frac{-t^2}{2\sigma^2}\right) dt = \sqrt{\frac{2}{\pi}} \sigma \tag{2-11}$$

因此有

$$\sigma = \sqrt{\frac{\pi}{2}} \int_{-\infty}^{\infty} |t| \frac{1}{\sqrt{2\pi}\sigma} \exp\left(\frac{-t^2}{2\sigma^2}\right) dt \tag{2-12}$$

所以

$$\sigma_n = \sqrt{\frac{\pi}{2}} \frac{1}{6(W-2)(H-2)} \sum_{\text{image}I} |I(x,y) * N| \tag{2-13}$$

式中,W、H 分别为图像的宽度和高度;$I(x, y)$ 为噪声图像。

这里采用基于边缘剔除的方法进行噪声强度的估计并利用式(2-7)估计信噪比。测试的数据包括 CBERS-02B 卫星数据(分辨率为 2.36m)、HJ-1A/1B 卫星数据(分辨率为 30m),以及资源三号卫星数据(分辨率为 6m)。

实验过程是将上述不同的遥感影像添加不同强度的噪声,进而利用上述方法估计噪声的强度及信噪比,将估计结果与真实结果进行比对,以验证噪声强度以及图像信噪比估计的准确性。卫星数据实验实例如下。

1. CBERS-02B 卫星测试数据 1 实验

CBERS-02B 卫星测试数据 1 如图 2-2 所示,图 2-2(a)为原始数据影像,图 2-2(b)、(c)是图(a)选择的两个测试子图。

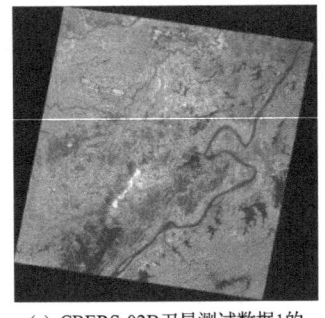  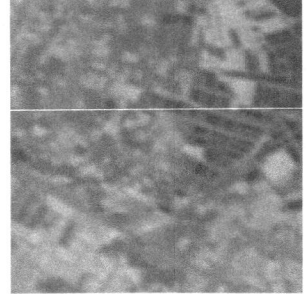

(a) CBERS-02B卫星测试数据1的原始数据影像　　(b) 图(a)的子图1　　(c) 图(a)的子图2

图 2-2　CBERS-02B 卫星测试数据 1

在对图 2-2(b)、(c)分别添加不同强度的噪声后,利用上述方法进行噪声强度估计,进而利用式(2-7)进行信噪比估计,具体结果如表 2-1 所示。

第 2 章　卫星影像退化因素分析及辨识

表 2-1　图 2-2(b)、(c) 的真实噪声标准差、估计噪声标准差及真实信噪比和估计信噪比平均值的结果

图 2-2(b)				图 2-2(c)			
真实噪声标准差	估计噪声标准差	真实信噪比平均值/dB	估计信噪比平均值/dB	真实噪声标准差	估计噪声标准差	真实信噪比平均值/dB	估计信噪比平均值/dB
1	1.5464	39.5382	39.5380	1	1.4874	39.7703	39.7699
3	3.2595	33.0615	33.0611	3	3.1770	33.1779	33.1782
5	5.1631	29.0663	29.0655	5	5.0839	29.0944	29.0934
7	7.1214	26.2733	26.2726	7	7.1189	26.1708	26.1703
9	9.0973	24.1463	24.1449	9	8.9817	24.1510	24.1532
10	10.1138	23.2263	23.2251	10	10.0681	23.1594	23.1596
13	13.1136	20.9702	20.9695	13	13.0668	20.8954	20.8928
16	16.0712	19.2035	19.2031	16	16.0242	19.1234	19.1260
19	19.0507	17.7263	17.7257	19	19.0543	17.6187	17.6190
22	22.0414	16.4597	16.4609	22	22.1053	16.3286	16.3278
25	24.9383	15.3872	15.3875	25	25.2731	15.1653	15.1613

表 2-1 中噪声强度估计结果的直观显示如图 2-3 所示。

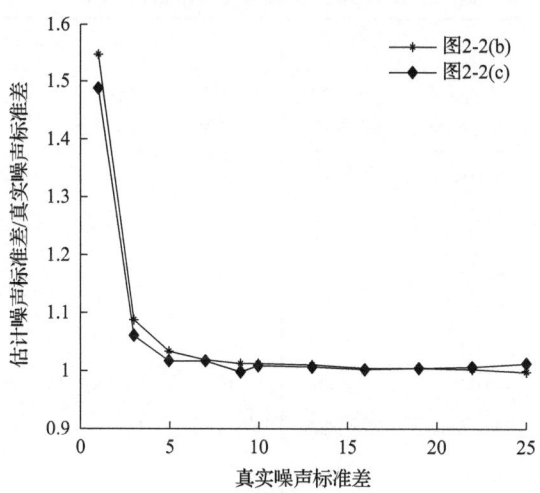

图 2-3　CBERS-02B 卫星测试数据 1 的两幅子图[图 2-2(b)、(c)]的噪声强度估计结果

从图 2-3 中可以看出，纵轴的值越逼近于 1，说明此时估计的结果越准确。利用该方法估计图像噪声标准差，在真实噪声标准差大于 5 时都估计准确，在真实噪声标准差小于 5 时估计误差略大，但总体来说该方法可以较准确地估计图像信噪比。

2. CBERS-02B 卫星测试数据 2 实验

CBERS-02B 卫星测试数据 2 如图 2-4 所示，图 2-4(a) 为原始数据影像，

图 2-4(b)、(c)是图(a)选择的两个测试子图。其中图 2-4(b)场景较为平坦,图 2-4(c)场景起伏度较高。重复与 CBERS-02B 卫星测试数据 1 相同的实验过程,得到噪声强度估计和信噪比结果如表 2-2 所示。

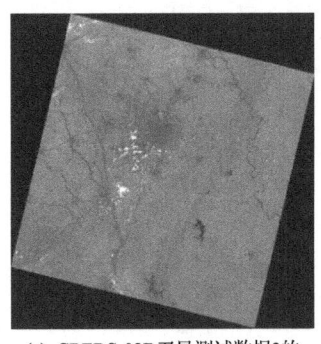

(a) CBERS-02B 卫星测试数据2的原始数据影像

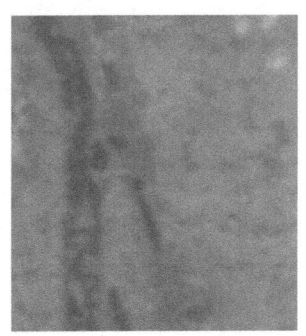

(b) 图(a)的子图1

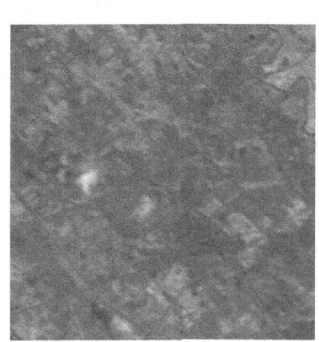

(c) 图(a)的子图2

图 2-4 CBERS-02B 卫星测试数据 2

表 2-2 图 2-4(b)、(c)的真实噪声标准差、估计噪声标准差及真实信噪比和估计信噪比平均值的结果

图 2-4(b)				图 2-4(c)			
真实噪声标准差	估计噪声标准差	真实信噪比平均值/dB	估计信噪比平均值/dB	真实噪声标准差	估计噪声标准差	真实信噪比平均值/dB	估计信噪比平均值/dB
1	1.3776	39.8407	39.8408	1	1.5526	37.9274	37.9269
3	3.1379	32.6907	32.6909	3	3.2345	31.5526	31.5519
5	5.0971	28.4765	28.4768	5	5.1322	27.5427	27.5426
7	7.0704	25.6349	25.6368	7	7.1191	24.7002	24.6992
9	9.0812	23.4604	23.4613	9	9.0794	22.5876	22.5896
10	10.0563	22.5752	22.5760	10	10.1185	21.6465	21.6461
13	13.0363	20.3220	20.3220	13	13.1160	19.3927	19.3922
16	16.0560	18.5113	18.5110	16	16.0582	17.6349	17.6366
19	19.0647	17.0186	17.0208	19	19.0261	16.1620	16.1614
22	21.8148	15.8490	15.8571	22	22.1634	14.8361	14.8319
25	25.0778	14.6386	14.6343	25	24.9679	13.8012	13.7998

表 2-2 中噪声强度估计结果的直观显示如图 2-5 所示。

图 2-5 呈现出和图 2-3 相类似的结果,即随着噪声强度的加强,无论是哪种场景,均可以获得准确的估计结果。当真实噪声标准差大于 5 时,估计结果均可接受;当真实噪声标准差小于 5 时,估计误差略大。

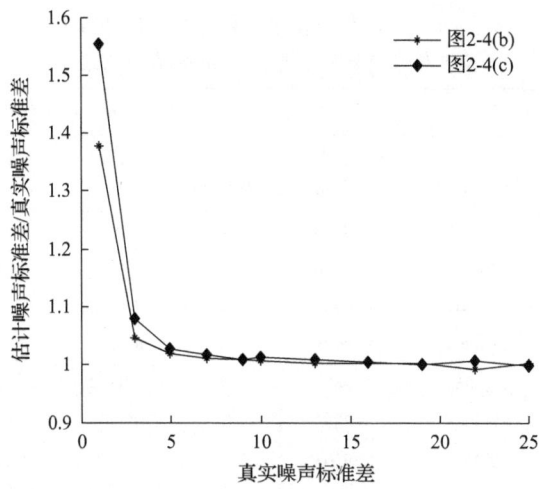

图 2-5 CBERS-02B 卫星测试数据 2 的两幅子图[图 2-4(b)、(c)]的噪声强度估计结果

3. CBERS-02B 卫星测试数据 3 实验

CBERS-02B 卫星测试数据 3 如图 2-6 所示。图 2-6(a)为原始数据影像,图 2-6(b)、(c)是图(a)选择的两个测试子图。CBERS-02B 卫星影像在可见光、近红外光谱范围内有 4 个波段和 1 个全色波段。以上两组 CBERS-02B 卫星数据均为其对应的全色影像,选取其不同波段进行测试,如图 2-6(b)、(c)所示。

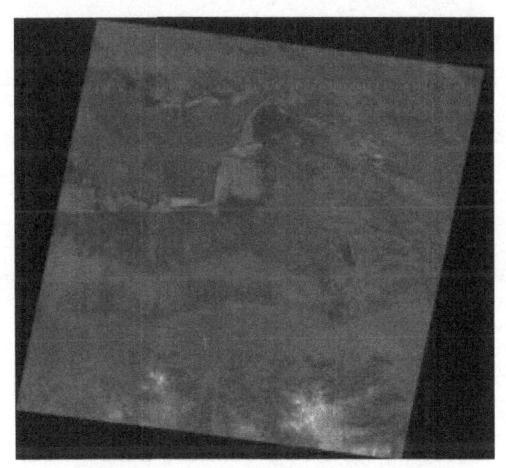

(a) CBERS-02B卫星测试数据3的原始数据影像　　(b) 图(a)的子图1　　(c) 图(a)的子图2

图 2-6　CBERS-02B 卫星测试数据 3

针对图 2-6 中所示的两个波段,分别添加噪声强度不同的噪声(标准差 1～50)。每种噪声强度下,重复 10 次实验,取其平均值作为最终输出,结果见表 2-3。

表 2-3　图 2-6(b)、(c)的真实噪声标准差、估计噪声标准差及真实信噪比和估计信噪比平均值的结果

图 2-6(b)				图 2-6(c)			
真实噪声标准差	估计噪声标准差	真实信噪比平均值/dB	估计信噪比平均值/dB	真实噪声标准差	估计噪声标准差	真实信噪比平均值/dB	估计信噪比平均值/dB
1	1.5254	36.4949	32.8190	1	1.2988	40.6766	38.4080
2	2.3115	30.4676	29.2086	2	2.1651	34.6508	33.9694
3	3.2205	26.9444	26.3286	3	3.1155	31.1382	30.8082
4	4.1670	24.4464	24.0905	4	4.0753	28.6433	28.4759
5	5.1517	22.5052	22.2478	5	5.0779	26.7061	26.5653
10	10.0678	16.4844	16.4296	10	10.0434	20.6744	20.6406
15	15.0560	12.9673	12.9303	15	15.0243	17.1624	17.1436
20	20.0349	10.4631	10.4513	20	19.9533	14.6579	14.6791
25	24.9735	8.5279	8.5402	25	25.0111	12.7180	12.7154
30	30.1436	6.9468	6.8926	30	29.9890	11.1342	11.1393
35	35.0815	5.6124	5.5810	35	35.0820	9.7930	9.7730
40	39.9592	4.4442	4.4620	40	39.7456	8.6442	8.6979
45	44.8752	3.4257	3.4710	45	44.9741	7.6186	7.6195
50	50.0312	2.5069	2.4970	50	50.0550	6.7010	6.6880

同样为了直观地显示表 2-3 中的结果，将其绘制成图，如图 2-7 所示。

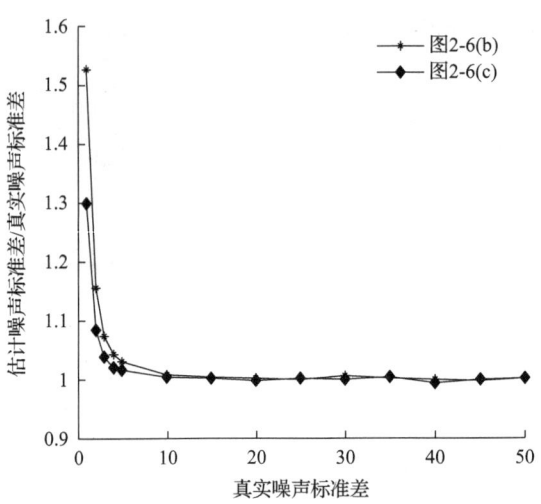

图 2-7　CBERS-02B 卫星测试数据 3 的两幅子图[图 2-6(b)、(c)]的噪声强度估计结果

图 2-7 再次显示了与以上同类实验的相似性，即在真实噪声标准差大于 5 时，估计效果良好；小于 5 时，估计结果有所偏差。事实上，当噪声强度不大时，即

便估计不准，也不会对后续的处理和分析带来障碍。

4. HJ-1A/1B 卫星测试数据实验

选择两幅 HJ-1A/1B 卫星影像的子图，分辨率均为 30m，分别如图 2-8 和图 2-9 所示。

图 2-8　HJ-1A/1B 卫星测试数据 1

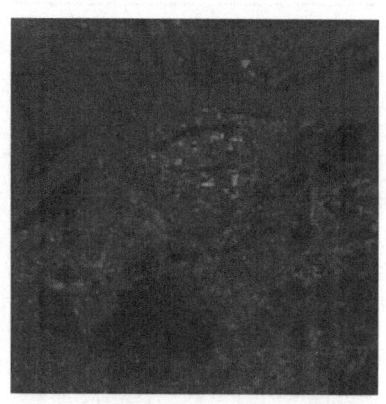

图 2-9　HJ-1A/1B 卫星测试数据 2

图 2-8 是 HJ-1A/1B 卫星测试数据 1 局部影像，图像大小为 699×1020；图 2-9 是 HJ-1A/1B 卫星测试数据 2 局部影像，图像大小为 680×680。在图 2-8 和图 2-9 中分别添加 1~50 噪声标准差，每个噪声标准差下重复估计 10 次的信噪比平均值的结果如表 2-4 和表 2-5 所示，将表中结果绘制成图，分别如图 2-10、图 2-11 所示。

表 2-4　HJ-1A/1B 卫星测试数据 1 的真实噪声标准差、估计噪声标准差及真实信噪比和估计信噪比平均值的结果

真实噪声标准差	估计噪声标准差	真实信噪比平均值/dB	估计信噪比平均值/dB
1	1.258586	31.72769	29.73005
2	2.146083	25.70702	25.09459
3	3.102219	22.18815	21.89394
4	4.073381	19.68688	19.52883
5	5.063584	17.74858	17.63854
10	10.03354	11.73237	11.69799
15	15.01467	8.206029	8.196549
20	19.97968	5.709458	5.716453
25	25.00748	3.773963	3.764567
30	29.9531	2.188043	2.20958
35	34.99217	0.846553	0.854228

续表

真实噪声标准差	估计噪声标准差	真实信噪比平均值/dB	估计信噪比平均值/dB
40	39.93745	−0.31002	−0.28735
45	44.98464	−1.33488	−1.32923
50	50.02108	−2.25237	−2.25745

表 2-5　HJ-1A/1B 卫星测试数据 2 的真实噪声标准差、估计噪声标准差及真实信噪比和估计信噪比平均值的结果

真实噪声标准差	估计噪声标准差	真实信噪比平均值/dB	估计信噪比平均值/dB
1	1.3570	31.0052	28.3499
2	2.21128	24.98408	24.10871
3	3.154234	21.46224	21.02365
4	4.110923	18.96296	18.72315
5	5.094063	17.01774	16.86144
10	10.03644	11.0064	10.97222
15	15.02895	7.482469	7.462375
20	20.02061	4.986443	4.969521
25	25.00721	3.045216	3.043556
30	30.0139	1.460453	1.452288
35	35.06948	0.121993	0.094036
40	40.06537	−1.03252	−1.06714
45	44.9856	−2.05798	−2.06026
50	50.0374	−2.97305	−3.0066

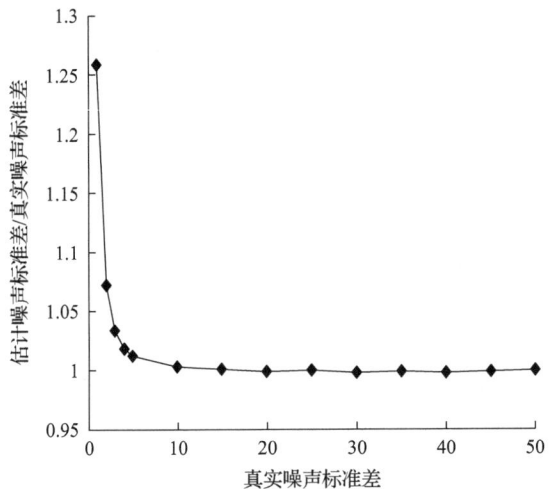

图 2-10　HJ-1A/1B 卫星测试数据 1 的噪声强度估计结果

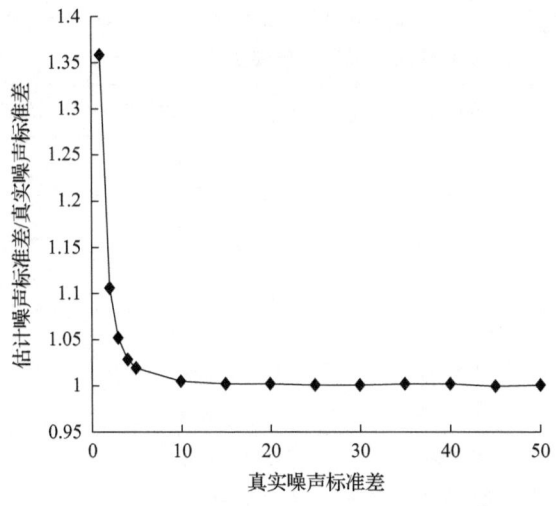

图 2-11 HJ-1A/1B 卫星测试数据 2 的噪声强度估计结果

图 2-10、图 2-11 的测试结果与 CBERS-02B 卫星数据的测试结果极为类似，即真实噪声标准差大于 5 时，估计结果较为准确；小于 5 时，偏差较大。因此该数据也验证了上述图像信噪比估计方法的有效性。

5. 资源三号卫星测试数据实验

图 2-12 为资源三号卫星测试数据，图像大小为 235×406，分辨率为 30m。在图 2-12 中分别添加 3~50 噪声标准差，每个噪声标准差下重复估计 10 次的噪声强度和信噪比平均值的结果如表 2-6 所示。

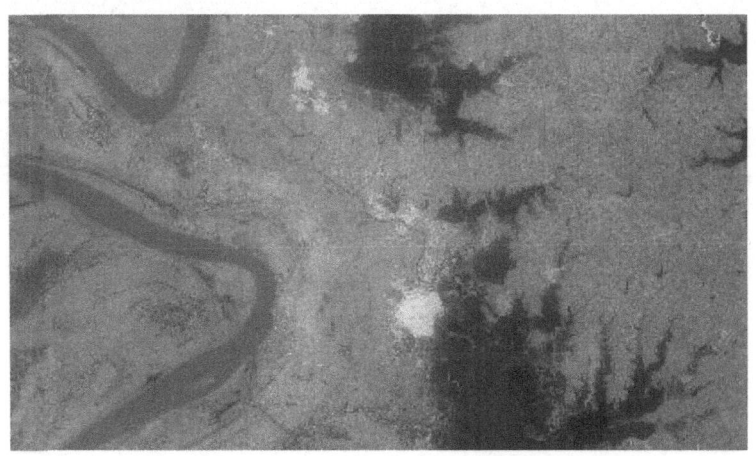

图 2-12 资源三号卫星测试数据

表 2-6　资源三号卫星测试数据的真实噪声标准差、估计噪声标准差及真实信噪比和估计信噪比平均值的结果

真实噪声标准差	估计噪声标准差	真实信噪比平均值/dB	估计信噪比平均值/dB
3	5.873532	33.19105	27.35201
4	6.595175	30.69156	26.34499
5	7.375576	28.74347	25.37349
10	11.61374	22.73247	21.42636
15	16.25165	19.22325	18.5089
20	21.04839	16.7224	16.26143
25	25.93763	14.76954	14.4456
30	30.9109	13.18465	12.92214
35	35.91633	11.85972	11.61478
40	40.87835	10.68278	10.49359
45	45.57512	9.67338	9.55025
50	50.7985	8.746064	8.596693

图 2-13 直观地显示了该数据的噪声强度估计结果，从图中可以看出，当真实噪声标准差大于 15 时，该数据的噪声强度估计结果较为准确。相比较而言，资源三号卫星数据的噪声强度估计结果及信噪比估计结果较 CBERS-02B 卫星和 HJ-1A/1B 卫星差。

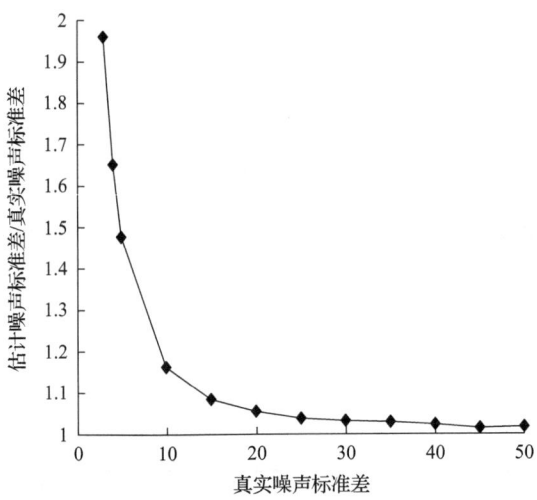

图 2-13　资源三号卫星测试数据的噪声强度估计结果

2.3 光学系统退化参数估计

成像过程中，成像系统的离焦、成像传感器与成像场景之间存在相对运动等原因，会导致传感器获得的图像产生退化。这些退化参数的量值表征了获取的图像退化程度的大小。为了从模糊图像中恢复出清晰的图像，首先需要给出退化参数的估计，进而采取一定的恢复算法，得到原始图像的估计。

图像退化的物理模型通常可写为[13,14]

$$g(x,y) = f(x,y)*h(x,y) + n(x,y) \tag{2-14}$$

式中，$g(x,y)$ 为退化的模糊图像；$f(x,y)$ 为原始清晰图像；$h(x,y)$ 为点扩散函数（point spread function, PSF）；$n(x,y)$ 为加性噪声；$*$ 为卷积运算。若不考虑噪声，则有

$$g(x,y) = f(x,y)*h(x,y)$$

对 $g(x,y)$ 进行无方向二阶微分，即

$$\begin{aligned}
\nabla^2 g(x,y) &= \nabla^2 \iint f(\alpha,\beta) h(\alpha-x,\beta-y) \mathrm{d}\alpha \mathrm{d}\beta \\
&= \iint f(\alpha,\beta) \nabla^2 h(\alpha-x,\beta-y) \mathrm{d}\alpha \mathrm{d}\beta \\
&= f(x,y)*\nabla^2 h(x,y)
\end{aligned} \tag{2-15}$$

对该二阶微分求自相关，即

$$\begin{aligned}
S &= \nabla^2 g(x,y) \otimes \nabla^2 g(x,y) \\
&= \left[\nabla^2 g(-x,-y) * \nabla^2 g(x,y)\right] \\
&= \left[f(-x,-y)*\nabla^2 h(-x,-y)\right]*\left[f(x,y)*\nabla^2 h(x,y)\right] \\
&= \left[f(x,y) \otimes f(x,y)\right]*\left[\nabla^2 h(x,y) \otimes \nabla^2 h(x,y)\right] \\
&= S_f * S_{\nabla^2 h}
\end{aligned} \tag{2-16}$$

式中，$\otimes$ 为求自相关；S 是微分模糊图像的自相关；S_f 为原始清晰图像 $f(x,y)$ 的自相关；$S_{\nabla^2 h}$ 为微分点扩散函数的自相关。式(2-16)表明，S 等于 S_f 与 $S_{\nabla^2 h}$ 的二维卷积[6]。

光学系统的退化一般包括三种情形：散焦退化、运动退化，以及高斯散焦退化，以下分别对于这三种情形介绍其参数估计方法。

2.3.1 散焦退化半径估计

一般情况下,散焦半径太大可能造成图像完全不可恢复。因此,这里只分析有限散焦半径 r 的估计方法。离散情况二维函数下的二阶微分函数采用式(2-17)所示的拉普拉斯算子,即

$$\nabla^2 = \begin{bmatrix} 1 & 1 & 1 \\ 1 & -8 & 1 \\ 1 & 1 & 1 \end{bmatrix} \tag{2-17}$$

(1)当 $r=1$ 时,有

$$h = \begin{bmatrix} 0 & 2 & 0 \\ 2 & 2 & 2 \\ 0 & 2 & 0 \end{bmatrix}$$

对拉普拉斯算子求二阶导数,即

$$\nabla^2 h = \begin{bmatrix} 0 & 2 & 2 & 2 & 0 \\ 2 & 6 & -10 & 6 & 2 \\ 2 & -10 & -8 & -10 & 2 \\ 2 & 6 & -10 & 6 & 2 \\ 0 & 2 & 2 & 2 & 0 \end{bmatrix}$$

求取自相关,即

$$S_{\nabla^2 h} = \begin{bmatrix} 656 & -56 & 68 & 8 & 12 \\ -56 & 36 & -160 & -8 & 8 \\ 68 & -160 & -36 & 32 & 4 \\ 8 & -8 & 32 & 4 & 0 \\ 0 & 8 & 4 & 0 & 0 \end{bmatrix}$$

(2)当 $r=2$ 时,有

$$h = \begin{bmatrix} 0 & 0 & 2 & 0 & 0 \\ 0 & 2 & 2 & 2 & 0 \\ 2 & 2 & 2 & 2 & 2 \\ 0 & 2 & 2 & 2 & 0 \\ 0 & 0 & 2 & 0 & 0 \end{bmatrix}$$

对拉普拉斯算子求二阶导数，即

$$\nabla^2 h = \begin{bmatrix} 0 & 0 & 2 & 2 & 2 & 0 & 0 \\ 0 & 2 & 6 & -10 & 6 & 2 & 0 \\ 2 & 6 & -6 & -4 & -6 & 6 & 2 \\ 2 & -10 & -4 & 0 & -4 & -10 & 2 \\ 2 & 6 & -6 & -4 & -6 & 6 & 2 \\ 0 & 2 & 6 & -10 & 6 & 2 & 0 \\ 0 & 0 & 2 & 2 & 2 & 0 & 0 \end{bmatrix}$$

求取自相关，即

$$S_{\nabla^2 h} = \begin{bmatrix} 960 & -136 & -72 & -48 & 116 & 8 & 12 \\ -136 & 208 & -64 & 72 & -112 & -8 & 8 \\ -72 & -64 & 148 & -232 & 4 & 32 & 4 \\ -48 & 72 & -232 & -24 & 56 & 8 & 0 \\ 116 & -112 & 4 & 56 & 12 & 0 & 0 \\ 8 & -8 & 32 & 8 & 0 & 0 & 0 \\ 12 & 8 & 4 & 0 & 0 & 0 & 0 \end{bmatrix}$$

(3) 当 $r=3$ 时，有

$$h = \begin{bmatrix} 0 & 0 & 0 & 2 & 0 & 0 & 0 \\ 0 & 2 & 2 & 2 & 2 & 2 & 0 \\ 0 & 2 & 2 & 2 & 2 & 2 & 0 \\ 2 & 2 & 2 & 2 & 2 & 2 & 2 \\ 0 & 2 & 2 & 2 & 2 & 2 & 0 \\ 0 & 2 & 2 & 2 & 2 & 2 & 0 \\ 0 & 0 & 0 & 2 & 0 & 0 & 0 \end{bmatrix}$$

对拉普拉斯算子求二阶导数，即

$$\nabla^2 h = \begin{bmatrix} 0 & 0 & 0 & 2 & 2 & 2 & 0 & 0 & 0 \\ 0 & 2 & 4 & 8 & -10 & 8 & 4 & 2 & 0 \\ 0 & 4 & -10 & -4 & -4 & -4 & -10 & 4 & 0 \\ 2 & 8 & -4 & 0 & 0 & 0 & -4 & 8 & 2 \\ 2 & -10 & -4 & 0 & 0 & 0 & -4 & -10 & 2 \\ 2 & 8 & -4 & 0 & 0 & 0 & -4 & 8 & 2 \\ 0 & 4 & -10 & -4 & -4 & -4 & -10 & 4 & 0 \\ 0 & 2 & 4 & 8 & -10 & 8 & 4 & 2 & 0 \\ 0 & 0 & 0 & 2 & 2 & 2 & 0 & 0 & 0 \end{bmatrix}$$

求取自相关，即

$$S_{\nabla^2 h} = \begin{bmatrix} 1696 & -104 & 120 & 144 & 280 & -176 & 220 & 24 & 12 \\ -104 & -312 & 104 & -312 & 8 & -200 & -152 & 8 & 8 \\ 120 & 104 & 240 & -120 & 232 & 168 & -24 & 56 & 4 \\ 144 & -312 & -120 & 144 & -192 & -264 & 0 & 24 & 0 \\ 280 & 8 & 232 & -192 & 92 & 8 & 64 & 8 & 0 \\ -176 & -200 & 168 & -264 & 8 & 0 & 16 & 0 & 0 \\ 220 & -152 & -24 & 0 & 64 & 16 & 4 & 0 & 0 \\ 24 & 8 & 56 & 24 & 8 & 0 & 0 & 0 & 0 \\ 12 & 8 & 4 & 0 & 0 & 0 & 0 & 0 & 0 \end{bmatrix}$$

观察均匀散焦情况下的自相关矩阵，可以明显观察到，以第一行第一列的值为原点，在距离原点半径 $2r$（r 为散焦退化半径）的地方，有一个凹槽。这样就可以通过鉴别这个凹槽来估计散焦退化半径。此处只是对散焦半径为 1~3 的矩阵分析，对于散焦半径为 4~8 的矩阵，同样可以得出上述结论。散焦半径大于 8 时，图像退化已经相当严重，这种图像已无法复原。

散焦退化参数估计方法采用以下步骤来实现。

(1) 利用拉普拉斯算子对散焦模糊图像 $g(i,j)$ 进行微分。

(2) 计算出微分图像的自相关 S。

(3) 通过插值，将自相关 S 的分布由直角坐标系转化到极坐标系 (ρ,θ)（以零频尖峰为 0 点），然后对角度 θ 求和，得到鉴别曲线。

(4) 作出鉴别曲线。通过鉴别曲线即可鉴别出散焦模糊点扩散函数的圆柱形直径 $2r$。当信噪比很高时，通过三维显示出微分图像的自相关 S，从中可以非常直观地看出图中含有一个由一系列负的尖峰所连成的环形槽。它以零频尖峰（自相关图像中心处最高最强的正尖峰）为圆心，其直径是散焦模糊点扩散函数圆柱形直径的两倍，即 $4r$。鉴别出 $4r$ 即可得散焦模糊点扩散函数。当信噪比较低的时候，鉴别曲线依然会有局部极值点。局部极值点到零频尖峰的距离依然是点扩散函数圆柱直径的 2 倍。

为了验证上述方法的有效性，首先选取一幅清晰的光学图像，按已知参数的散焦点扩散函数来退化，然后用上述方法估计退化参数。

本实验采用的遥感影像（图 2-14）是 ZY02C 卫星测试数据 1 局部图像，图像大小为 1024×1024，分辨率为 2.36m/像元，拍摄时间为 2013 年 6 月 4 日。对其进行散焦退化，设定散焦退化半径 $r=6$，然后进行均匀散焦退化参数估计，如图 2-14 所示。

图 2-14(a) 为散焦半径为 6 时遥感影像对应的散焦退化图像，按照上述方法

获得的鉴别曲线如图 2-14(b)所示，可以看出鉴别点距 0 点的距离为 12 像元，因此，其散焦半径 $r=12/2=6$，参数估计值和预设值完全一致。

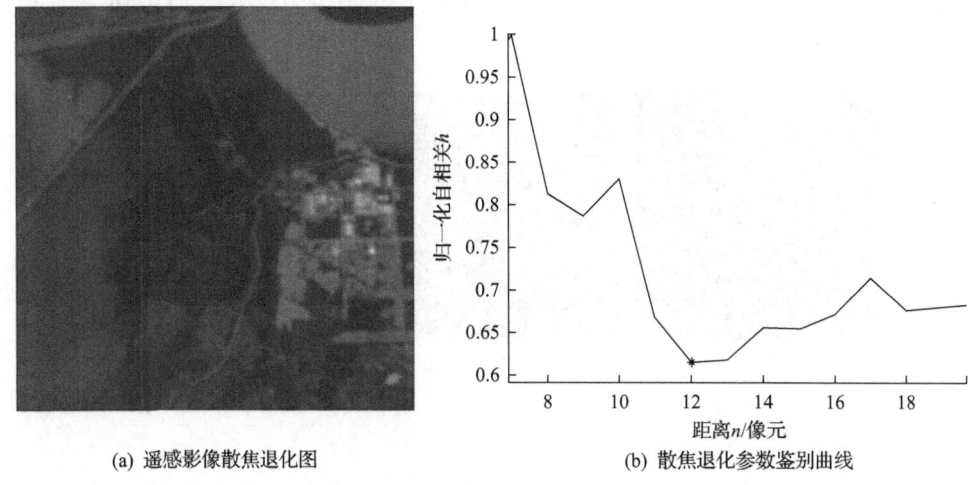

(a) 遥感影像散焦退化图　　　　　　(b) 散焦退化参数鉴别曲线

图 2-14　ZY02C 卫星测试数据 1 的遥感影像散焦退化参数估计实验

2.3.2　运动退化参数估计

当成像传感器与成像场景之间存在相对运动时，成像系统曝光时间内，像平面上某一点记录的能量，事实上是与其相邻的若干点能量的平均，这样一个过程势必导致获取的图像产生方向上的退化。

1. 基于自相关曲线的运动退化参数估计

在实际情形中，每个像元点周围的背景几乎都不相同，所以每个像元点对自相关函数的形状的贡献也各不相同。短时间内，场景和传感器之间的运动可以视作匀速直线运动，匀速直线运动对于图像的所有像元点都有相同的影响，所以自相关函数的形状是所有像元点贡献的累积。当目标不是沿水平方向做直线运动时，可以通过坐标旋转变换，转化为水平方向的运动，然后就可以按照水平方向运动模糊的情形进行处理。

在一幅运动模糊图像中，沿着运动方向，大多数模糊图像背景的像元点有很强的相关性，即沿着运动模糊的轨迹，背景像元点的灰度值逐渐变化或者不变。这样沿着运动方向对退化图像进行求导运算后，该轨迹两端的导数值会出现相反的符号。其中黑色点表示该点处的导数值为负，白色点表示该处的导数值为正，如图 2-15 所示。图 2-15(a)是包含有 3 个白色像元(每一白色像元代表一个目标)的一幅图像；图 2-15(b)是图 2-15(a)中的 3 个白色像元沿着水平方向运动的 16

个像元造成的模糊图像;图 2-15(c)是图 2-15(b)沿着水平运动方向的导数图;计算图 2-15(c)沿垂直于运动方向的投影矩阵的自相关函数,可以得到它的自相关曲线,如图 2-15(d)所示。由图 2-15(d)可以看出,自相关曲线中最大值 16 与最小值 0 之间的距离恰好是运动模糊的距离。

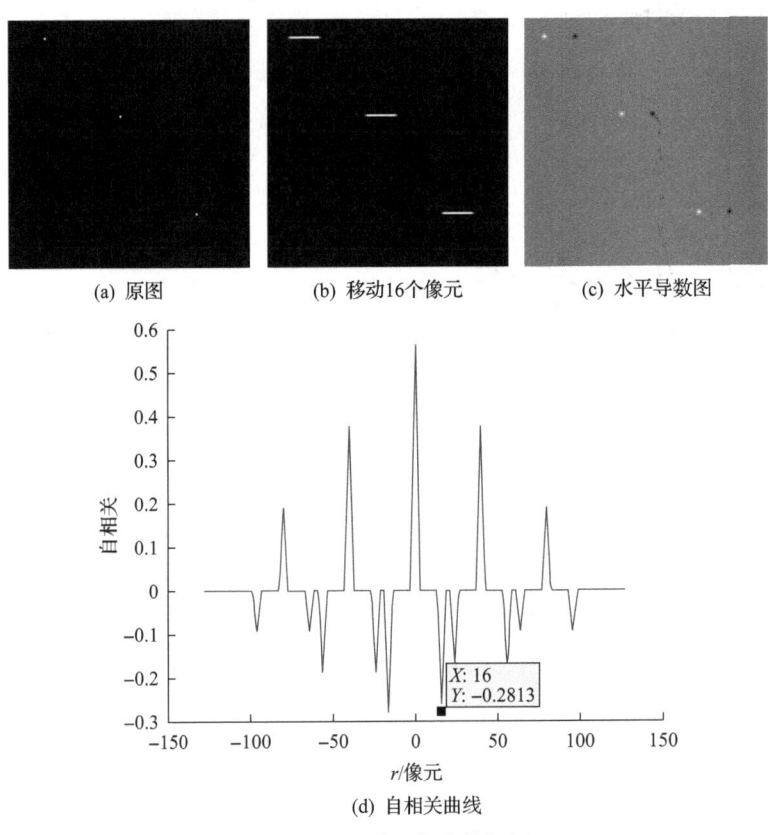

图 2-15 运动退化参数解析

上面分析的只是一种理想的假设,实际情况要复杂得多。但是当背景不是非常复杂时,沿着运动方向,在很短的曝光时间内,目标附近的背景像元点的灰度值一般不会发生很大的变化,这样就可以利用上面的方法进行运动退化参数的求取。同时,算法中采用了求两次导数方法,并且在求自相关时对两次导数进行投影,这样就减少了单个像元值的影响。

按照上述的讨论,基于投影的运动退化参数估计过程可总结如下。

(1)确定直线运动的方向,通过先验知识或者是其他的方法来确定。

(2)对于不是水平方向的直线运动,通过旋转变换,转化成为水平方向的直线运动。

(3) 沿着水平方向进行求导运算，这里采用 Sobel 算子进行求导运算，即使在噪声很大的情况下，仍然可以准确地确定出参数。

算子 $S = \begin{bmatrix} 1 & 0 & -1 \\ 2 & 0 & -2 \\ 1 & 0 & -1 \end{bmatrix}$ 比 [1, -1] 具有更强的抗噪能力。

(4) 对水平求导后的图像利用上述定义的算子 S 的转置进行垂直方向的求导。

(5) 定义图像矩阵在坐标轴上的投影为 $l(j) = \sum_{i=1}^{M} x(i,j)$。其中，$x(i,j)$ 为图像在 (i,j) 处的灰度值；$i = 1, 2, \cdots, M$；$j = 1, 2, \cdots, N$；M 和 N 分别为图像矩阵的行和列的维数大小。对经过两次求导得到的导数图在垂直于运动方向进行投影，得到一个行向量的投影阵。

(6) 求出投影阵的自相关函数 $R(j)$，其计算式如 (2-18) 所示：

$$R(j) = \sum_{i=-M}^{M} l(i+j) l(i), \quad j \text{ 为整数且 } j \in [-M, M] \cdots \qquad (2\text{-}18)$$

式中，i 和 j 分别为投影矩阵的横纵坐标；$l(i)$ 为投影阵第 i 个像元点的灰度值；M 为投影阵的个数；当 $i \notin [0, M]$ 时，$l(i) = 0$。

式 (2-18) 中，采用计算平均自相关的方法，可以减少噪声干扰。模糊距离即为平均自相关函数 $R(\bullet)$ 中的最小值和最大值 $R(0)$（中心点）之间的水平距离。

为验证上述方法的有效性，下面通过两幅不同的遥感影像来对该方法进行测试。图 2-16 是 ZY02C 卫星测试数据 1 局部影像，图像大小为 1024×1024，分辨率为 2.36m/像元，拍摄时间为 2013 年 6 月 4 日。

图 2-16 ZY02C 卫星测试数据 1 局部影像

图 2-17～图 2-20 分别为图 2-16 在不同退化参数(x=8,10,12,13)下，利用上述基于自相关曲线的方法（下文简称"自相关法"）对相应退化参数进行估计的结果。

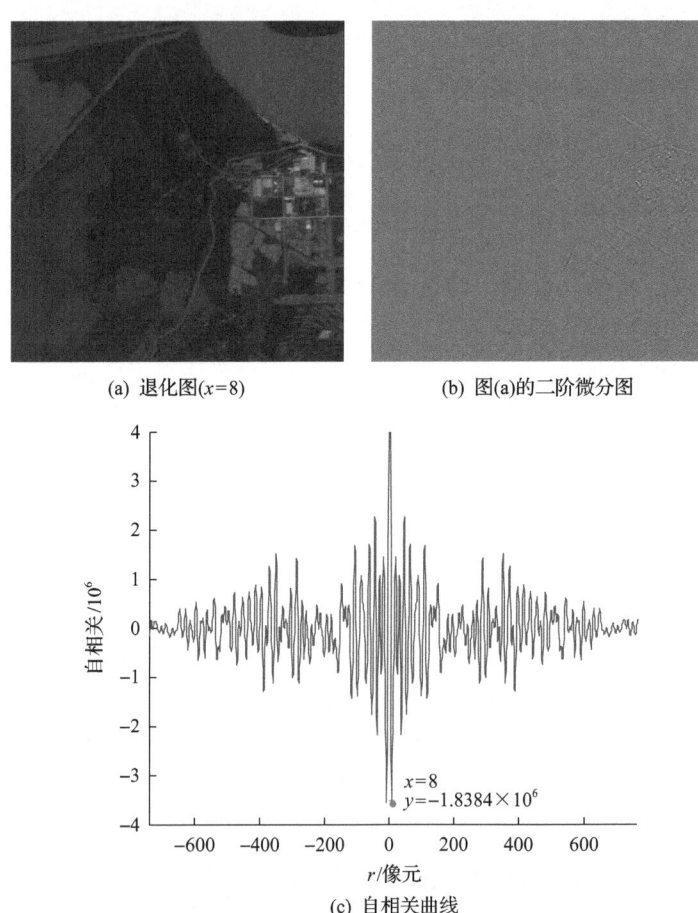

图 2-17 x=8 时自相关法的退化参数估计结果

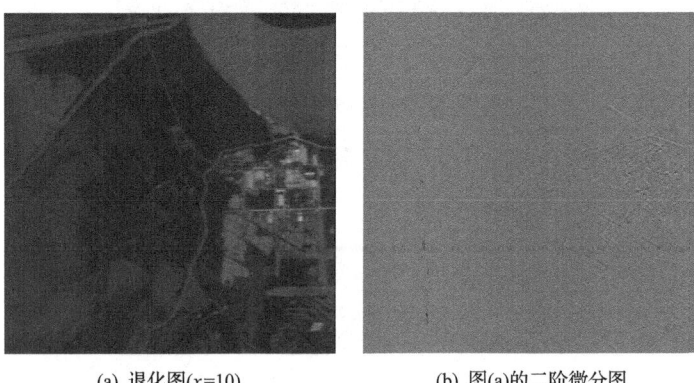

第 2 章　卫星影像退化因素分析及辨识

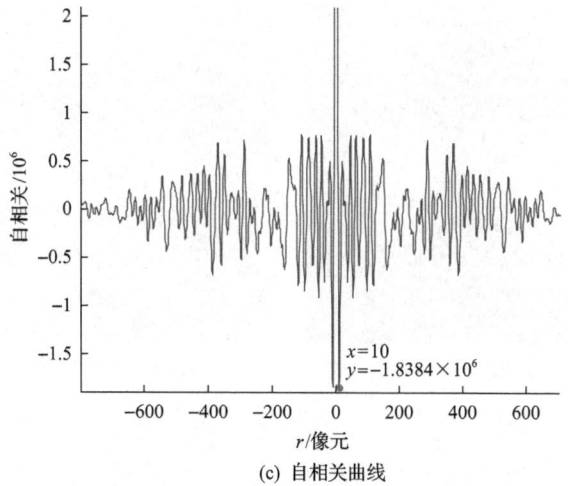

(c) 自相关曲线

图 2-18　$x=10$ 时自相关法的退化参数估计结果

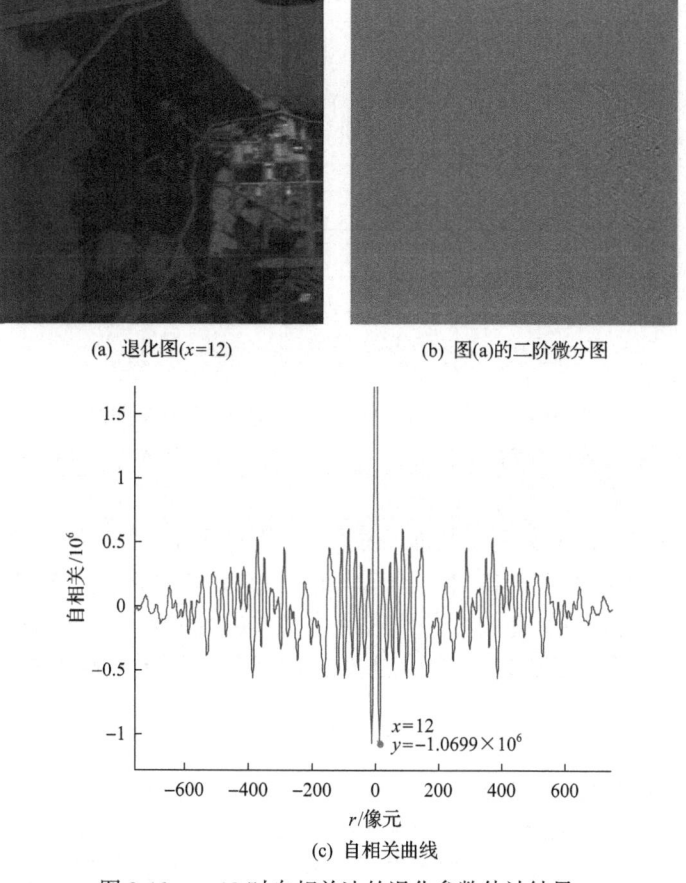

(a) 退化图($x=12$)　　　　　　　(b) 图(a)的二阶微分图

(c) 自相关曲线

图 2-19　$x=12$ 时自相关法的退化参数估计结果

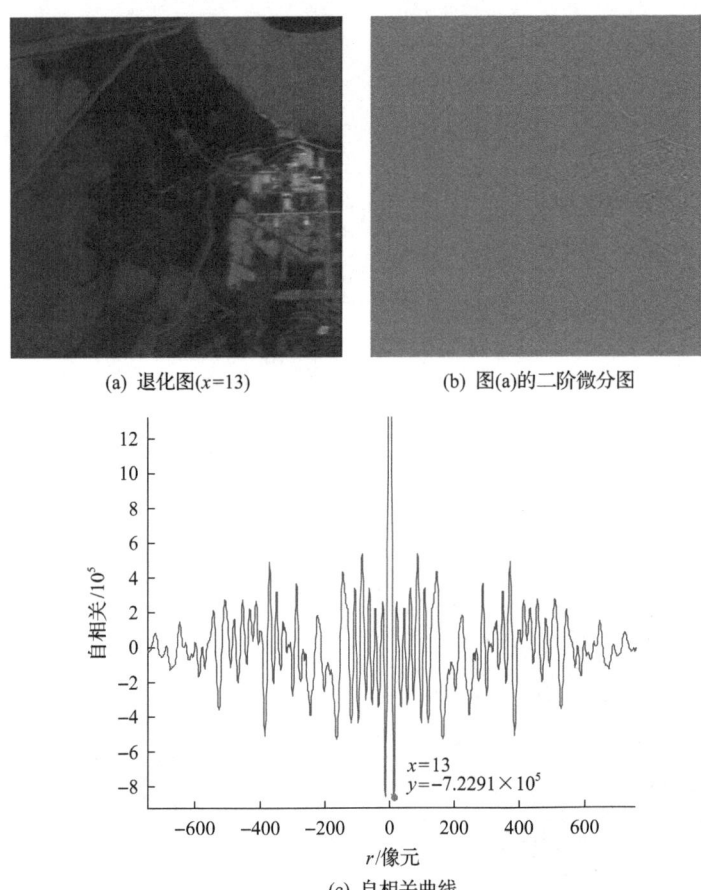

(a) 退化图($x=13$)　　(b) 图(a)的二阶微分图

(c) 自相关曲线

图 2-20　$x=13$ 时自相关法的退化参数估计结果

从图 2-17~图 2-20 可以看出，退化参数对应于自相关曲线中的最大值和最小值对应的横坐标之差，针对图 2-16 的各种退化图像，上述方法均可以获得准确的退化参数估计结果。

图 2-21 是 ZY03 卫星测试数据局部影像，图像大小为 1024×1024，分辨率为 5.8m/像元，拍摄时间为 2013 年 4 月 11 日。分别设置退化参数 5、7、11、13 对图 2-21 进行退化，并采用自相关法对退化参数进行估计，结果分别如图 2-22~图 2-25 所示。从中可以看出，采用上述方法依然能得到精确的参数估计。

2. 基于先验知识的运动退化参数估计

假定照相机不动，图像 $f(x,y)$ 在图像面上运动，并且除运动外图像 $f(x,y)$ 将不随时间变化。令 $x_0(t)$ 和 $y_0(t)$ 分别代表位移的 x 分量和 y 分量，那么在快门开启的时间 T 内，胶片上某点的总曝光量是图像在运动过程中一系列相应像元的亮度

第 2 章 卫星影像退化因素分析及辨识

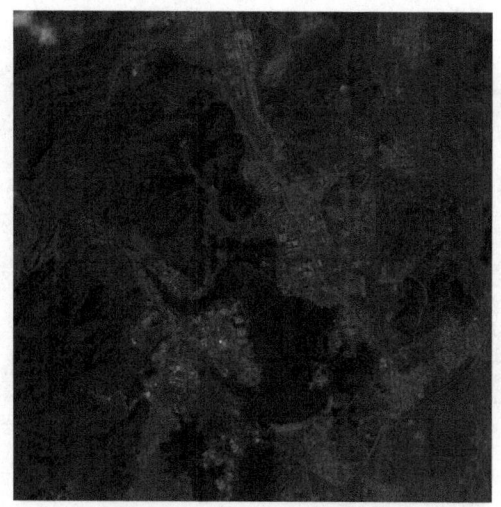

图 2-21 ZY03 卫星测试数据

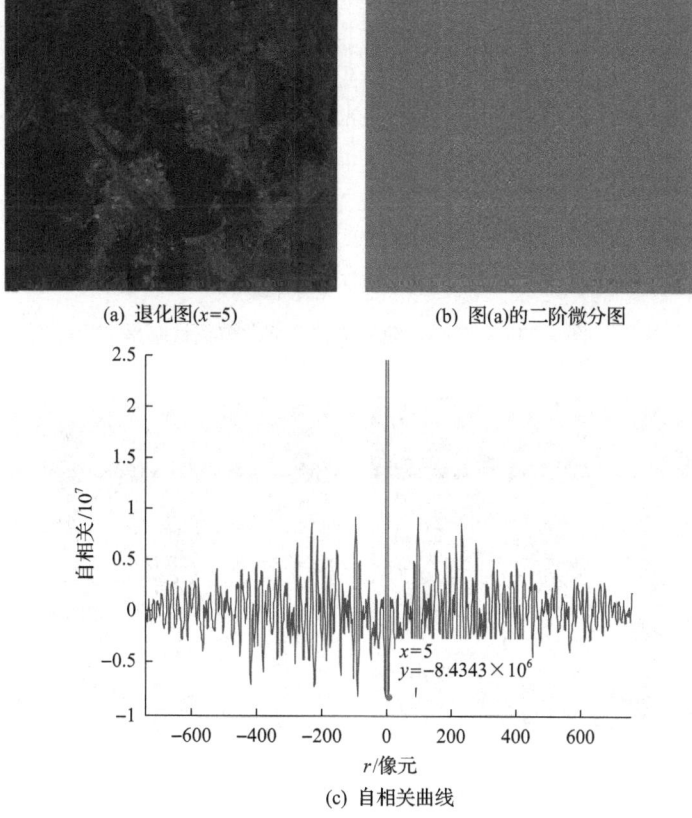

(a) 退化图($x=5$)   (b) 图(a)的二阶微分图

(c) 自相关曲线

图 2-22 $x=5$ 时自相关法的退化参数估计结果

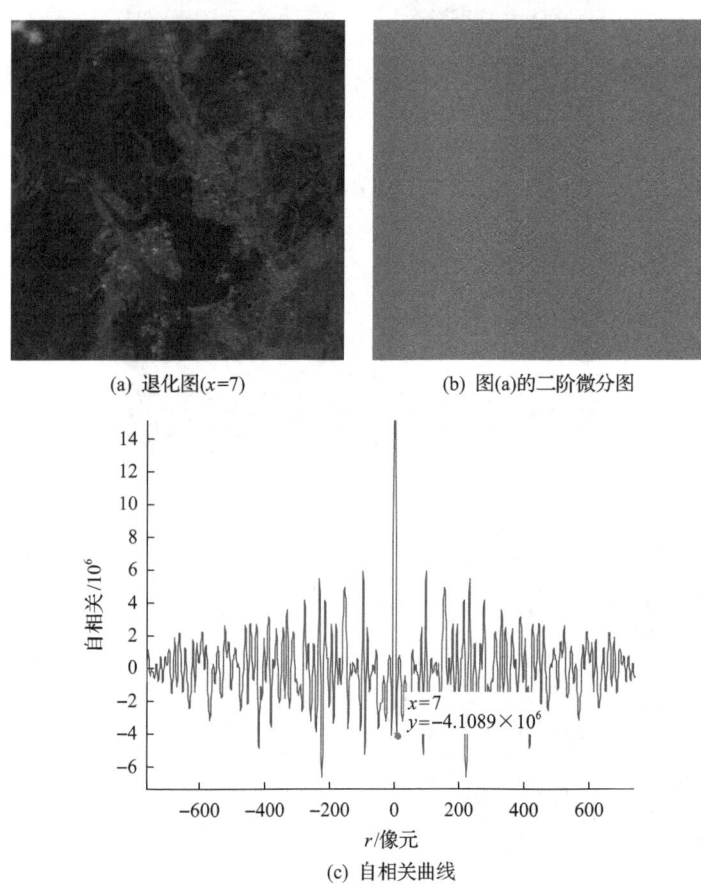

图 2-23 $x=7$ 时自相关法的退化参数估计结果

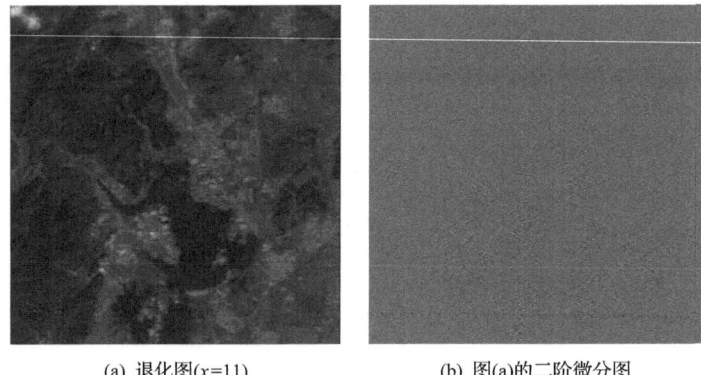

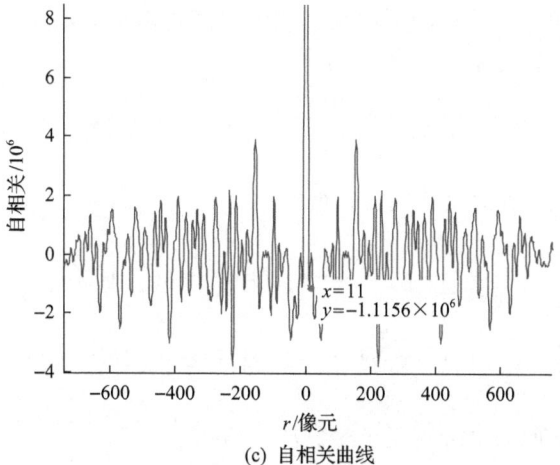

(c) 自相关曲线

图 2-24　$x=11$ 时自相关法的退化参数估计结果

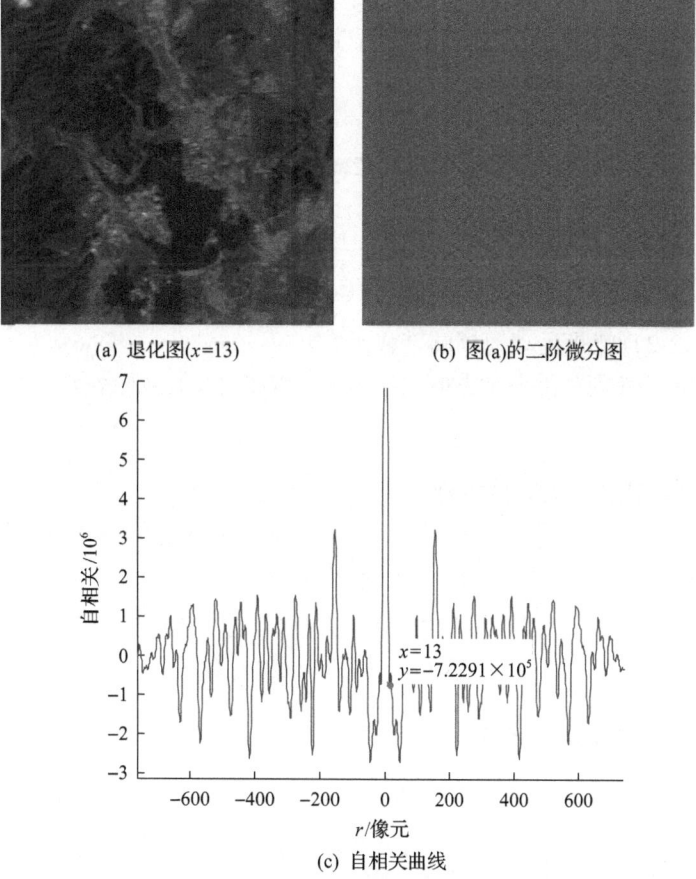

(c) 自相关曲线

图 2-25　$x=13$ 时自相关法的退化参数估计结果

对该点作用的总和。如果快门开启与关闭的时间可以忽略不计,且假设光学系统是完善的,则有下列关系存在[15],即

$$g(x,y) = \int_0^T f[x - x_0(t), y - y_0(t)] dt \qquad (2\text{-}19)$$

对式(2-19)两边取傅里叶变换,得到

$$\begin{aligned} G(u,v) &= \int_{-\infty}^{\infty}\int_{-\infty}^{\infty} \left\{ \int_0^T f[x - x_0(t), y - y_0(t)] dt \right\} \cdot \exp[-j2\pi(ux+vy)] dx dy \\ &= \int_0^T \left\{ \int_{-\infty}^{\infty}\int_{-\infty}^{\infty} f[x - x_0(t), y - y_0(t)] \right\} \cdot \exp[-j2\pi(ux+vy)] dx dy dt \end{aligned} \qquad (2\text{-}20)$$

根据傅里叶变换的空间位置平移性质,可得

$$\begin{aligned} G(u,v) &= \int_0^T F(u,v) \exp\{-j2\pi[ux_0(t) + vy_0(t)]\} dt \\ &= f(u,v) \int_0^T \exp\{-j2\pi[ux_0(t) + vy_0(t)]\} dt \end{aligned} \qquad (2\text{-}21)$$

定义

$$H(u,v) = \int_0^T \exp\{-j2\pi[ux_0(t) + vy_0(t)]\} dt \qquad (2\text{-}22)$$

那么,式(2-22)可表示为

$$G(u,v) = H(u,v) f(u,v) \qquad (2\text{-}23)$$

可见式(2-22)就是运动模糊的转移函数。

如果运动只表现为沿着 x 方向以速度 V 做匀速运动,那么有

$$x_0(t) = Vt, \quad y_0(t) = 0 \qquad (2\text{-}24)$$

把式(2-24)代入式(2-22)得到

$$\begin{aligned} H(u,v) &= \int_0^T \exp(-j2\pi uVt) dt \\ &= (1/\pi uV) \sin(\pi uVt) \exp(-j\pi uVt) \\ &= T \exp(-j\pi uVt) \sin(\pi uVt) \end{aligned} \qquad (2\text{-}25)$$

2.3.3 高斯散焦退化参数估计

实际成像过程中,会存在许多的因素导致图像的退化。当各种退化因素的影响程度相当时,其点扩展函数呈现为一个逐渐衰退的圆,越接近边缘图像越模糊。该点扩展函数可以用高斯散焦模型来模拟,高斯散焦模型是综合考虑各种退化因

素的一种近似模型,而不是经过理论推导得到的一种精确模型。

图像的边缘表现为图像的高频成分,图像的散焦退化过程是一个低通滤波的过程,所以图像散焦退化前后,图像的边缘部分变化最为明显。因此,可以利用图像边缘变化程度来估计退化参数。通常的做法是首先利用边缘求取一个线扩展函数(line spread function, LSF),再通过变换得到高斯散焦函数。一般利用直边物体的响应求取线扩展函数。如果直边物体的光强度是均匀的,则可用阶跃函数来表示[16]:

$$u(x) = \begin{cases} k, & x > 0 \\ 0, & x < 0 \end{cases} \tag{2-26}$$

式中,k 为任意常数;$u(x)$ 为线光源的积分。记 $\delta(t)$ 为单位脉冲,则有

$$u(x) = \int_{-\infty}^{x} u(t)\delta(t)\mathrm{d}t = k\int_{-\infty}^{x} \delta(t)\mathrm{d}t \tag{2-27}$$

成像系统对直边物体的响应称为边缘扩展函数(edge spread function, ESF)。根据系统的线性叠加原理,边缘扩展函数 $e(x)$ 应为

$$e(x) = \int_{-\infty}^{x} l(t)\mathrm{d}t \tag{2-28}$$

式中,$l(t)$ 为线扩展函数,则从边缘扩展函数求得线扩展函数为

$$l(x) = \frac{\mathrm{d}e(x)}{\mathrm{d}x} \tag{2-29}$$

由式(2-29)可知,只要求出边缘扩展函数,对其微分后就可以得到相应的线扩展函数。为方便起见,将系统对阶跃函数的响应统称为边缘扩展函数,这时有

$$\begin{cases} u(x) = k\int_{-\infty}^{x} \delta(t)\mathrm{d}t \\ e(x) = \int_{-\infty}^{x} l(t)\mathrm{d}t \\ l(x) = \dfrac{\mathrm{d}e(x)}{\mathrm{d}x} \end{cases}$$

边缘扩展函数求取需要提取图像的边缘。通常选取的边缘两端各自灰度均匀、相互间对比度大的区域。这种边缘属于图像中的强且长的边缘,而且边缘两端区域的局部方差较小。选取出这样的边缘后,在垂直于边缘的方向上进行扫描。采样若干像元,并依次扫描若干行,将各行的平均值作为每行的最终结果。这样得

到的一维数据就是离散化的边缘扩展函数。由于图像中存在噪声干扰，通常需要采用拟合的方式来得出边缘扩展函数的表达式。这里采用最小二乘法来降低噪声影响。

高斯边缘传输函数的数学表达式为

$$\mathrm{PSF}_1 = \frac{1}{2\pi\sigma^2} \mathrm{e}^{-(x^2+y^2)/2\sigma^2} \tag{2-30}$$

式中，σ 为模型的散焦参量，一般通过散焦模糊图像来确定。高斯散焦退化后的图像的线扩展函数呈高斯分布，表示为

$$l(x) = \frac{1}{\sqrt{2\pi}\sigma} \exp\left(-\frac{x^2}{2\sigma^2}\right) \tag{2-31}$$

图 2-26 展示出了基于边缘扩展函数的高斯散焦退化参数估计流程。

(1) 目的是提取出图像的单像元边缘图像。

(2) 从边缘图像中挑选垂直(或水平)的边缘，这样便于第四步中垂直边缘的采样。

(3) 选取强且长的图像边缘，目的是过滤噪声引起的虚假边缘。

(4) 在边缘处垂直于边缘方向的两边，选取原图像一定宽度的像元值(一般取 3～5 个像元宽度)，然后在边缘方向上累加选取像元值(出于抑制噪声的考虑)，将所得的一维数组作为边缘函数。

(5) 通过边缘函数最小二乘拟合出高斯散焦退化参数 σ，进而构造高斯点扩展函数。

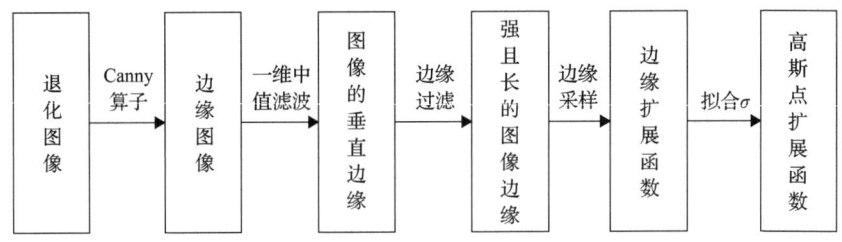

图 2-26　基于边缘扩展函数的高斯散焦退化参数估计流程图

对于高斯散焦退化图像，不仅要考虑高斯散焦退化参数 σ，还应考虑高斯散焦退化半径 r，所以高斯散焦退化参数估计属于双参数估计。σ 与 r 之间存在一定的比例关系，即

$$\sigma = kr \tag{2-32}$$

在大多数实际情况下 $k = 1/\sqrt{2}$ 是一个良好的近似[7]。对于高斯散焦型退化来

说，σ是主要的退化参数。当$r > \sqrt{2}\sigma$时，图像的退化作用主要由σ决定。在估计出σ后，当$r < \sqrt{2}\sigma$时，r的大小对图像恢复的效果影响很大；当$r > \sqrt{2}\sigma$时，由于高斯散焦矩阵的边缘处的值均接近0值，r的大小对图像恢复的效果影响不大。在求得σ后，取$r = \sqrt{2}\sigma$，就可以在后续的恢复中取得满意的效果。

为了验证上述算法的有效性，分别做了两组实验。第一组实验选取的是ZY02C卫星测试数据局部图像，图像大小1024×1024，分辨率为2.36m/像元，拍摄时间为2013年6月4日。第二组实验选取的是ZY03卫星测试数据局部影像，影像大小1024×1024，分辨率为5.8m/像元，拍摄时间为2013年4月11日。对两幅遥感影像进行高斯散焦退化，通过图2-26所示的方法进行高斯散焦退化参数估计。

图2-27(a)为ZY02C卫星测试数据遥感局部影像，对其进行高斯散焦退化，退化参数$\sigma = 2$，散焦半径$r = 3$。

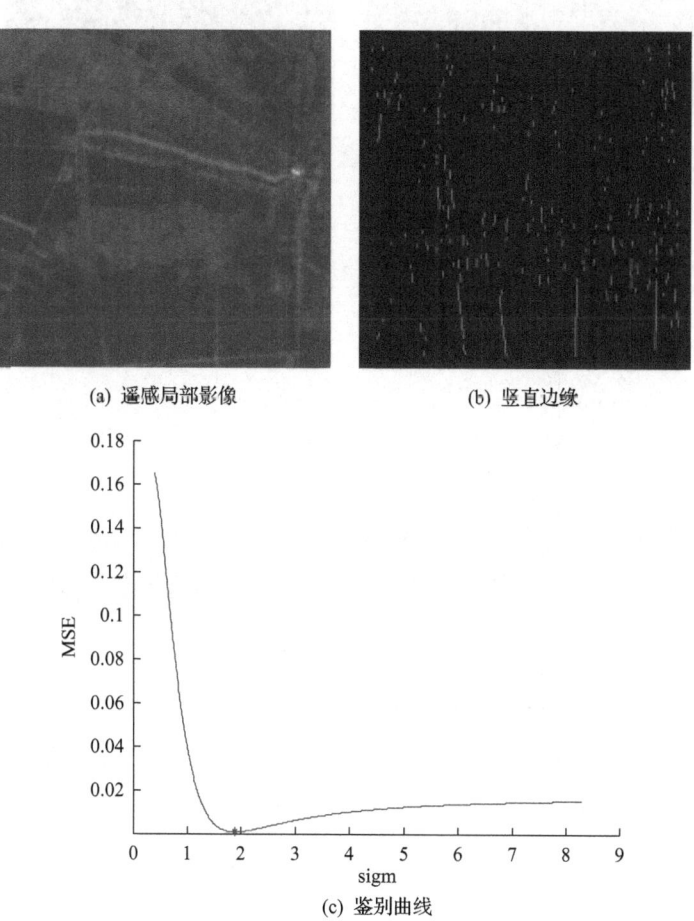

(a) 遥感局部影像　　(b) 竖直边缘

(c) 鉴别曲线

图2-27　ZY02C卫星测试数据遥感局部影像退化参数估计实验

由图 2-27(c)的鉴别曲线可以得到估计的退化参数 $\sigma'=1.90$，则得其散焦半径 $r=|\sqrt{2}\sigma'|=3$（数字图像的散焦半径只能取整数，所以此处进行取整运算）。估计相对误差 $e=\dfrac{|\sigma'-\sigma|}{\sigma}=5\%$，散焦半径 r 估计完全准确。

图 2-28(a)为 ZY03 卫星测试数据遥感局部影像，对其进行高斯散焦退化，退化参数 $\sigma=2$，散焦半径 $r=3$。

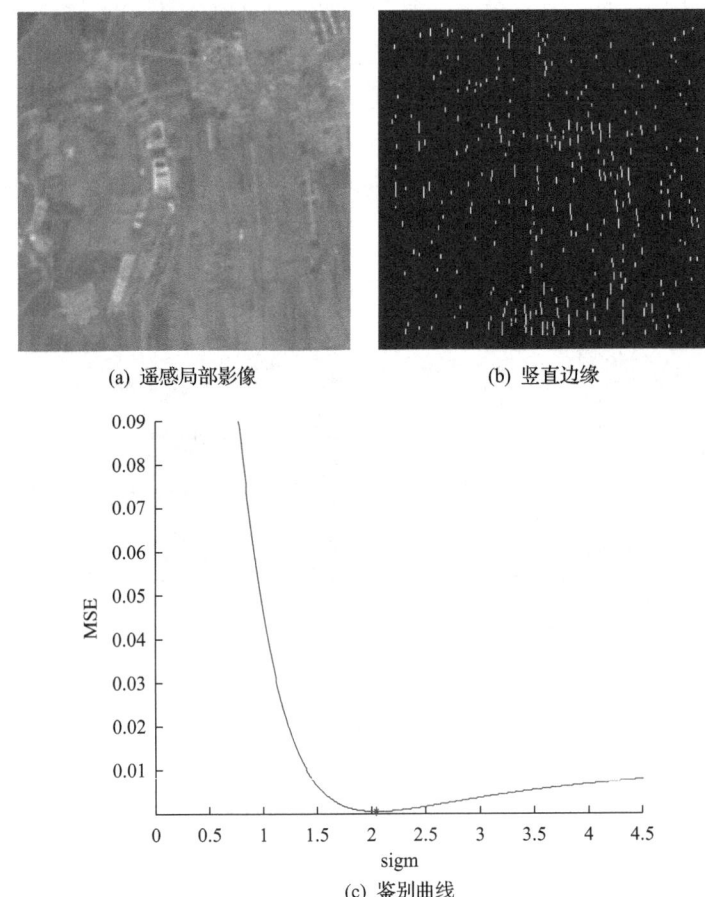

(a) 遥感局部影像　　　　　　(b) 竖直边缘

(c) 鉴别曲线

图 2-28　ZY02C 卫星测试数据遥感局部影像参数估计实验

由图 2-28(c)的鉴别曲线可以得到估计的退化参数 $\sigma'=2.05$，则得其散焦半径 $r=|\sqrt{2}\sigma'|=3$（数字图像的散焦半径只能取整数，所以此处进行取整运算）。估计相对误差 $e=\dfrac{|\sigma'-\sigma|}{\sigma}=2.5\%$，散焦半径 r 估计也完全准确。

2.4 大气湍流退化参数估计

大气湍流是图像扭曲变形的来源，对于远距离拍摄的图像退化非常严重，这种现象在天文学中尤其常见。例如，通过望远镜观测到的外太空的星星表现出的降质，就是因为地球上的大气湍流导致的图像退化。大气湍流的物理原因是空气折射指数的起伏，这些起伏受很多因素影响，包括温度、高度、风的转向率等，其中最主要的因素通常是温度的变化。实际中很难测定这些因素的影响，并且与大气湍流真实模型相关的参数也无从知晓，因此，大气湍流图像退化问题可看作为盲目复原问题。

大气湍流退化通常以线性卷积为模型，图像复原的困难之处在于其点扩展函数是未知和动态随机变化的，且难以用数学解析式来表述。因此，大气湍流退化图像复原的关键问题是对点扩散函数进行估计，或是对光学传递函数 $H(u,v)$ 进行估计。

光线透过湍流传播是随空间和时间变化的过程。大气湍流是一个随机过程，可用相关函数或协方差来描述，这在大气结构函数中经常会用到。结构函数可以由光学传递函数表示，即随机过程在 x 和 $x+r$ 之间的差的平方，即

$$D_f \langle |f(x)-f(x+r)|^2 \rangle = \int_{-\infty}^{+\infty} |f(x)-f(x+r)|^2 p(x)\mathrm{d}x \tag{2-33}$$

式中，角括号 $\langle \cdot \rangle$ 为求统计平均；x 和 $x+r$ 为三维矢量的两个方位。协方差函数为

$$B_f(r) = \langle f(x)f(x+r) \rangle = \int_{-\infty}^{+\infty} f(x)f(x+r)p(x)\mathrm{d}x \tag{2-34}$$

其结构公式与协方差之间的关系为

$$D_f(r) = 2\left[B_f(0)-B_f(r)\right], \quad l_0 < |r| = |x_1 - x_2| < L_0 \tag{2-35}$$

式中，l_0 只有几毫米，而 L_0 的范围为十几米到几百米。在大气湍流 D 中，折射指数和温度的结构函数可认为是齐次的（其与位置、方向无关），即

$$D(x_1, x_2) = D(r) \tag{2-36}$$

大气湍流的结构函数遵循能量定律，即

$$D(r) = C^2 r^{2/3}, \quad l_0 < r < L_0 \tag{2-37}$$

式中，C 为一个常量，源自 Kolmogorov 的 2/3 次方能量定律。根据 Kolmogorov

的假定，在惯性区内（即 $l_0 < r < L_0$），大气湍流呈现为局地均匀各向同性，折射率结构函数满足 2/3 次方能量定律，即

$$D_n(r) = C_n^2 r^{2/3}, \quad l_0 < r < L_0 \tag{2-38}$$

式中，C_n 为折射率结构常数。大气折射率的起伏主要决定于温度起伏。大气中的温度结构函数也遵循 2/3 次方能量定律，即

$$D_T(r) = C_T^2 r^{2/3} \tag{2-39}$$

式中，C_T 为温度结构函数。C_T 和 C_n 的关系为

$$C_n = \left(\frac{\partial n}{\partial T}\right) C_T \tag{2-40}$$

大气光的折射率 N 取决于光波长 n，公式为

$$N = n - 1 = 80 \times 10^6 \frac{P}{T} \tag{2-41}$$

式中，T 为温度，℃；P 为气压，mbar（1bar=10^5Pa）。在大气湍流中，温度的起伏相比气压的起伏要强很多，所以折射率的起伏主要与温度起伏有关。由式(2-40)和式(2-41)可得

$$C_n^2 = \left(80 \times 10^{-6} \frac{P}{T^2}\right) C_T^2 \tag{2-42}$$

C_T^2 和 C_n^2 都十分依赖高度 z，因此它们通常表示为 $C_T^2(z)$ 和 $C_n^2(z)$，温度结构常数 $C_T^2(z)$ 给定为

$$C_T^2(z) = \frac{\alpha^2 \varepsilon^{2/3} r^2(z)}{\beta^2(z)} \tag{2-43}$$

式中，α 为一个常量，由 Tatarskii 测定为 2.4；ε 为湍流黏性力；$\beta(z)$ 为平均风速；$r(z)$ 为温度的平均垂直梯度，℃/cm，定义如下：

$$r(z) = \langle \partial \theta / \partial z \rangle + 0.98 \times 10^{-4} \tag{2-44}$$

当光波穿过大气时，大气中的折射率变化可能会在振幅和相位上扰乱光波。这两个成分造成的相位起伏就是图像退化的主要原因，因此，为了简化讨论，将光波表示为

$$\psi(x) = e^{i\phi(x)} \tag{2-45}$$

式中，$\phi(x)$ 为相位。

光波 $\psi(x)$ 的空间相关函数为

$$C_\psi(r) = \langle \psi(x) * \psi(x+r) \rangle = \langle e^{i[\phi(x)-\phi(x+r)]} \rangle \tag{2-46}$$

$C_\psi(r)$ 是测定光波 ψ 从一个位置(如 x)到相邻位置(如 $x+r$)的值相关性的一个量，这可以解释为大气湍流的光学传递函数(optical transfer function, OTF)。如果没有相位波动，那么 $\phi(x)-\phi(x+r)=0$，则 $C_\psi(r)=1$，这种情况下，OTF=1，意味着没有大气湍流造成的图像退化。在概率论中，e^{ikx} 的期望可用来描述随机变量 x 的特征函数，即

$$M(k) = \langle e^{ikx} \rangle \tag{2-47}$$

式中，k 为一个实数；$M(k)$ 为概率分布函数的傅里叶变换，即

$$M(k) = \int_{-\infty}^{+\infty} e^{ikx} p(x) \mathrm{d}x \tag{2-48}$$

如果随机变量是带有均值 u_x 和方差 σ_x^2 的高斯函数，即

$$\langle e^{ikx} \rangle = e^{-\sigma_x^2 k^2/2} e^{iku_x} \tag{2-49}$$

当 $\langle x \rangle = 0$ 时，该函数为

$$\langle e^{ix} \rangle = e^{-\langle x^2 \rangle/2} \tag{2-50}$$

当 $\phi(x) - \phi(x+r) = 0$ 时，该函数为

$$C_\psi(r) = \langle e^{i[\phi(x)-\phi(x+r)]} \rangle = e^{-\langle |\phi(x)-\phi(x+r)|^2 \rangle/2} = e^{-D_{\phi(r)}/2} \tag{2-51}$$

式(2-51)是对式(2-46)的简化。

由折射率起伏造成的波传播垂直方向上(在 z 方向上)从高度从 h 到 $h+\delta h$ 的相位变化公式为

$$\Phi(x) = k \int_h^{h+\delta h} n(x,z) \mathrm{d}z \tag{2-52}$$

式中，$n(x,z)$ 为折射率；k 为波数。

式(2-33)~式(2-52)刻画了大气湍流的复杂特性。由于相位变化造成的图像

退化依赖于高度、温度、风的转向率等多种因素，完整的模型又非常复杂，因此通过一定的假设得到的简化模型能起到良好的替代作用。光学传递函数的研究源于 Hufnagel 和 Stanley 的工作[17]。根据离散频率，可推导得出大气湍流的光学传递函数的公式为[18]

$$H(u,v) = e^{-c(u^2+v^2)^{5/6}} \tag{2-53}$$

式中，(u,v) 为频率域中的离散变量；c 为一个与湍流性质有关的常数，控制着降质的严重程度，其数值由湍流强度 $C_n(z)$ 决定，通常通过做实验来确定；幂 5/6 有时用 1 来代替。

参 考 文 献

[1] Gonzalez R C, Woods R E. 数字图像处理(第二版). 阮秋琦, 阮宇智, 等译. 北京: 电子工业出版社, 2003: 176-179.

[2] 容观澳. 计算机图像处理. 北京: 清华大学出版社, 2000: 41-43.

[3] 曾文庆, 杨为民, 张柏荣. 图象中噪声的统计特性和模型. 云南天文台台刊, 1993, (2): 39-46.

[4] 石光明, 王晓甜, 张犁, 等. 基于方向滤波器消除遥感图像孤立条带噪声的方法. 红外与毫米波学报, 2008, 27(3): 214-218.

[5] 张毛女, 柳薇. 一种基于边缘检测的改进的中值滤波去噪方法. 计算机与现代化, 2011, 1(3): 63-65.

[6] Ziemer R E, Tranter W H. 通信原理——系统、调制与噪声(第 5 版)(中文版). 袁东风, 江铭炎, 译. 北京: 高等教育出版社, 2004: 7.

[7] Tomasi C, Manduchi R. Bilateral filtering for gray and color images//6th International Conference on Compute Vision, Bombay, 1998: 839-846.

[8] 李淑霞, 王汝霖, 李春梅, 等. 基于噪声方差估计的小波阈值图像去噪新方法. 计算机应用研究, 2007, 1: 220-221.

[9] Donoho D L, Johnstone I M. Ideal spatial adaptation by wavelet shrinkage. Biometrika, 1994, 81(3): 425-455.

[10] Immerkaer J. Fast noise variance estimation. Computer Vision and Image Understanding, 1996, 64(2): 300-302.

[11] Tai S C, Yang S M. A fast method for image noise estimation using Laplacian operator and adaptive edge detection//2008 3rd International Symposium on Communications, Control and Signal Processing, St Julians, 2008: 1077-1081.

[12] Elder J H, Zucker S W. Local scale control for edge detection and blur estimation. IEEE Transactions on Pattern Analysis and Machine Intelligence, 1998, 20(7): 699-716.

[13] 吕成淮, 何小海, 陶青川, 等. 图像复原中高斯点扩展函数参数估计算法研究. 计算机工程与应用, 2007, 43(10): 31-34.

[14] 陈前荣, 陆启生, 成礼智, 等. 利用拉氏算子鉴别散焦模糊图像点扩散函数. 计算机工程与科学, 2005, 27(9): 40-43.

[15] 章毓晋. 图形工程(上)图像处理和分析. 北京: 清华大学出版社, 2000.

[16] 李盛阳. 图像盲复原与改善空间分辨率研究. 北京: 中国科学院遥感应用研究所, 2006.

[17] Hufnagel R E, Stanley N R. Modulation transfer function associated with image transmission through turbulent media. Journal of the Optical Society of America, 1964, 54(1): 52-61.

[18] 李庆菲, 朱志超, 方帅. 大气湍流退化图像的复原研究. 合肥工业大学学报: 自然科学版, 2011, 31(1): 80-82.

第3章　基于退化模型的卫星影像超分辨率重建

通过考察图像的成像过程，建立图像退化模型，在此基础上，研究相应的图像超分辨率重建方法，已成为极具代表性的一类方法。本章首先简述几种遥感卫星典型成像模式，进而对单幅图像和序列图像的超分辨率重建的相关典型方法逐一进行介绍。

3.1　遥感卫星典型成像模式

遥感卫星光学遥感器的成像模式主要包括以下三种：光机扫描成像、线阵推扫成像、面阵凝视成像。基于这些成像模式，遥感卫星光学遥感器通常分为光机扫描成像仪、线阵推扫成像仪和面阵凝视成像仪[1]。

3.1.1　光机扫描成像仪

光机扫描成像仪通过卫星运动和光机扫描来获取图像。光机扫描成像仪装载的扫描装置由扫描镜、电机和驱动电路等组成。对于低轨对地观测卫星，扫描装置在穿越轨道方向上周期性地扫描得到一维空间信息，卫星运动提供另一维空间信息。光机扫描也常被称为机械扫描，有多种成像方式。图 3-1 为一种典型光机扫描成像仪的工作原理示意图，扫描镜可绕其短轴摆动或旋转。在这种类型的光机

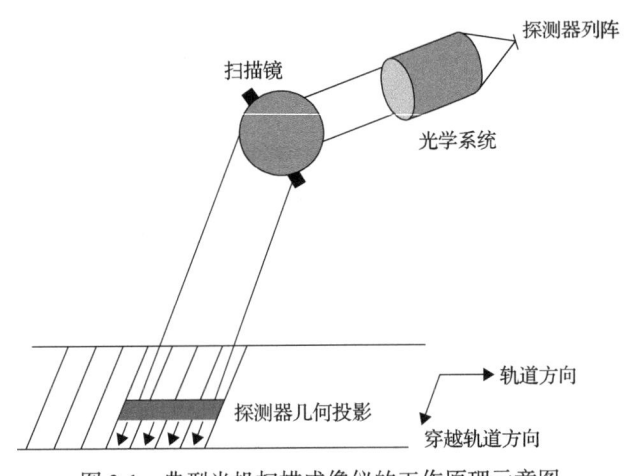

图 3-1　典型光机扫描成像仪的工作原理示意图

扫描成像仪中通常每个工作谱段配备一个多元探测器，其光学视场通常比较窄，采用的探测器的元数通常也比较少。

光机扫描成像仪的主要优点是其观测视场比较宽、光谱覆盖范围比较大、辐射定标比较容易。其缺点是数据采集效率低，扫描装置复杂，活动部件会使图像产生畸变。如果能够对畸变进行物理建模，可以对其进行有效校正。另外，受光机扫描成像仪工作原理的限制，当其用于高分辨率对地观测时存在局限性。

光机扫描成像仪又可以分为红外扫描仪和多光谱扫描仪(multi spectral scanner, MSS)，目前使用光机扫描成像仪的卫星有 Landsat、MSG，以及 CBERS-01 卫星等。

3.1.2 线阵推扫成像仪

在线阵推扫成像仪中，通常每个谱段使用上千乃至上万元的线阵探测器，探测器沿穿越轨道方向排列，一次采集一整行图像，线阵推扫由卫星运动来实现，其工作原理如图 3-2 所示。由于同时获取整行图像，线阵推扫成像仪比光机扫描成像仪效率高，并且畸变小。

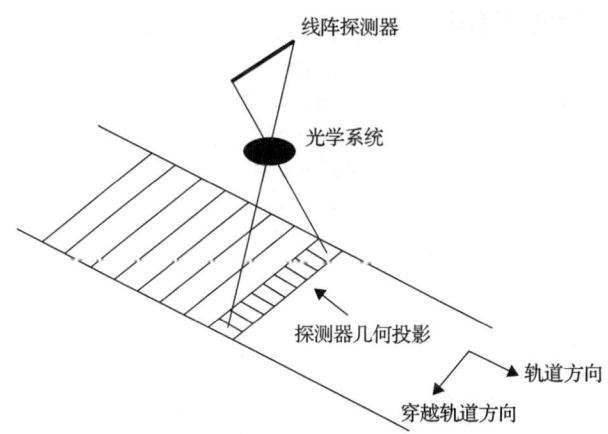

图 3-2 线阵推扫成像仪工作原理示意图

目前使用线阵推扫成像仪的代表性卫星是 SPOT 卫星。SPOT-1/2/3 卫星上装载的高分辨率可见光扫描仪(high resolution visible sensor, HRVS)是一种阵列推扫式扫描仪。仪器中有一个平面反射镜，将地面辐射来的电磁波反射到平面反射镜，然后聚焦在 CCD 元件上，CCD 的输出端以一路时序视频信号输出。由于使用线阵列的 CCD 元件作为探测器，在瞬间能同时得到垂直方向的一条影像线，不需要用摆动的扫描镜像缝隙式摄影机那样以线阵推扫方式获取沿轨道方向的连续影像条带。

SPOT 卫星上的 HRVS 分成两种。一种是多光谱 HRVS，每个波段的线阵探测器组由 3000 个 CCD 元件组成,每个元件形成的像元相对地面上的大小为 20m×20m。因此每一行探测器形成的影像线,相对地面上的大小为 20km×60km,每个像元用 8bit 对亮度进行编码。另一种是全色 HRVS,由 6000 个 CCD 元件组成一行,地面上总宽度仍为 60km,因此每个像元相对地面上的大小为 10m×10m。全色 HRVS 采用相邻像元亮度差值进行编码,以压缩数据量。由于相邻像元亮度差值很小,因此只需要用 6bit 的二进制进行编码。

3.1.3 面阵凝视成像仪

面阵凝视成像仪利用面阵探测器获取空间信息,通过在某一位置对被观测景物"凝视"一段时间来获取图像,其工作原理示意图如图 3-3 所示。当面阵凝视成像仪装在与目标相对静止的卫星平台上时,如从地球同步轨道卫星上进行对地观测,凝视成像是一种非常有效的图像获取方式。而当面阵凝视成像仪装在相对于被观测景物快速运动的低轨对地观测卫星平台上时,需要采取一定措施才能做到严格意义上的凝视成像,否则会产生像移。对于同样的面阵凝视成像仪,装在低轨对地观测卫星平台上比装在地球同步轨道对地观测卫星平台上能获得更高的空间分辨率,但观测幅宽缩小。

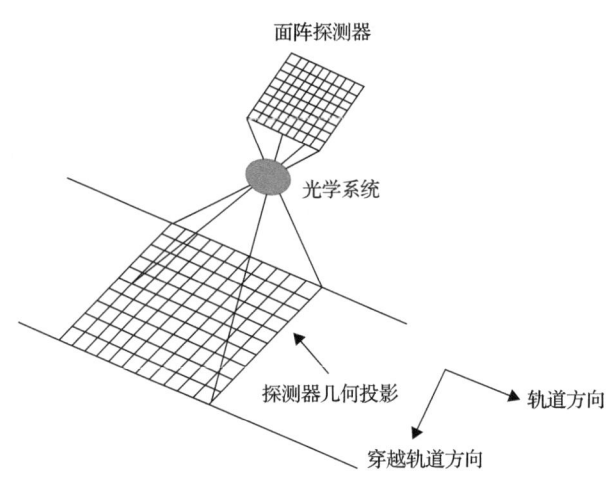

图 3-3 面阵凝视成像仪工作原理示意图

由于几乎同时获取整幅图像,面阵凝视成像仪具有成像效率高且畸变小的优点。此外,面阵凝视成像仪能够提供较长的积分时间,因此能够获得比较高的辐射分辨率。

目前使用面阵凝视成像仪的代表性卫星为我国的高分四号卫星。该卫星发射于 2015 年年底,在距离地面约 36000km 的地球同步轨道运行,分辨率在 50m 以内,主要用来检测森林火灾、洪涝灾害等。

3.2 图像超分辨率问题的退化模型

图像超分辨率重建是指利用低分辨率图像,重建出相应的高分辨率图像;图像降质是指高分辨率图像被相关因素干扰质量下降变成低分辨率图像。因此,图像超分辨率重建可以看作图像降质的逆过程。为了更好地理解图像超分辨率重建,首先应该对图像退化的一般模型进行研究。

高分辨率图像退化的一般模型如图 3-4 所示。其数学形式为[2]

$$Y_k = D_k H_k F_k X + V_k, \ k = 1, 2, \cdots, N \tag{3-1}$$

式中,N 为高-低分辨率图像的帧数;D_k 为降采样矩阵,表示从原始高分辨率图像得到低分辨率观测图像的过程;H_k 为模糊矩阵,表示成像系统的点扩散函数;F_k 为运动矩阵,表示存在于由观测图像 Y_k 插值放大后的图像与原始高分辨率图像之间的几何变形;V_k 为噪声矩阵,表示观测图像上的加性高斯噪声。

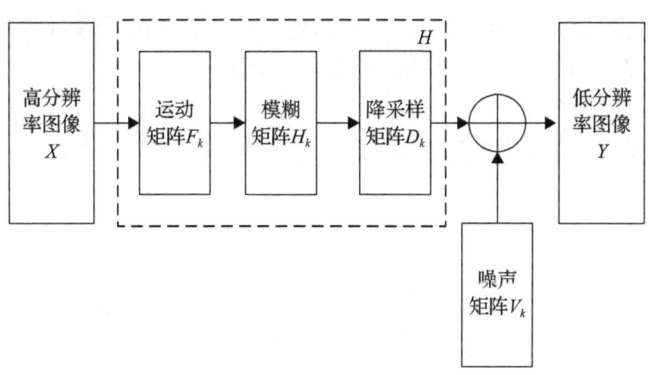

图 3-4　高分辨率图像退化的一般模型

(1)运动矩阵 F_k 描述运动变形。通常可以分为两大类:参数化全局运动和非参数化局部运动。如果观测目标保持静止,则多幅图像间只存在全局性的刚性变换,如平移、旋转、缩放等;如果相机或观测目标处于不断运动中,此时多幅图像间存在局部运动。

(2)模糊矩阵 H_k 描述模糊退化。不同模糊由不同因素引起,如光学模糊可能由光学部件的性能、传感器的形状和尺寸引起;运动模糊由成像系统和原始场景之间的相对运动等引起。

(3)降采样矩阵 D_k 描述降采样退化因素。采样矩阵从发生形变并且存在模糊的高分辨率图像中产生频谱混叠的低分辨率图像。虽然模糊能够或多或少地抑制频谱混叠,但是在图像超分辨率重建中,可以认为频谱混叠总存在于低分辨率图像中。

(4)噪声矩阵 V_k 描述噪声引起的图像退化因素。在图像产生、传输和记录的过程中,经常会受到噪声的干扰,由于噪声本身的高频特性,严重地影响了图像的视觉效果,限制了图像可能复原的程度。在不同的应用环境中,噪声的特性是不同的,经典的去噪模型中大多讨论的是高斯噪声,椒盐噪声和脉冲噪声也是十分常见的类型。

如果将上述过程中除了噪声以外的所有导致图像降质的因素(即图 3-4 中虚线框所示部分)统一用 H 代表(H 常被称为退化函数),该过程可表示如下:

$$Y = HX + V \qquad (3-2)$$

从式(3-2)中可以看到,如果已知低分辨率图像 Y,以及引起图像退化的各个因子(H、V 或者 F、H、D、V)则通过式(3-2)能求出低分辨率图像 Y 对应的高分辨率图像 X。但在实际过程中,很难获得准确的、唯一的退化函数 H,从而导致低分辨率图像重建高分辨率图像解的不唯一性,因此图像超分辨率重建是一个不适定性反问题。对此,通常会利用一些先验知识对重建过程进行约束,找出造成图像降质的原因,为图像超分辨率的重建提供辅助。

3.3 图像超分辨率重建问题的两个特性

3.3.1 反问题

超分辨率重建是一类典型的反问题。所谓"反问题",是相对于"正问题"而言的。在数学物理问题中,给定了描述问题的数学方程、初始条件和边界条件就可以求解方程,获得被研究对象的过程和状态的数学描述,这类问题称为正问题。反之,若根据被研究对象的过程或状态的数值观测来获取初始状态信息、边界条件信息、产生该过程或状态的输入信息,以及该状态或过程服从怎样的函数方程等,则属于反问题。一般而言,在两个互逆的问题中,对于一个已被研究的相对充分或完备的问题,可称之为正问题,而与此相对应的则称之为反问题[3]。

在图像退化模型、场景和系统响应已知的情况下,输出低分辨率图像,可认为是正问题的求解过程;而根据已知输出的低分辨率图像,求解输入系统的高分辨率图像,即图像超分辨率重建,则可认为是该问题的反问题,又称反卷积过程。图像超分辨率重建的目的就是寻找真实高分辨率图像 X 的最优近似解。

对于数学物理反问题,通常不能采用与正问题相类似的思路解决,原因是求解这类问题通常面临着两个困难。

(1)求解反问题时所获取的观测数据可能不属于所讨论问题精确解所对应的

数据集合，因此，该问题的近似解可能不存在。

(2)即使问题的近似解可以得到，也可能是不稳定的。原始数据中微小的观测误差都可能导致近似解与真实解的严重偏离。事实上，观测数据存在误差，在实际中不可避免。

3.3.2 不适定性问题

图像超分辨率重建问题都是不适定性反问题。根据 Hadamard 的定义，当一个数学问题的解满足三个条件[4]：

(1)存在性，至少存在一个解；
(2)唯一性，只有唯一确定的一个解；
(3)稳定性，问题的解依赖定解条件，微小的误差不会导致严重偏差。

该问题称为适定性问题。反之，当一个数学问题不能完全满足这三个条件，则称为不适定性问题。

考虑到成像系统或观测图像的特征，对图像超分辨率重建问题直接进行求解并不能保证满足上述一项或几项条件。原因是多方面的，如图像获取过程中受噪声等干扰因素影响过大，导致无法恢复原始图像；利用同一低分辨率观测序列恢复原始高分辨率图像，可能获得的结果并不唯一；在图像重建的过程中，由于图像中不可避免地存在噪声，即使是微小的扰动，都可能造成恢复数据较大的改变，从而导致解的不连续，从而无法满足解连续依赖于观测数据的要求。因此，对于病态反问题需要采用特殊的方法求解。具体而言，就是构造近邻问题，利用这一类与原问题相近邻的良态问题的解去逼近原问题的解。构造近邻问题，通常可以通过以下四种途径[5]。

(1)扩大或缩小问题解空间的范围。例如，当问题的古典解不存在时，改用最小二乘解或最佳逼近解；当问题的解不唯一时，取某种度量为最小的解等。

(2)对算子 O 的定义域和值域添加一定的限制，如将定义域缩小为一个紧集 T，则值域缩小到 OT，从而使原问题在 (T, OT) 上变成一个适定性问题。

(3)将部分第一类算子方程转换为与之对应的第二类算子方程。

(4)采用正则化(regularization)方法，利用一组与原问题相近邻的适定性问题去逼近原问题，将该适定性问题的解作为原问题的解。加入先验约束条件的正则化方法是目前求解图像超分辨率重建问题最有效的手段之一。

3.4 单幅图像超分辨率重建

超分辨率重建最初是基于单幅图像进行的，即通过图像退化模型，利用数据的先验知识作为指导来对目标图像(即所求的高分辨率图像)进行优化求解，找到最符合的一幅高分辨率图像。这类方法主要包括：反向迭代投影方法(iterative back projection, IBP)、非盲去卷积方法和盲去卷积方法等，以下分述之。

3.4.1 反向迭代投影方法

Frieden 和 Aumann 在 1987 年提出的反向迭代投影方法[6]，不是针对序列图像的超分辨率重建，而是在使用线阵列对固定景物进行连续多次一维扫描的过程中，实现图像超分辨率重建。此后，Irani 和 Peleg 将相关思想应用到序列图像超分辨率重建中[7,8]。

反向迭代投影方法的基本思想是通过模拟低分辨率图像(由估计的高分辨率图像退化得到)与实际观测图像的差值不断更新当前估计，即首先预估计一幅高分辨率图像(通常是对低分辨率图像进行插值得到)，并将此高分辨率图像代入观测模型，经过一系列的仿射变换、运动模糊、降采样和添加噪声等过程后得到相应估计的低分辨率图像。然后，将获得估计的低分辨率图像与实际观测的低分辨率图像之间的差值即误差反投影，估计出更新后的高分辨率图像。经过多次迭代，该方法能够改善高分辨率图像的质量。

该方法的步骤如下所示。

(1) 将输入的低分辨率图像 Y 进行插值，插值结果作为输出图像 X 的估计 X_{pre}。

(2) 将 X_{pre} 代入式(3-2)中得到其对应的低分辨率图像 Y_{pre}，H、V 已知。

(3) 计算 Y_{pre} 与 Y 的误差 Error = $Y - Y_{\text{pre}}$，如果 Error 小于设定的阈值，则停止迭代，否则转入(4)。

(4) 修正输出结果，$X_1 = X_{\text{pre}} + H_{\text{Error}}^{-1}$，其中 H^{-1} 为 H 的逆。

(5) 令 $X_{\text{pre}} = X_1$；重复(2)~(5)操作，直到停止迭代。

从上面步骤中可以看出，该方法简单直观易操作，但是由于逆问题的不适定性，这种方法没有唯一解，其求解严重依赖设定的阈值和退化函数 H，且参数很难选择。如果阈值设置过小则很有可能导致程序无法终止，如果阈值设置过大又会导致最后输出的图像不理想，退化模型是否与真实情况一样也直接关系到最终的输出结果。此外，该方法还难以加入先验约束条件。

图 3-5 给出了反向迭代投影方法的超分辨率重建的一个示例。图 3-5(a)为一幅 SPOT 卫星的低分辨率影像，分辨率为 5m，图像大小为 250×250；图 3-5(b)为利用反向迭代投影方法的重建结果，算法中的参数设置如下：放大倍数为 2，最大迭代次数为 100；图 3-5(c)为与其相对应的原始高分辨率 SPOT 卫星影像，分辨率为 2.5m。

(a) 低分辨率影像　　　　　(b) 反向迭代投影方法的　　　　(c) 高分辨率影像
　　　　　　　　　　　　　　　超分辨率重建图像

图 3-5　反向迭代投影方法的超分辨率重建示例

对比图 3-5(b)、(c)，可以看出，反向迭代投影方法的超分辨率重建尽管提升了原始低分辨率影像的分辨率，并且在一定程度上改善了图像的质量，但是存在着明显的边缘效应，特别是对于图中的房屋密集区的影响尤为严重。

3.4.2　非盲去卷积方法

去卷积方法是一类从图像退化模型出发，试图模拟图像降质的逆过程来获得高分辨率图像的方法。如果已知低分辨率图像和其退化函数，通过一定的先验约束条件可以求得相应高分辨率图像的最优解，去卷积方法就是基于这样一种思路。既然图像降质过程可以认为是退化函数 H 与高分辨率图像的卷积再加上噪声，那么如果能够获得退化函数再加上对噪声和目标图像的一定约束，就可以获得理想的高分辨率图像。

Shan 等[9]提出了一种高分辨率图像尺寸是低分辨率图像尺寸的 2 倍的非盲去卷积方法。在对大量高、低分辨图像进行统计并结合前人的经验总结的基础上，Shan 认为：①高分辨率图像的尺寸退化为 1/2 到低分辨率图像的尺寸的退化函数是一个方差为 1.05 的高斯核函数，即 H=Gaussian(0, 1.05)；②高分辨率图像梯度分布服从重尾分布(heavy-tailed distribution)。将这样两个先验知识运用到图像的重建过程中，并给出了如图 3-6 所示的非盲去卷积方法超分辨率重建过程，虚线框中所示为迭代部分。

按照图 3-6，该方法的步骤如下所示。

(1)将输入的低分辨率图像 Y 进行升采样得到 Y_0，使得 Y_0 与理想的 X 有相同尺寸，这里的升采样可以采用双三次插值。

(2)已知低分辨率图像 Y_0，将之基于退化核函数进行去卷积，并结合高分辨率图像梯度分布的先验约束条件，利用 Richardson-Lucy 图像复原方法[10,11]得到一个分辨率较高的图像 X_h。

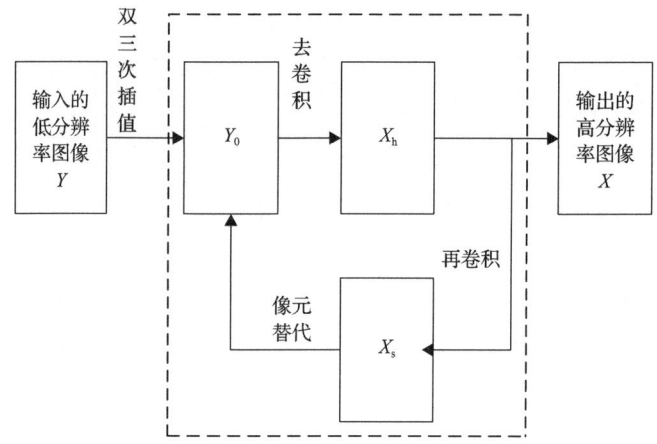

图 3-6 非盲去卷积方法的超分辨率重建过程

(3) 将 X_h 再用经验退化核函数进行退化, 得到图像 X_s。

(4) 对 X_s 进行一次像元替换得到 $X^\sim$, 即将输入的低分辨率图像 Y 的每个像元点值赋值给 X_s 对应的位置上, 这样即使不断迭代, 最终也可以保证输出高分辨率图像 X。

(5) 令 $Y_0 = X^\sim$ 再进行一次(2)~(4)操作, 观察此次得到的 $X^\sim$ 是否和上次得到的 $X^\sim$ 近似, 如果近似则表明整个过程可以逆转, 则在(2)过程中得到的 X_h 即为最后所求的目标图像; 否则一直重复(2)~(4)操作, 直到整个过程可以逆转。

从上面可以看出, 该方法完全是将图像超分辨率看作是一个图像退化的逆过程来处理, 该方法也是一个不断迭代、利用先验知识来约束解的一个过程, 实现起来简单, 但对先验退化核函数的依赖性很大。

图 3-7 给出了 Shan 等[9]非盲去卷积方法的超分辨率重建的一个示例。图 3-7(a) 为一幅 SPOT 卫星的低分辨率图像, 分辨率为 5m; 图 3-7(b) 为利用非盲去卷积方

(a) 低分辨率影像

(b) 非盲去卷积方法的超分辨率重建图像

(c) 高分辨率影像

图 3-7 非盲去卷积方法的超分辨率重建示例

法的超分辨率重建结果,其参数设置如下:放大倍数为2,迭代次数为10,模糊方差为1.3;图3-7(c)为与其相对应的高分辨率SPOT卫星影像,分辨率为2.5m。

3.4.3 盲去卷积方法

盲去卷积方法与非盲去卷积方法的不同之处在于,前者的退化函数在求解之前就已经给出,而后者是在求解过程中获得。

Krishnan等[12]提出的盲去卷积方法的总体思路与非盲去卷积方法相似,不同的是该方法中的目标函数不仅有对目标图像的约束,还加入了对退化核函数的约束,然后不断交替迭代来估计、更新退化函数和目标图像,直至满足事先给定的条件。由于增加了估计退化函数的过程,该方法的复杂度较高,但是也因为退化函数是根据输入图像来估计的,所以该方法具有更强的适应性。

假设图像成像模型为

$$g = Ky + N \qquad (3\text{-}3)$$

式中,K为模糊矩阵;N为高斯独立同分布的噪声;y为高分辨率图像;g为模糊的低分辨率观测图像。该方法的基本思想是将迭代的滤波器应用于g获得其高分辨率图像y,整体步骤如下。

首先,盲估计y退化为g的模糊矩阵K。文献[12]中使用的正则化函数是一幅图像高频分量L_1范数和L_2范数的比,记作L_1/L_2。相较于用L_0范数和L_1范数做正则化函数,L_1/L_2具有尺度不变性且对图像去模糊和去噪有更好的效果[12]。使用L_1/L_2正则化更新高频信息x(其中x是未知清晰图像高频分量),再从粗到细循环更新模糊矩阵K。

其次,使用非盲去卷积方法进行图像复原,将模糊图像g使用求得的K进行去模糊,从而获得清晰图像y。

该方法的具体步骤如下。

1. 估计模糊核

对模糊图像g使用梯度算子$\nabla_x = [-1,1]$ $\nabla_y = [-1,1]^T$获得其高频分量$y = [\nabla_x g, \nabla_y g]^T$,空间不变模糊的代价函数为

$$\min_{x,k} \lambda \| x \otimes k - y \|_2^2 + \frac{\| x \|_1}{\| x \|_2} + \psi \| k \|_1 \qquad (3\text{-}4)$$

式中,k为未知模糊核;x为未知清晰图像高频分量;$\otimes$为二维卷积算子;λ和ψ为尺度权重。该代价函数包括三项:①考虑了成像模型,保证其误差最小;②稀疏性约束;③模糊核约束,用来减少噪声。尺度权重λ和ψ控制了模糊核的相对

强度和图像的正则化条件。

式(3-4)是一个高度非凸函数,其求解的标准方法是给定初始化的 x 和 k ,交替优化更新。

首先更新 x ,式(3-4)可以写为

$$\min_{x} \lambda \| x \otimes k - y \|_2^2 + \frac{\| x \|_1}{\| x \|_2} \qquad (3\text{-}5)$$

正则项中当分母固定时,该问题变为凸 L_1 优化问题,使用迭代收缩阈值算法(iterative shrinkage thresholding algorithm, ISTA)求解[13]。ISTA 是一种基于特定收缩操作的简单快速的数组与向量相乘的算法。

其次更新模糊核 k ,即

$$\min_{k} \lambda \| x \otimes k - y \|_2^2 + \psi \| k \|_1 \qquad (3\text{-}6)$$

使用权重迭代的最小二乘(iterative reweighted least squares, IRLS)[14]法求解。

2. 恢复图像

使用去卷积方法恢复图像,去卷积方法可以使用 Richardson-Lucy 图像复原方法或者其他快速鲁棒的方法。

图 3-8 给出了 Krishnan 等[12]盲去卷积方法的超分辨率重建的一个示例。图 3-8(a)为一幅 SPOT 卫星的低分辨率图像,分辨率为 5m;图 3-8(b)为利用盲去卷积方法的超分辨率重建结果,其参数设置为:放大倍数为 2,核初始值设置为 3,ISTA 的阈值为 0.001, x 与 k 交替更新最大次数为 21;图 3-8(c)为与其相对应的高分辨率 SPOT 卫星影像,分辨率为 2.5m。

(a) 低分辨率影像　　　(b) 盲去卷积方法的超分辨率重建图像　　　(c) 高分辨率影像

图 3-8　盲去卷积方法的超分辨率重建示例

3.5 序列图像超分辨率重建

序列图像超分辨率重建过程首先是利用成像设备采集同一场景的序列图像，然后将这些图像的附加信息提取出来，最后经过配准等处理将这些信息融合到一起，输出一幅高分辨率图像。

在图像超分辨率重建过程中，要想从多幅低分辨率图像中获取一幅高分辨率图像，需要获取对于同一场景存在亚像元位移的多幅低分辨率图像，因为这样的多幅低分辨率图像会包含不同的场景信息，这样才有可能重建出一幅高分辨率图像。因此，如果获取的多幅低分辨率图像仅包含整数倍的像元位移，则不能重建出高分辨率图像，因为没有包含不同的场景信息。实际中，可以通过使用同一照相机对同一场景进行多次重复拍摄来获取多幅低分辨率图像，也可以通过不同的照相机拍摄同一场景来获取多幅低分辨率图像。图像的位移可以由照相机的运动或者场景中物体的运动来产生。

由图像退化模型可知，图像超分辨率重建主要包括以下几个步骤：图像配准、图像融合和图像恢复。图像配准是选取一幅低分辨率图像作为参考帧，然后估计其他低分辨率图像与参考图像之间的运动变化参数，如果图像配准不准确，会严重影响后续步骤效果，所以图像配准是序列图像的超分辨率重建的关键一步。图像融合是对多帧低分辨率图像之间的互补非冗余的信息进行处理，将有用的信息融合成一幅高分辨率图像。图像恢复是对融合后的高分辨率图像去模糊与去噪。序列图像的超分辨率重建流程图如图 3-9 所示。

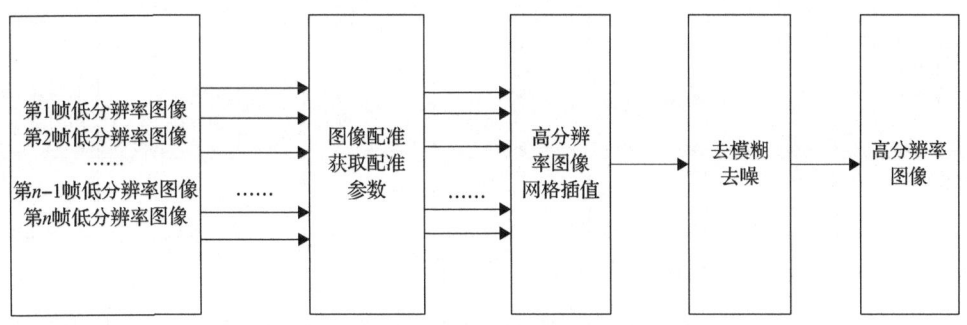

图 3-9　序列图像的超分辨率重建流程图

序列图像的超分辨率重建目前已有很多的研究成果，从不同的角度可以分为不同的方法，以下各节分别介绍。

3.5.1 频率域超分辨率重建方法

频率域超分辨率重建方法主要利用以下三个原理[15]。

(1) 傅里叶变换的平移特性。

(2) 原始高分辨率图像与低分辨率观测图像离散傅里叶变换之间的频谱混叠关系。

(3) 原始高分辨率图像具有带限特性。

频率域超分辨率重建方法基于原始场景信号带宽有限的假设,根据离散和连续傅里叶变换之间的混叠和平移性质,可以使用方程组将多幅低分辨率观测图像经混叠的离散傅里叶变换系数与原始高分辨率图像的离散傅里叶系数联系起来,即表示原始高分辨率图像是由一系列欠采样低分辨率图像重建的,原始高分辨率图像的频率域系数即是方程组的解,最后使用傅里叶逆变换进行超分辨率重建。

分别对低分辨率图像和原始高分辨率图像进行离散傅里叶变换和连续傅里叶变换,并根据傅里叶变换的性质,在频率域中建立二者之间的线性关系,即

$$Y = \Phi X \qquad (3\text{-}7)$$

式中,X 为高分辨率图像的连续傅里叶变换列向量;Y 为低分辨率图像的离散傅里叶变换列向量;Φ 为关系矩阵,用以联系混频的离散傅里叶变换系数和连续傅里叶变换系数的运动估计。式(3-7)即为频率域的观测模型,求得的解即为原始高分辨率图像的频率域系数,再对其进行傅里叶反变换就可以实现对低分辨率图像超分辨率重建。频率域超分辨率重建的基本流程见图 3-10。

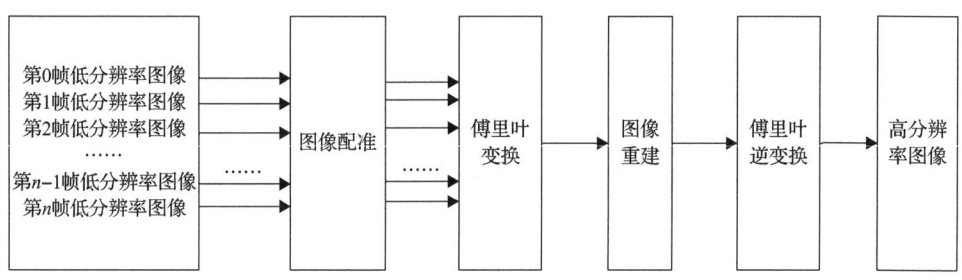

图 3-10 频率域超分辨率重建方法的流程图

Tsai 和 Huang[16]针对低分辨率序列图像之间的全局运动,利用离散傅里叶变换和连续傅里叶变换之间的平移、混叠性质,描述低分辨率图像和理想高分辨率图像在频谱上的混叠关系,同时给出了一种频率域超分辨率重建方法的公式。如果仅考虑存在全局运动的情况,则经过全局运动产生的第 k 个位移图像表示为

$$x_k(t_1,t_2) = x_k(t_1+\delta_{k1}, t_2+\delta_{k2}) \tag{3-8}$$

式中，$x_k(t_1,t_2)$ 为连续的场景图像；δ_{k1},δ_{k2} 为已知的任意值，其中 $k=1,2,\cdots,N$。根据连续傅里叶变换的平移性质，第 k 个位移图像的傅里叶变换可以表示为

$$x_k(w_1,w_2) = \exp\left[j2\pi(\delta_{k1}w_1+\delta_{k1}w_2)\right]x(w_1,w_2) \tag{3-9}$$

位移图像 $x_k(t_1,t_2)$ 经过降采样因子 T_1 和 T_2 采样后，得到低分辨率图像 $y_k(t_1,t_2)$，由此得到高分辨率图像的连续傅里叶变换和采样图像的离散傅里叶变换的关系为

$$\gamma_k(u,v) = \frac{1}{T_1T_2}\sum_{x=-\infty}^{\infty}\sum_{y=-\infty}^{\infty} X_k\left(\frac{2\pi u}{mT_1}+\frac{2\pi x}{T_1},\frac{2\pi v}{nT_2}+\frac{2\pi y}{T_2}\right) \tag{3-10}$$

式中，X_k 为连续傅里叶变换；γ_k 为离散傅里叶变换。上式的矩阵表示形式如下：

$$Y = \Phi X \tag{3-11}$$

式中，Y 为 $p*1$ 的列向量，第 k 个元素是 $y_k(t_1,t_2)$ 的离散傅里叶变换；X 为 L_1L_2*1 的列向量，是 $x_k(t_1,t_2)$ 的连续傅里叶变换；Φ 为 $p*L_1L_2$ 的关系矩阵，表示各个低分辨率图像间由平移引起的相位变化。

根据式(3-11)建立方程组，则高分辨率图像的傅里叶变换 X 可以通过求解获得，再反变换即可获得高分辨率图像。

Tekalp 等[17]对 Tsai 和 Huang[16]的方法进行了扩展，提出了一种改进方法，该方法建立在周期性采样和整体平移的基础上，考虑了线性平移不变性(linear shift invariant, LSI)的点扩散函数和观测噪声的影响。Kim 和 Su[18]也对 Tsai 和 Huang[16]的方法进行了改进，增加了噪声及空间模糊等因素对重建过程的影响，使用递归最小二乘法和加权递归最小二乘法对系统的线性方程组进行求解之后，又使用总体递归最小二乘法进行图像超分辨率重建[19]。上述方法的一个共同特点是：整个信号的频谱混叠公式可以被分解为一个个相互独立的小方程组，方程组的求解方法各有差异，但都是对 Tsai 和 Huang[16]方法的改进，没有加入先验知识，并且都需要假设图像整体平移。

Vandewalle 等[20]提供了另外一种频率域超分辨率重建方法，该方法利用频谱混叠图像的低频分量和非混叠部分进行配准，并在重建高分辨率图像过程中使用了双三次插值，其具体步骤如下：

(1)将低分辨率序列图像 $f_{\text{LR},m}(m=2,\cdots,M)$ 与 Tukey 窗函数相乘获得 $f_{\text{LR},w,m}$ ($m=2,\cdots,M$)，Tukey 窗函数是一种平顶函数，由一个余弦窗函数和一个矩形窗函数的卷积生成，Tukey 窗函数的二维表达式为

$$w(k,l)=\begin{cases}1.0, 0\leqslant|k|\leqslant r\dfrac{K}{2}, 0\leqslant|l|\leqslant r\dfrac{L}{2}\\[4pt] 0.5\left\{1+\cos\left[\pi\left(l-r\dfrac{L}{2}\right)\left[2(1-r)\dfrac{L}{2}\right]\right]\right\}, 0\leqslant|k|\leqslant r\dfrac{K}{2}, r\dfrac{L}{2}\leqslant|l|\leqslant\dfrac{L}{2}\\[4pt] 0.5\left\{1+\cos\left[\pi\left(l-r\dfrac{K}{2}\right)\left[2(1-r)\dfrac{K}{2}\right]\right]\right\}, r\dfrac{K}{2}\leqslant|k|\leqslant\dfrac{K}{2}, 0\leqslant|l|\leqslant r\dfrac{L}{2}\\[4pt] 0.25\left\{1+\cos\left[\pi\left(l-r\dfrac{L}{2}\right)\left[2(1-r)\dfrac{L}{2}\right]\right]\right\}\times\\[4pt] \left\{1+\cos\left[\pi\left(l-r\dfrac{K}{2}\right)\left[2(1-r)\dfrac{K}{2}\right]\right]\right\}, r\dfrac{K}{2}\leqslant|k|\leqslant\dfrac{K}{2}, r\dfrac{L}{2}\leqslant|l|\leqslant\dfrac{L}{2}\end{cases} \quad (3\text{-}12)$$

(2) 计算这些低分辨率序列图像 $f_{\mathrm{LR},w,m}(m=2,\cdots,M)$ 的傅里叶变换 $F_{\mathrm{LR},w,m}$ $(m=2,\cdots,M)$。

(3) 旋转估计：估计每幅低分辨率图像 $f_{\mathrm{LR},w,m}(m=2,\cdots,M)$ 和参考图像 $f_{\mathrm{LR},w,1}$ 的旋转角度。首先，计算这些样例图像的极坐标 (r,θ)。其次，对每个角度 α，计算在 $\alpha-1<\theta<\alpha+1$ 和 $0.1\rho<r<\rho_{\max}$ 范围内傅里叶系数的极坐标的平均值 $h_m(\alpha)$，角度步长设为 $0.1°$，$\rho_{\max}$ 取值为 0.6。然后，寻找 $h_1(\alpha)$ 和 $h_m(\alpha)$ 从 $-30°\sim 30°$ 的最大相关度，用来估计旋转角 φ_m。最后，将 $f_{\mathrm{LR},w,m}$ 旋转 $-\varphi_m$ 消除旋转。

(4) 运动估计：估计每幅低分辨率图像 $f_{\mathrm{LR},w,m}(m=2,\cdots,M)$ 和参考图像 $f_{\mathrm{LR},w,1}$ 的水平、垂直位移。首先，计算第 m 帧图像与参考图像之间的相角 $\angle(F_{\mathrm{LR},w,m},F_{\mathrm{LR},w,1})$。然后，对 $-u_s+u_{\max}<u<u_s-u_{\max}$ 范围内所有的频率布列线性方程，该方程描述了待计算直线的斜率 Δx。最后，使用最小二乘法求解运动参数 Δx_m。

(5) 图像重建过程：从配准过的低分辨率图像序列 $f_{\mathrm{LR},w,m}(m=1,\cdots,M)$ 重建获得高分辨率图像 f_{HR}。首先，对每幅图像 $f_{\mathrm{LR},m}$，通过配准估计的参数计算 $f_{\mathrm{LR},1}$ 的像元坐标。然后，从这些已知的样本中，在待求高分辨率图像网格中插值，如使用双三次插值进行超分辨率重建。

图 3-11 给出了 Vandewalle 等[20]频率域超分辨率重建的一个示例。图 3-11(a) 为 4 幅同场景的 SPOT 卫星的低分辨率影像，分辨率为 5m；图 3-11(b) 为利用文献[20]的频率域超分辨率重建结果，其放大倍数为 2；图 3-11(c) 为与其相对应的高分辨率 SPOT 卫星影像，分辨率为 2.5m。

频率域超分辨率重建方法主要优点在于理论模型简单，求解思路清晰，但其也有严重的缺点。首先，运动模型受限。频率域超分辨率重建方法要求在频率域内存在一个同空域相对应的运动模型，该条件过于严苛，导致频率域超分辨率重

图 3-11 Vandewalle 等[20]频率域超分辨率重建示例

建方法很难应用到空域运动形式复杂的场合中。其次，因为需要同时求解的未知参数太多，超分辨率重建问题通常会表现出一定的病态性，需要增加先验知识来对原问题进行正则化约束。然而大部分先验知识都来自在空域对图像进行分析所获得的结果，这些先验知识通常很难直接转换到频率域。因此，难以在频率域的方法中直接引入图像的先验知识来规范重建过程。

3.5.2 非均匀插值方法

非均匀插值方法是一种简单直观的超分辨率重建方法。该方法比较简单，但适应性有限。非均匀插值方法将基于图像重建的超分辨率问题看作是一个图像插值问题：将输入的序列帧配准到目标图像平面后，这些输入图像信息转化为对目标图像特定位置的约束，即

$$H(p_i) = c_i, i = 1,\cdots,m \tag{3-13}$$

图像重建的过程本质上就是对目标图像平面格点上未知图像信息的拟合或插值。由于已知图像信息并非均匀地分布在图像平面上，因此称之为非均匀图像插值。

非均匀插值方法包含三个基本步骤：图像配准、高分辨率图像网格非均匀插

值和去模糊与去噪处理，如图 3-12 所示。

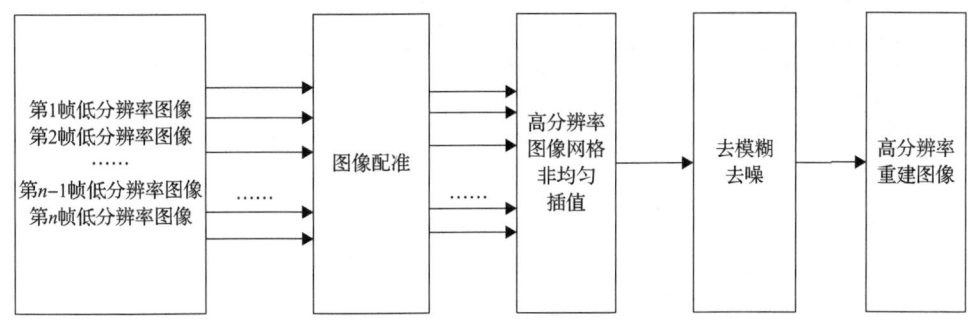

图 3-12 非均匀插值方法的流程图

(1) 对低分辨率序列图像进行运动估计，获取配准参数。

(2) 根据配准参数，利用非均匀插值方法将低分辨率序列图像网格插值得到一幅高分辨率图像。

(3) 对高分辨率图像进行去模糊与去噪处理，得到最终的重建图像。

利用这种方法对低分辨率序列图像进行重建时，首先要对这些低分辨率图像进行配准，并依据配准将这些图像中各像元点的信息按升采样间隔放入高分辨率图像网格中，对这些非均匀间隔的数据进行插值，然后在高分辨率图像网格点的位置进行重采样，以确定高分辨率图像中每个像元点的值。获得高分辨率初始插值图像后，再借助一定的图像复原方法去模糊与去噪，就可以得到最终的重建结果。

早期的非均匀插值方法主要致力于算法的具体处理方法。例如，基于德洛奈三角网 (Delaunay triangulation network) 的非均匀插值方法[21]，将图像平面分割为局部的小三角形进行计算，由于德洛奈三角网剖分具有最大化、最小角等优良性质，因此可以得到稳定的重建结果。针对该方法适应性较差的问题，文献[22]在进行三角网剖分后采用 B 样条 (B-spline) 进行线性滤波，还提出引入预滤波环节去除频谱混叠现象。文献[23]引入了加权中值滤波以提高方法的鲁棒性。值得提出的是，非均匀插值方法的运算速度一般较快，在一些特定情形中具有良好的实用价值。如 Lin 和 Chen 基于低分辨率图像利用非均匀插值进行车牌图像增强识别[24]。

非均匀插值方法的优点是计算负担相对较小，使得实时应用成为可能。然而，这种方法的退化模型具有局限性，只能应用于模糊和噪声特性对于所有低分辨率图像都相同的情况，并且难于加入图像先验知识。此外，配准和非均匀插值阶段可能产生误差，后处理 (去模糊与去噪) 阶段没有对误差进行处理，因此整个重建过程的优化不能得到保证。

3.5.3 凸集投影方法

凸集投影(projection onto convex sets, POCS)方法是一种将解的先验知识引入重建过程中,并通过交替迭代实现超分辨率重建的方法。其基本思想是:引入可行解的先验知识(高分辨率图像的某些特性,如数据的可靠性、能量的有界性、平滑性、正定性等),可以解释为将可行解限制在若干凸集里,这些凸集满足一定的特性,定义为向量集合。如果约束集有非空的交集,则解空间就是该交集,整个过程通过交替投影到这些凸集上来实现。

设集合 S 为 R^n 空间里的一个集合。y_1 和 y_2 分别是集合 S 上的两个随机向量。若 $Y = \beta y_1 + (1-\beta) y_2, \beta \in (0,1)$ 也在集合 S 里,则集合 S 为凸集。

凸集投影的重建方法最早由 Stark 和 Oskoui 提出[25]。经典的凸集投影方法[26]要求将对目标高分辨率图像的各种限制分别定义在高分辨率图像空间中的凸集 $C_i (i = 1, \cdots, m)$ 上,这些凸集的交集 $C_s = \bigcap_{i=1}^{m} C_i$ 也是一个凸集,如果 C_s 不为空集,则其中的每一个元素都同时满足所有的限制条件,也就是原超分辨率问题的一个可行解。这样的可行解可以从高分辨率图像空间中的任意一点开始,轮流不断地向各个凸集进行投影而得到,即凸集投影方法的每一步迭代过程可以表示为

$$\widehat{H}_{n+1} = P_m P_{m-1} \cdots P_1 \widehat{H}_n \tag{3-14}$$

式中,$P_i (i = 1, 2, \cdots, m)$ 为将高分辨率图像空间中的任意一点投影到凸集 C_i 上的投影算子;$\widehat{H}_n = H_0$,H_0 为重建图像的初始估计。通常在每个低分辨率图像的每个像元 (x, y) 上定义一个最基本的凸集约束 $C^k(x, y)(k = 1, \cdots, n)$,这些约束组成了由低分辨率观测图像序列决定的一致性凸集约束[27]。

凸集投影方法的具体步骤如下。

(1)选择一幅已知低分辨率图像进行双线性插值,放大到与高分辨率图像同样的大小作为初始估计 X_0。

(2)将初始估计 X_0 与其他低分辨率图像配准,计算与它们的相对位移(利用运动估计)。

(3)计算低分辨率图像中的每一点对应的残差,利用修正公式对初始估计对应点进行修正,直到获得能接受的重建结果(到达某迭代次数或者阈值时结束)。

在凸集投影方法的研究方面,Patti 等[28]在设计凸集的形式时考虑到了相机曝光时间、空间模糊效果,以及噪声的影响;Aguena 和 Mascarenhas[29]首次将凸集投影方法用于多光谱数据的融合;范冲等[30]通过去除低分辨率图像欠采样产生的频谱混叠部分和部分低频区域来实现序列图像间的精确配准,然后利用凸集投影方法对序列图像进行重建。

凸集投影方法具有如下优点：原理直观，实现方法简单，能够兼容灵活多变的空域观测模型、运动模型，可以方便地加入先验约束条件等[31]。但是该方法也存在一些不足之处，主要是：①解依赖于初始估计；②解不唯一，由于凸集投影方法的超分辨率重建的解空间的定义是所有凸约束集的交集，如果这个交集不是单点集合，则其解不具有唯一性；③运算量大、收敛速度慢。

图 3-13 给出了凸集投影方法的超分辨率重建的一个示例。图 3-13(a)为一幅 SPOT 卫星的低分辨率影像；图 3-13(b)为利用凸集投影方法的超分辨率结果，其中放大倍数设为 2，最大迭代次数设置为 50；图 3-13(c)为与其相对应的高分辨率 SPOT 卫星影像。

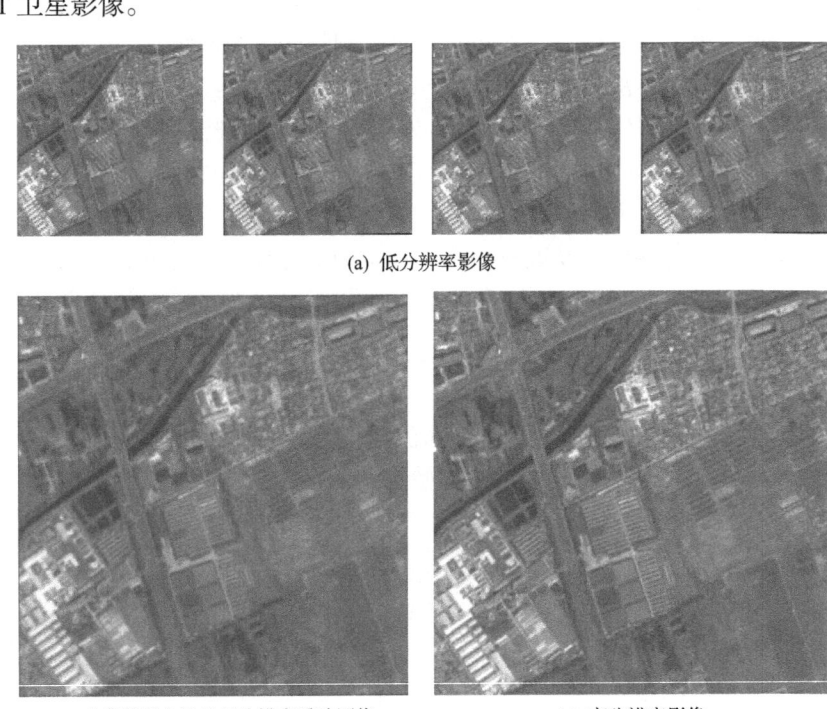

(a) 低分辨率影像

(b) 凸集投影方法的超分辨率重建图像　　　　(c) 高分辨率影像

图 3-13　凸集投影方法的超分辨率重建示例

3.5.4　最大后验概率方法

最大后验概率(maximum a posterior, MAP)方法是一种基于概率的算法框架，是目前实际应用和科学研究中运用最多的一类方法，很多具体的超分辨率重建方法都可以归入该框架。最大后验概率方法的基本思想来源于条件概率，将已知低分辨率图像序列作为观测结果，对未知的高分辨率图像进行估计[32]。

最大后验概率方法通过引进先验知识模型，将不适定的超分辨率重建问题良态化,从而找到问题的近似解,其实质是在已知多帧低分辨率图像的情况下,依照贝叶斯原理,使重建图像后验概率达到最大,从而得到可以接受的重建结果。

在图像超分辨率重建领域,对真实图像 X 进行最大后验概率估计,就是寻求重建图像 X',使得在观测值为 Y 时,X 出现的概率最大,即让它的后验概率最大,其数学表示为

$$X' = \arg\max\{P(X|Y)\} \tag{3-15}$$

由贝叶斯原理可知

$$X' = \arg\max\left\{\frac{P(Y|X)P(X)}{P(Y)}\right\} \tag{3-16}$$

引入单调的对数函数,上式等价于

$$X' = \arg\max\{\log P(Y|X) + \log P(X)\} \tag{3-17}$$

对式(3-17)中的对数函数求 X 的导数,并令其为零,有

$$\frac{\partial \log P(Y/X)}{\partial X} + \frac{\partial \log P(X)}{\partial X} = 0 \tag{3-18}$$

由此解得的 X 就是最大后验概率估计 X'。其中,$P(Y|X)$ 称为似然函数,$P(X)$ 则称为先验概率,对于实际的图像超分辨率重建问题,可将上述原理推广到多帧情况即可。设 $\{Y_j\}_{j=1}^K$ 为 K 帧低分辨率图像,则估计 X' 的表达式为

$$X' = \arg\max\{P(X|Y_1,Y_2,\cdots,Y_k)\} \tag{3-19}$$

由于 $Y_1,Y_2,\cdots,Y_k$ 与 X 相互独立,根据贝叶斯原理,式(3-17)等价于

$$X' = \arg\max\{\log P(Y_1,Y_2,\cdots,Y_k|X) + \log P(X)\} \tag{3-20}$$

式中,X' 为对目标高分辨率图像 X 的估计,也就是算法最终的输出结果;$\log P(X)$ 为高分辨率图像 X 出现的先验概率,代表了对高分辨率图像的一种评价标准,以避免病态问题的出现。$\log P(X)$ 又称为正则项,对控制最终结果的图像质量起到了比较关键的作用。其迭代求解具体步骤如下。

(1)对输入的图像序列进行亚像元配准。

(2)设定重建图像的初始值 X^0(一般由参考帧插值获得);设定最大迭代次数 N。

(3)重复①~⑥直到 X^n 收敛:①for $n=1,N$;②for $k=1,K$(最大输入图像个数);③由 $X^{n+1} = \arg\max_X\{\log P(Y_i|X^n) + \log P(X^n)\}$ 更新重建图像;④next n;

⑤计算两次迭代之间的误差，小于设定的阈值时，跳转至第(4)步；⑥next n。

(4)得到重建结果 $X' = X^n$。

最大后验概率方法比较灵活，尤其是在最大后验概率方法的正则项部分，可以自由加入对问题的具体约束。在提出了基本的最大后验概率方法框架之后，如何设计一个有效的正则项首先成为领域的研究热点。最大后验概率方法通常使用以下三种图像先验知识。

1. 高斯-马尔可夫随机场

高斯-马尔可夫随机场(Gaussian-Makov random field, GMRF)的表示形式为

$$P(X) = X^\mathrm{T} Q X \tag{3-21}$$

式中，Q 为对称正定矩阵，利用非对角元素来描述图像中邻域像元间的空域关系；Q 通常定义为 $\varGamma^\mathrm{T}\varGamma$，其中 $\varGamma$ 为图像 X 上的一阶或二阶微分算子。在这种情况下，先验知识的似然概率的对数形式为

$$\lg P(X) \propto \| \varGamma X \|^2 \tag{3-22}$$

这就是在处理病态问题中广泛采用的 Tikhonov 正则化，$\varGamma$ 通常叫作 Tikhonov 矩阵。Hardie 等提出了一个采用高斯-马尔可夫随机场先验的同时估计出高分辨率图像和运动参数的联合最大后验概率方法框架[33]。Michael 和 Bishop[34]提出一个简单的高斯过程先验，利用图像像元空间相关项构建出方差矩阵 Q。高斯过程先验的良好分析性质允许对超分辨率问题进行贝叶斯处理，为了得到观测模型的鲁棒估计，可以对未知高分辨率图像通过积分消除。尽管高斯-马尔可夫随机场先验具有很多分析上的优点，但是它在超分辨率重建的一个主要问题就是，重建结果趋于过度平滑导致复原的边缘清晰度不够理想。

2. 胡伯尔-马尔可夫随机场

高斯-马尔可夫随机场存在的问题可以通过把图像梯度建模为比高斯模型具有更重托尾的分布来改善，此即所谓的胡伯尔-马尔可夫随机场(Huber-Markov random field, HMRF)模型。其中的吉布斯(Gibbs)势函数由胡伯尔函数确定，即

$$\rho(t) = \begin{cases} t^2, & |t| \leqslant \alpha \\ 2\alpha|t| - \alpha^2, & \text{其他} \end{cases} \tag{3-23}$$

式中，t 为图像的一阶导数；α 为胡伯尔函数的爆破点。该分段光滑的函数能够很好地保持图像边缘。Schultz 和 Stevenson 应用胡伯尔-马尔可夫随机场处理单幅图像放大，进而将其应用于图像超分辨率重建[35,36]。

3. 全变差

全变差(total variation, TV)范数作为梯度惩罚函数在图像去模糊与去噪中被广泛使用。全变差标准惩罚图像变化总量,图像变化总量可以用图像梯度幅值的 L_1 范数来得到:

$$P(X) = \|\nabla X\|_1 \tag{3-24}$$

式中,∇ 为梯度算子,可以用拉普拉斯算子对其进行近似。全变差的 L_1 范数形式能够在局部平滑的同时保持边缘局部陡峭的梯度。Farsiu 等[37]对全变差进行推广并且提出了一种双边全变差正则化超分辨率重建方法。

图 3-14 给出了 Farsiu 等[37]的双边全变差正则化超分辨率重建方法的一个示例。图 3-14(a)为一幅 SPOT 卫星的低分辨率影像,分辨率为 5m;图 3-14(b)为利用正则化的双边全变差超分辨率重建的结果,其中放大倍数设为 2,双边滤波器核大小为 5,方差为 1.5;图 3-14(c)为与其相对应的高分辨率 SPOT 卫星影像,分辨率为 2.5m。

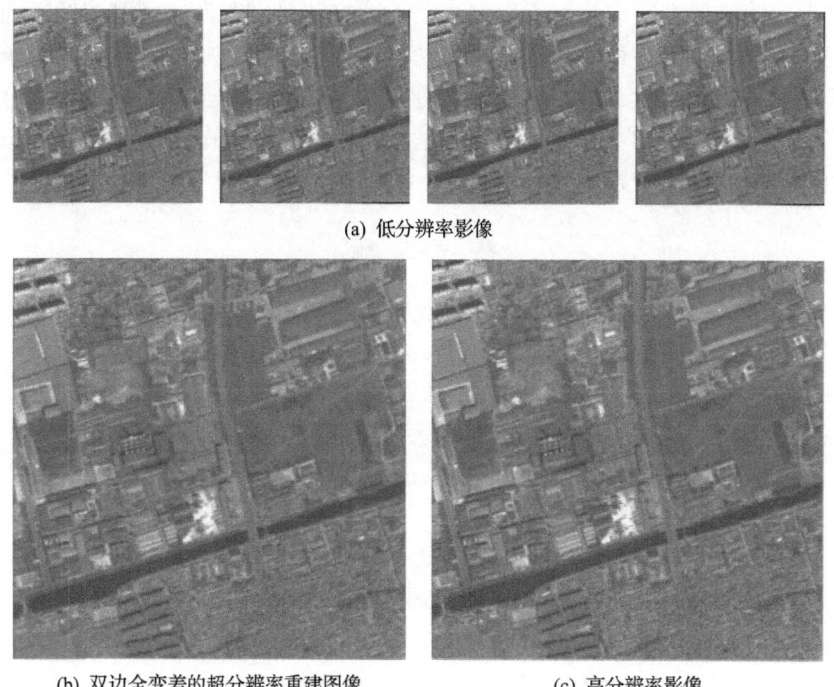

(a) 低分辨率影像

(b) 双边全变差的超分辨率重建图像　　(c) 高分辨率影像

图 3-14　双边全变差正则化超分辨率重建示例

最大后验概率方法在噪声特性和关于解的先验知识建模方面具有足够的灵活性和鲁棒性;在噪声概率分布满足一定条件的前提下,原概率推断问题具有唯一解，这时可以选择高效的梯度下降法而不必担心收敛于局部极值；能够处理复杂的退化模型；能够同时估计运动信息和高分辨率重建图像等。然而该方法运算量较大，收敛较慢，另外，由于这类方法对得到的高分辨率图像细节的平滑作用，边缘保持能力不佳。

3.5.5 其他方法

最大似然估计（maximum likelihood estimation, MLE）方法是最大后验概率方法的一种特例，如果假定图像 X 均匀分布，那么式(3-19)简化为最简单的最大似然估计。最大似然估计仅依赖观测量，寻求对于观测量 $P(Y|X)$ 的极大值。在超分辨率重建中，由于观测量个数有限，直接使用最大似然估计算子而不采用正则化，则超分辨率重建模型存在病态性，在放大因子很大的情形下，病态表现尤为严重。最大似然估计算子通常对噪声、配准估计误差和点扩展函数估计误差非常敏感，因此在解空间中采用适当的正则化是十分必要的。Tom 和 Katsaggelos[38]提出了同时估计低分辨率图像的亚像元位移、噪声方差和高分辨率图像的最大似然估计方法，并通过最大期望值（expectation maximization, EM）算法求解。

最大后验概率方法与凸集投影方法[39]混合方法是同时考虑观测图像的随机统计特征和凸集特征，在最大后验概率方法的迭代优化过程中加入先验约束条件。经实验证明，采用梯度下降法能保证这种混合方法收敛到全局最优解，混合方法结合了最大后验概率方法和凸集投影方法各自的优点，充分利用了先验知识，并且收敛的稳定性也比较好。

参 考 文 献

[1] 马文坡. 低轨对地观测卫星凝视成像仪探讨. 航天返回与遥感, 2006, 27(4): 17-21.

[2] 江静, 张雪松. 图像超分辨率重建算法综述. 红外技术, 2012, 34(1): 24-30.

[3] Chabonnier P, Laure B F, Aubert G, et al. Deterministic edge-preserving regularization in computed imaging. IEEE Transactions on Image Processing, 1997, 6(2): 298-311.

[4] Hadamard J. Lectures on Cauchy's Problem in Linear Partial Differential Equations. New Haven: Yale University Press, 1923.

[5] 肖庭延, 于慎根, 王彦飞. 反问题的数值解法. 北京: 科学出版社, 2003.

[6] Frieden B R, Aumann H H G. Image reconstruction from multiple 1-D scansusing filtered localized projection. Applied Optics, 1987, 26(17): 3615-3621.

[7] Irani M, Peleg S. Super resolution from image sequences. Proceedings of the 10th International Conference on Pattern Recognition, Atlantic City, 1990.

[8] Irani M, Peleg S. Improving resolution by image registration. CVGIP: Graphical Models and Image Processing, 1991, 53(3): 231-239.

[9] Shan Q, Li Z R, Jia J Y, et al. Fast image/video upsampling. ACM Transactions on Graphics, 2008, 27(5): 1-7.

[10] Richardson W H. Bayesian-based iterative method of image restoration. Journal of the Optical Society of America, 1972, 62(1): 55-59.

[11] Lucy L B. An iterative technique for the rectification of observed distributions. The Astronomical Journal, 1974, 79: 745.

[12] Krishnan D, Tay T, Fergus R. Blind deconvolution using a normalized sparsity measure. IEEE Conference on Computer Vision and Pattern Recognition, Colorado Springs, 2011.

[13] Beck A, Teboulle M. A fast iterative shrinkage-thresholding algorithm for linear inverse problems. SIAM Journal on Imaging Sciences, 2009, 2(1): 183-202.

[14] Levin A, Fergus R, Durand F, et al. Image and depth from a conventional camera with a coded aperture. ACM Transactions on Graphics, 2007, 26(3): 70.

[15] Kotera J, Šroubek F, Milanfar P. Blind deconvolution using alternating maximum a posteriori estimation with heavy-tailed priors. International Conference on Computer Analysis of Images and Patterns, York, 2013.

[16] Tsai R Y, Huang T S. Multiframe image restoration and registration. Advances in Computer Vision and Image Processing, 1984, 1(2): 317-339.

[17] Tekalp A M, Ozkan M K, Sezan M I. High-resolution image reconstructionfrom from lower-resolution image sequences and space-varying image restoration. Proceedings of the IEEE International Conference on Acoustics, Speech, and Signal Processing, San Francisco, 1992.

[18] Kim S P, Su W Y. Recursive high-resolution reconstruction of blurred multiframe images. IEEE Transactions on Image Processing, 1993, 2(4): 534-539.

[19] Bose N K, Kim H C, Valenzuela H M. Recursive implementation of total least squares algorithm for image reconstruction from noisy, undersampled multiframes. IEEE International Conference on Acoustics, Speech, and Signal Processing, Minneapolis, 1993.

[20] Vandewalle P, Süsstrunk S, Vetterli M. A frequency domain approach to registration of aliased images with application to super-resolution. EURASIP Journal on Advances in Signal Processing, 2006, (71459): 1-14.

[21] Lertrattanapanich S, Bose N K. High resolution image formation from low resolution frames using Delaunay triangulation. IEEE Transactions on Image Processing, 2002, 11(12): 1427-1441.

[22] Sanchez-Beato A, Pajares G. Noniterative interpolation-based super-resolution minimizing aliasing in the reconstructed image. IEEE Transactions on Image Processing, 2008, 17(10): 1817-1826.

[23] Nasonov A V, Krylov A S. Fast super-resolution using weighted median filtering. The 20th

International Conference on Pattern Recognition, Istanbul, 2010.

[24] Lin S C, Chen C T. Reconstructing vehicle license plate image from low resolution images using nonuniform interpolation method. International Journal of Image Processing, 2007, 1(2): 21-28.

[25] Stark H, Oskoui P. High-resolution image recovery from image-plane arrays, using convex projections. Journal of the Optical Society of America A, 1989, 6(11): 1715-1726.

[26] Borman S, Stevenson R. Spatial resolution enhancement of low-resolution image sequences: A comprehensive review with directions for future research. Laboratory for Image and Signal Analysis in University of Notre Dame, Notre Dame: 1998.

[27] Park S C, Park M K, Kang M G. Super-resolution image reconstruction: A technical overview. IEEE Signal Processing Magazine, 2003, 20(3): 21-36.

[28] Patti A J, Sezan M I, Tekalp A M. Superresolution video reconstruction with arbitrary sampling lattices and nonzero aperture time. IEEE Transactions on Image Processing, 1997, 6(8): 1064-1076.

[29] Aguena M L S, Mascarenhas N D A. Multispectral image data fusion using POCS and super-resolution. Computer Vision and Image Understanding, 2006, 102(2): 178-187.

[30] 范冲, 龚健雅, 朱建军. 一种基于去混叠影像配准方法的POCS超分辨率序列图像重建. 测绘学报, 2006, (4): 358-363.

[31] 徐志刚. 序列图像超分辨率重建技术研究. 安徽: 中国科学技术大学, 2012.

[32] 宁贝佳. 混合型图像超分辨率重建算法研究. 西安: 西安电子科技大学, 2013.

[33] Hardie R C, Barnard K J, Armstrong E E. Joint MAP registration and high-resolution image estimation using a sequence of undersampled images. IEEE Transactions on Image Processing, 1997, 6(12): 1621-1633.

[34] Michael E T, Bishop C M. Bayesian image super-resolution. Advances in Neural Information Proceddings Systems, Vancouver, 2003.

[35] Schultz R R, Stevenson R L. A Bayesian approach to image expansion for improved definition. IEEE Transactions on Image Processing, 1994, 3(3): 233-242.

[36] Schultz R R, Stevenson R L. Improved definition video frame enhancement. Laboratory for Image and Signal Analysis in University of Notre Dame, Notre Dame: 1995.

[37] Farsiu S, Robinson M D, Elad M, et al. Fast and robust multiframe super resolution. IEEE Transactions on Image Processing, 2004, 13(10): 1327-1344.

[38] Tom B C, Katsaggelos A K. Reconstruction of a high-resolution image by simultaneous registration, restoration, and interpolation of low-resolution images. Proceedings of the IEEE International Conference on Image Processing. Washington D.C., 1995.

[39] Elad M, Feuer A. Restoration of a single superresolution image from several blurred, noisy, and undersampled measured images. IEEE Transactions on Image Processing, 1997, 6(12): 1646-1658.

第4章　基于学习的卫星影像超分辨率重建

基于学习的图像超分辨率重建，又称为图像幻感(image hallucination)或基于样例(exampled-based)的图像超分辨率重建，近年来已经成为研究的热点。该类方法的基本思想是通过机器学习的方法从训练集中提取高频信息，从而对待处理的低分辨率图像所需的高频信息进行补偿，最终达到获取高分辨率图像的目的。大部分基于学习的超分辨率重建方法都是基于分块(patch-based)进行的，即目标图像被分成若干个小的图像块，通过学习获取低分辨率图像块对应的高分辨率图像块。

4.1 基于神经网络的超分辨率重建

4.1.1 基于霍普菲尔德和 BP 神经网络的超分辨率重建

将人工神经网络引入超分辨率重建的研究已经得到广泛关注。通过训练集中的图像样本对人工神经网络进行训练，即建立一种高维与低维流形之间的非线性映射关系，进而将训练好的人工神经网络作用于待处理的低分辨率图像，即可获得对应的高分辨率图像。

最初应用于图像超分辨率重建的是霍普菲尔德(Hopfield)神经网络[1-3]。基于霍普菲尔德神经网络的图像超分辨率重建，主要利用该网络在求解优化问题上的突出优点，其基本思想是将图像超分辨率重建归结为一个极小化问题，然后将其映射为霍普菲尔德神经网络的能量函数，通过网络演化得到高分辨率图像。该类方法的缺点是网络结构复杂、节点多，因而效率较低。考虑到误差反向传播(back propagation, BP)神经网络具有很强的模式映射能力，为此，人们又将其引入超分辨率重建领域中，发展了基于 BP 神经网络的超分辨率重建方法[4]。

为了提升 BP 神经网络超分辨率重建的速度，文献[5]提出一种快速的基于 BP 神经网络的超分辨率重建方法，该方法的基本过程如下。

1. 创建训练集

对训练集中每一个图像(即高分辨率图像)进行降采样(如 2 倍)，得到对应的低分辨率版本，然后把两个版本的图像分别分割成若干 $2n \times 2n$ 以及 $n \times n$ 的小块，小块包含的像元数目依据图像的大小和计算代价确定。当小块包含的像元数比较少时，计算精度会增加，但是当图像尺寸很大的时候，小块数量会很多，这样又会增大计算代价；反之，当小块包含的像元数比较多时，计算精度会降低，但其计算效率会相对提高。因此，针对不同的数据集，应该通过实验测试来确定小块包含的像元个数。为了保证块与块之间的过渡平滑，小块之间要求有交叠，交叠的像元数是一个可调的参数，小块在两个版本的图像中位置上是一一对应的。每一个小块通过行扫描被拉成一个向量，向量的维数等于小块包含的像元个数。创建训练集包括两组向量，维数分别为 $2n \times 2n$ 以及 $n \times n$。对于在某一组中的一个向量，在另一组中就有一个和它对应的向量，其对应关系由高、低分辨率图像分块的对应位置所决定。

2. 神经网络训练

基于 BP 神经网络的超分辨率重建结构如图 4-1 所示，包括输入层、隐含层和输出层，其中输入为 $n \times n$ 维向量，IW 和 b_1 分别是输入层到隐含层的连接权值和偏置，LW 和 b_2 分别是隐含层到输出层的连接权值和偏置。训练 BP 神经网络的步骤如下：

(1) 初始化，随机给定各连接权值 IW 和 LW，以及偏置 b_1 和 b_2。
(2) 由给定的输入输出模式对计算隐含层和输出层的单元输出。
(3) 计算新的连接权值及偏置，$X_{k+1} = X_k - \alpha_k \zeta_k$。其中，$X_k$ 表示当前的 IW 或 LW、b_1 或 b_2；ζ_k 表示 IW 或 LW、b_1 或 b_2 的梯度，由 BP 计算得到；α_k 是设定的相当于当前连接权值或偏置的学习率，它限定了每次修改连接权值或偏置的尺度大小。
(4) 选取下一个输入输出模式对并返回(2)，反复训练，直到网络的输出误差达到要求，结束训练。

BP 神经网络的输入是低分辨率图像块拉成的向量，输出是与之对应的高分辨率图像块拉成的向量，中间隐含层的神经元个数是一个可调的参数。使用步骤①创建的训练集训练 BP 神经网络可以看作是一个非线性的映射函数，它反映了低分辨率图像和高分辨率图像的映射关系。也就是说，当对 BP 神经网络输入一个低分辨率图像块拉成的 $n \times n$ 维向量时，就可以得到一个对应的高分辨率版本的 $2n \times 2n$ 维向量，用这个向量就可以得到一个高分辨率图像块。

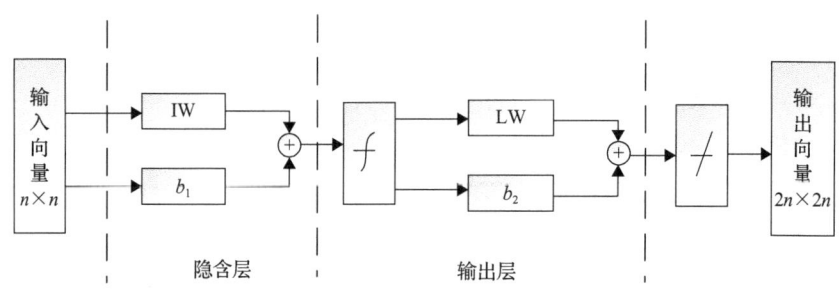

图 4-1 基于 BP 神经网络的超分辨率重建结构

3. 图像处理

对于待处理的一幅低分辨率图像，首先按照步骤 1 的方式把其分割成图像块，每块的大小为 $n \times n$，对于每一个图像块通过行扫描拉成一个向量，作为已经训练好的 BP 神经网络的输入。输出的结果是一个维数增加（分辨率增加）的 $2n \times 2n$ 维向量，把这一向量恢复成图像块，将得到的高分辨率图像块按照对应的位置关系拼接起来，用求均值的方法得到图像块之间交叠部分的像元值，这样就得到了最终的超分辨率重建结果。

BP 神经网络可对非线性问题高度逼近，充分利用已有的信息，一旦网络参数确定后，只需要一次代入计算便可得到信噪比较高的重构图像，但其缺点是网络的收敛速度较慢且易产生局部优的问题。

4.1.2 基于深度学习的超分辨率重建

深度学习[6]是目前机器学习研究中的热点，深度学习是模拟人脑的方式，建立深度神经网络，从低层初等特征出发通过组合形成更加抽象的高层特征，从而挖掘数据更深层次的分布特性。基于深度学习的超分辨率重建现在逐渐成为超分辨率重建领域的研究热点。基于深度学习的图像超分辨率重建方法往往依靠外部库，通过深度网络获取先验知识从而实现图像的超分辨率。基于深度学习的超分辨率重建方法大致分为几个步骤[7]：①建立训练所需的外部图像库；②构建网络模型；③对训练集数据进行训练，估计与优化网络参数，得到输入数据的特征表达及先验知识；④将低分辨率图像输入重建模型，输出高分辨率图像。

1. 基于卷积神经网络的超分辨率重建方法

文献[8]提出一种基于卷积神经网络的超分辨率重建（super-resolution convolutional neural networks, SR-CNN）方法，该方法直接学习高-低分辨率图像之间端到端的映射，输入为低分辨率图像，输出为高分辨率图像。该卷积神经网络（convolutional neural network, CNN）由三层组成：卷积层 1 提取特征图；卷积层 2 将卷积层 1 的特征图非线性映射到高分辨率图像块；卷积层 3 将空间邻域的预测融合产生最终的高分辨率图像。

在训练网络阶段，卷积层 1 用于特征的提取与表达，该过程从低分辨率图像中提取重叠的图像块，每个图像块代表一个高维的向量。这些向量包含一组特征映射，其中的数据个数等于向量的维数。卷积层 2 是非线性映射，即非线性映射将特征向量从低分辨率空间变换至高分辨空间。卷积层 3 是重建网络，其利用之前得到的基于块的输出特征图来生成最终的高分辨率图像。基于 SR-CNN 结构如图 4-2 所示。

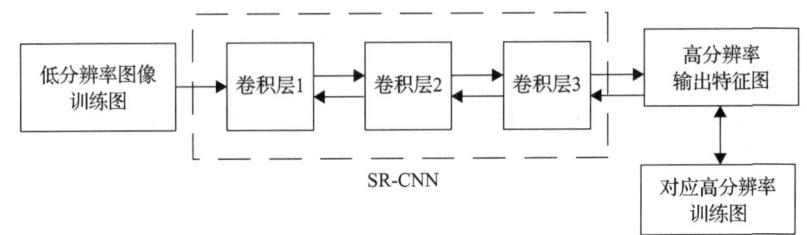

图 4-2 基于 SR-CNN 结构

图 4-2 中，卷积层 1 是特征的提取与表达，输入高分辨率图像 Y，按照下述方式得到输入图像的特征图 $F_1(Y)$：

$$F_1(Y) = \max(0, W_1 * Y + B_1) \quad (4\text{-}1)$$

式中，$*$ 为卷积运算；W_1 为卷积核；B_1 为神经元偏置向量。卷积得到的特征图再经过 ReLU 激活函数 $\max(0,\cdot)$ 进行处理。假设 f_1 为单个滤波器的尺寸，c 为输入图像的通道数，如果有 n_1 个卷积核，那么 W_1 的尺寸为 $c \times f_1 \times f_1 \times n_1$。

在卷积层 2，利用非线性映射将特征向量从低分辨率空间变换至高分辨空间，即

$$F_2(Y) = \max[0, W_2 * F_1(Y) + B_2] \quad (4\text{-}2)$$

式中，W_2 为卷积核；B_2 为神经元偏置向量。若有 n_2 个卷积核，卷积后生成 n_2 维的特征图，则 W_2 的尺寸为 $c \times f_2 \times f_2 \times n_2$。

在卷积层 3，高分辨率图像重构利用之前得到的基于块的输出特征图来生成最终的高分辨率图像，可表示为

$$F(Y) = W_3 * F_2(Y) + B_3 \quad (4\text{-}3)$$

式中，W_3 包含 c 个卷积核，则其尺寸大小为 $n_2 \times f_3 \times f_3 \times c$；$B_3$ 为一个维数为 c 的偏置向量；W_3 可视为一个均值滤波器，整个重构过程是一个线性操作过程。

SR-CNN 的参数可以表示为 $\Theta = \{W_1, W_2, W_3, B_1, B_2, B_3\}$，整个网络的训练过程就是对参数的估计和优化。通过最小化 $F(Y;\Theta)$ 与 X 之间的误差得到参数最优解。给定高分辨率图像集合 $\{X_i\}$ 与其相应低分辨率图像集合 $\{Y_i\}$，均方误差 $L(\Theta)$ 为

$$L(\Theta) = \frac{1}{n}\sum_{i=1}^{n}\|F(Y_i;\Theta) - X_i\|^2 \quad (4\text{-}4)$$

式中，n 为训练集数目；X_i 通过裁剪生成随机排列的子块作为训练阶段的输入数据。为了得到 Y_i，对得到的子图像经过高斯滤波模糊后进行降采样，然后采用双三次插值放大至与原子图像尺寸大小一致。

在搭建好网络并完成网络训练后，就可以将待超分辨率重建的低分辨率图像输入 SR-CNN 中，从而获取对应的高分辨率图像。其重建过程如图 4-3 所示。

图 4-3 超分辨率重建过程

该 SR-CNN 将常规基于稀疏表示的超分辨率重建方法应用于一个深度卷积神经网络中,这种网络结构虽然简单,但重建效果表现良好;在一定的滤波器和层数下,其速度比一般的基于图像块的方法快;当训练集增大、模型规模更大(滤波器和层数增加)时,其超分辨率效果还会进一步提升。图 4-4 为 SR-CNN 方法示例。

(a) 低分辨率遥感影像　　(b) 基于SR-CNN方法的超分辨率图像　　(c) 原始高分辨率遥感影像

图 4-4　基于 SR-CNN 方法示例

为了进一步对比重建效果,我们将局部区域进行放大对比。图 4-5 原始高分辨率遥感影像局部区域位置图。图 4-6 分别为低分辨率遥感影像和基于 SR-CNN 方法的超分辨率图像局部区域放大对比图。

图 4-5　原始高分辨率遥感影像局部区域位置图

(a) 区域1低分辨率影像　　　　　　(b) 区域1超分辨率图像

(c) 区域2低分辨率影像　　　　　　(d) 区域2超分辨率图像

图 4-6　低分辨率遥感影像和基于 SR-CNN 方法的超分辨率图像局部区域放大对比图

从图 4-6 可以看出，基于 SR-CNN 方法能够在一定程度上提升图像的分辨率。

2. 基于深度递归卷积网络的超分辨率重建方法

基于深度递归卷积网络的超分辨率重建是另外一种新型的超分辨率重建方法，文献[8]讨论了这种方法的可行性。在这种端到端的超分辨率重建方法中，卷积网络的感受域决定了可以用来重建图像高频部分的上下文信息的信息量。因此，在利用深度卷积网络(deep convolutional networks, DCN)的各种计算机视觉任务中[9,10]，经常使用较大的感受域去处理问题。当然，随着卷积的层数增多，感受域也就随之变大。因此，改善 SR-CNN 的一个方法是尽可能地堆叠更多的卷积层。这样简单的处理方式会产生两个严重的问题：第一，过拟合问题，这样就需要更多的数据去防止过拟合，然而现实中我们可能无法获取大量的训练数据；第二，卷积层数越多，模型规模就越大，不利于存储和检索。为此，文献[11]提出一种基于深度递归卷积神经网络(deeply-recursive convolutional neural network, DR-CNN)的超分辨率重建方法。DR-CNN 根据具体的实际需要重复使用相同的卷积层,因此在其递归过程中网络参数的数量并不会增加。DR-CNN 的感受域大小为 41×41,比 SR-CNN 的感受域 13×13 要大很多。在优化方面,如果使用梯度下降法去训练网络参数会很容易导致梯度爆炸或者梯度消失,有两个方法可以避免这个问题:一是监督所有的迭代过程选择适当的迭代次数;二是使用跨越连接(skip connection)方法,将输入图像直接放入重建网络进行重建。基于 DR-CNN 的超分辨率重建结构如图 4-7 所示。

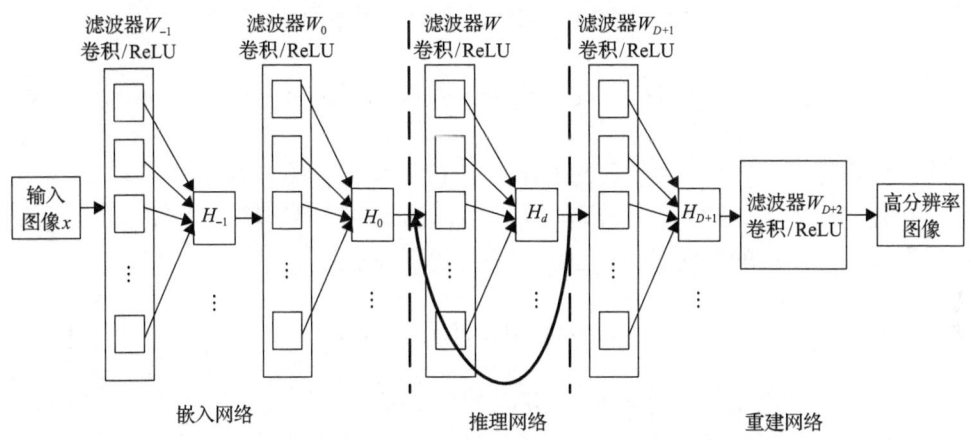

图 4-7 基于 DR-CNN 的超分辨率重建结构

从图 4-7 中可以看出,基于 DR-CNN 的超分辨率重建结构由嵌入网络、推理网络和重建网络三个部分组成。嵌入网络将输入图像表示为特征图,将获得特征图输入推理网络,通过递归扩大感受域,进一步深化对特征图的学习。最后,将推理网络中获取的最终特征图输入重建网络中,产生高分辨率的输出图像。

在图 4-7 中,输入图像为原始低分辨图像的插值放大图像,记为 x,对应的高分辨率图像记为 y,那么我们的任务可以简单的表示为 $\hat{y} = f(x)$。这里的 $\hat{y}$ 表示真实高分辨率图像 y 的估计值,f 为模型函数。设 f_1、f_2、f_3 代表三个子网络(嵌入网络、推理网络、重建网络)对应的函数,那么模型函数可以表示为 $f(x) = f_3\{f_2[f_1(x)]\}$。

在嵌入网络中,输入是输入图像向量 x,输出为特征图矩阵 H_0,隐含层值记为 H_{-1},嵌入网络的过程表示为

$$H_{-1} = \max(0, W_{-1} * x + b_{-1}) \tag{4-5}$$

$$H_0 = \max(0, W_0 * H_{-1} + b_0) \tag{4-6}$$

$$f_1(x) = H_0 \tag{4-7}$$

式中,* 为卷积运算;$\max(0, \cdot)$ 为 ReLU 激活函数;W_{-1}、W_0 为嵌入网络的权重

矩阵；b_{-1}、b_0 为嵌入网络的偏置矩阵。

在推理网络中，输入的是特征矩阵 H_0，输出的是深化特征矩阵 H_D，这个网络层的所有操作都使用相同的权重和偏置矩阵 W 和 b。假设 g 为推理网络每一次迭代的函数，那么每一次迭代过程可以表示为

$$H\_d = g[H\_(d-1)] = \max[0, W*H\_(d-1) + b] \tag{4-8}$$

式中，$d=1,2,\cdots,D$，D 为迭代次数。推理网络的过程表示为

$$f_2(H_0) = (g \circ g \circ \ldots g \circ)g(H) = g^D(H_0) \tag{4-9}$$

式中，操作符"。"为一种函数的组合；$g^D(\cdot)$ 为函数 g 的 D 层组合。

在重建网络中，输入的是矩阵 H_D，输出的是高分辨率输出图像。重建网络可以看成嵌入网络的反向操作，重建网络的过程表示为

$$H_{D+1} = \max(W_{D+1}*H_D + b_{D+1}) \tag{4-10}$$

$$\hat{y} = \max(0, W_{D+1}*H_{D+1} + b_{D+2}) \tag{4-11}$$

$$f_3(H) = \hat{y} \tag{4-12}$$

在推理网络中，递归次数太少会导致学习的特征表示不深，感受域大小达不到重建要求；如果递归次数太多，直接去训练 DR-CNN 会很复杂，另外随着递归层数的增多，在训练参数过程中往往会产生梯度消失或者梯度爆炸现象，这也是之前的方法最多使用三层递归的原因[12]。因此，如何选择一个合适的递归次数是推理网络中不可避免的问题。文献[11]采用一种监督递归的方法缓解了这样的问题。

为找到最优迭代次数需要训练具有不同递归深度的网络。假设在推理网络的卷积操作中，同样的参数和滤波器可以重复使用，对于推理网络每一次迭代的输出，文献[11]都用相同的重建网络来获得对应的重建结果。这样，重建网络具有 D 个重建结果，所有重建结果在网络训练期间同时进行监督。最后将 D 个重建结果进行综合获得最终的高分辨率输出图像。训练过程中，所有的最优权重通过自动学习得到。这种递归监督方法能够利用所有中间迭代层的重建预测结果，将不同迭代层中的重建损失反向传播后的所有梯度相加，并将其沿着一个反向路径传播，梯度消失或者梯度爆炸现象即可以得到缓解。另外，在获得最终的重建结果时，往往将较早的迭代重建结果权重设置较小，较晚的迭代重建结果设置

较大。监督递归的方法减轻了 DR-CNN 训练的难度,有效地克服了梯度消失或者爆炸问题。

另外,原始低分辨率图像和对应的高分辨率图像大部分是极为相似的,然而,在推理网络迭代的过程中,很难完全保存原始低分辨率输入图像的全部信息,这样势必对最后的重建结果造成一定的影响。针对这个问题,文献[11]提出跨越连接的方法,插值放大后的低分辨率输入图像在递归期间直接送到重建网络中以帮助重建。跨越连接方法有两个优点:①节省了在递归期间需要单独保存输入图像信息所需的网络容量;②在重建阶段可以直接利用输入图像全部信息进行重建。设在每次迭代过程中的重建预测结果为

$$\hat{y}_d = f_3\left\{x, g^d\left[f_1(x)\right]\right\} \tag{4-13}$$

式中,$d = 1,2,\cdots,D$;$f_3\{\}$ 有两个输入,其中一个为跨越连接法插值放大后的低分辨率输入图像。最终的重建结果为各层递归重建预测结果的加权平均:

$$\hat{y} = \sum_{d=1}^{D} w_d \hat{y}_d \tag{4-14}$$

式中,w_d 为在每次递归的重建权重,这些权重在训练过程中学习得到。

监督递归和跨越连接的过程如图 4-8 所示。

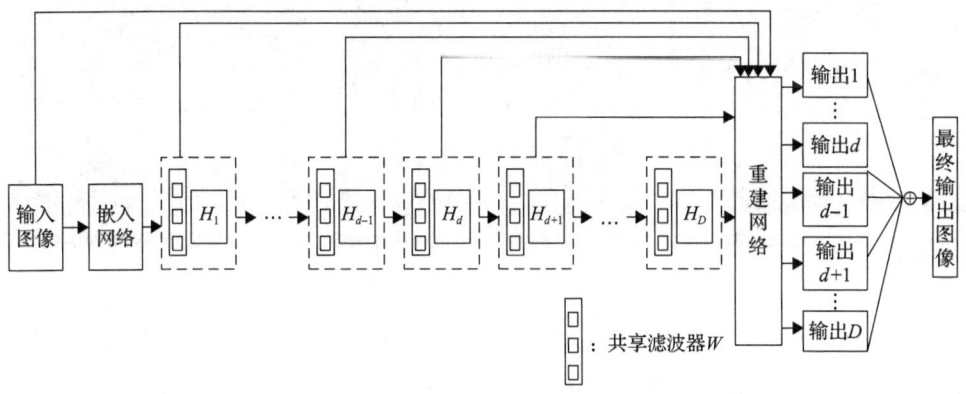

图 4-8 监督递归和跨越连接的过程

训练阶段,需要对 $D+1$ 个目标进行最小化,包括受监督的 D 个递归重建结果和最终的输出结果。对于递归重建结果,使用损失函数为

$$l_1(\theta) = \sum_{d=1}^{D}\sum_{i=1}^{N}\frac{1}{2DN}\left\|y^i - \hat{y}_d^i\right\|^2 \qquad (4\text{-}15)$$

式中，θ 为参数集；$\hat{y}_d^i$ 为第 d 次递归的输出。对于最终输出结果的损失函数为

$$l_2(\theta) = \sum_{i=1}^{N}\frac{1}{2N}\left\|y^i - \sum_{d=1}^{D}w_d \cdot \hat{y}_d^i\right\|^2 \qquad (4\text{-}16)$$

那么，最终的损失函数 $L(\theta)$ 惩罚参数集构成正则项，表示为

$$L(\theta) = \alpha l_1(\theta) + (1-\alpha)l_2(\theta) + \beta\|\theta\|^2 \qquad (4\text{-}17)$$

式中，α 和 β 为损失函数的权值。

图 4-9 为高分四号卫星所拍摄的某地区遥感影像及基于 DR-CNN 的超分辨率重建示例。从图 4-9 可以看出，利用 DR-CNN 进行超分辨率重建后，场景中很多的细节得以呈现，但是较原始的高分辨率影像，整体的视觉效果依然存在一定的模糊。

(a) 低分辨率遥感影像　　(b) 基于DR-CNN的超分辨率重建图像　　(c) 原始高分辨率遥感影像

图 4-9　基于 DR-CNN 的超分辨率重建示例

为了进一步对比重建效果，我们将局部区域进行放大对比，图 4-10 为原始高分辨率遥感影像局部区域位置图，图 4-11 分别为低分辨率遥感影像和基于 DR-CNN 的超分辨率图像局部区域放大对比图。由图 4-11 可以很明显地看出，经过超分辨率重建的结果相较于低分辨率图像，图像场景中的细节信息得到了明显的增强。

图 4-10 原始高分辨率遥感影像局部区域位置图

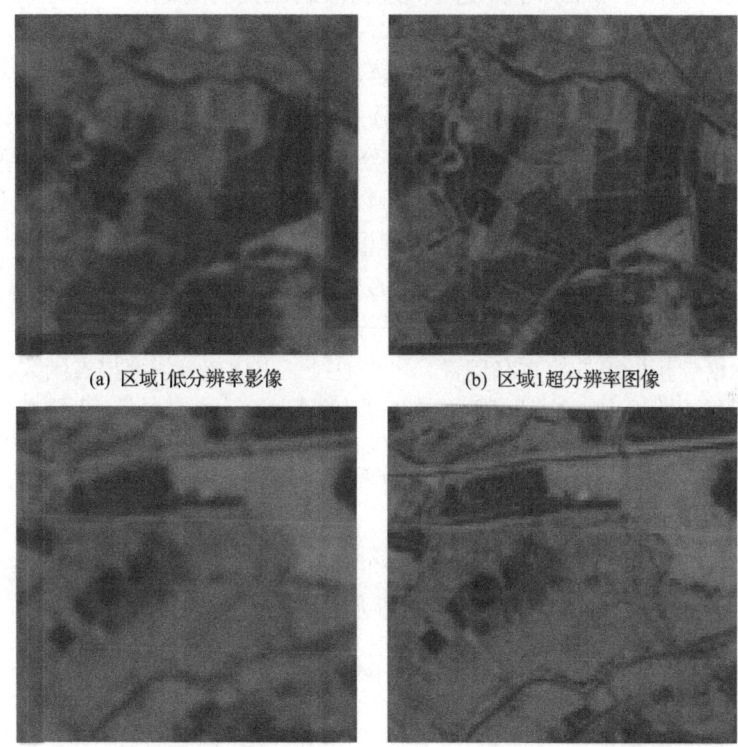

(a) 区域1低分辨率影像　　　(b) 区域1超分辨率图像

(c) 区域2低分辨率影像　　　(d) 区域2超分辨率图像

图 4-11 低分辨率遥感影像和基于 DR-CNN 的超分辨率重建的图像局部区域放大对比图

3. 基于对抗网络的超分辨率重建方法

Ledig 等提出用生成对抗网络(generative adversarial network, GAN)的方法实

现单幅图像超分辨率重建[13]。此前的超分辨率重建研究专注于使用最小均方误差作为损失函数，这种方法的重建结果虽然有较高的峰值信噪比(peak signal-to-noise ratio, PSNR)，但是由于损失函数是逐像元的优化，使得重建的结果通常缺乏高频细节，也不符合在高分辨率上的保真度，因此在视觉感受上并不让人满意[14-16]。与这类做法不同的是，文献[13]采用了一种由对抗损失函数和内容损失函数组成的感知损失函数。对抗损失函数以概率的形式来评价生成的超分辨率重建图像与真实高分辨率图像的差异性，而内容损失函数则从图像的整体角度来评价二者的相似性。

现存的超分辨率重建一般处理的是较小的放大倍数的图像，当图像的放大倍数达到4倍以上时，重建的结果由于平滑而缺少细节上的真实感，因此基于GAN的超分辨率重建(super-resolution generative adversarial network, SR-GAN)方法，使用GAN来生成图像中的细节。GAN提供了一个强大的学习框架，可以产生具有较高感知质量的图像。GAN可以使重构过程限制在具有高概率、包含真实图像信息的搜索空间中，使得重建图像更加真实自然。

单幅图像超分辨率重建的任务，需要从原始低分辨率图像I^{LR}重建高分辨率图像I^{HR}，原始低分辨率图像对应的高分辨率图像为I^{HR}，只在训练阶段使用。在训练过程中，低分辨率图像I^{LR}可由高分辨率图像I^{HR}通过高斯滤波器和降采样因子为r的降采样操作获取。假设输入图像具有C个颜色通道，那么原始低分辨率图像I^{LR}大小表示为$W \times H \times C$，超分辨率重建图像I^{SR}和高分辨率图像I^{HR}的大小为$rW \times rH \times C$，利用一个训练生成函数G将一幅低分辨率图像生成为高分辨率图像。为此，采用具有参数θ_G的前馈CNN——G_{θ_G}用于训练。这里，$\theta_G = (W_{1:L}; b_{1:L})$是指$L$层深度卷积网络的权重和偏置，可以通过最小化超分辨率损失函数l^{SR}获得。对于训练图像I_n^{HR}及其对应的低分辨率图像I_n^{LR}，$n = 1, 2, \cdots, N$，我们有

$$\hat{\theta}_G = \arg\min_{\theta_G} \frac{1}{N} \sum_{n=1}^{N} l^{SR}\left[G_{\theta_G}(I_n^{LR}), I_n^{HR}\right] \quad (4\text{-}18)$$

在文献[17]的基础上，进一步设计一个判别网络D_{θ_D}，将其与G_{θ_G}网络一起以交替的方式进行优化，以解决这种对抗性最小-最大化问题：

$$\min_{\theta_G} \max_{\theta_D} E_{I^{HR} \sim p_{\text{train}}(I^{HR})}\left[\log D_{\theta_D}(I^{HR})\right] + E_{I^{LR} \sim p_G(I^{LR})}\left\{\log(1 - D_{\theta_D})\left[G_{\theta_G}(I^{LR})\right]\right\} \quad (4\text{-}19)$$

式(4-19)的思想是首先训练一个生成模型G，然后训练判别模型D用来区分超分辨率图像和真实图像，生成模型产生的图像不断去干扰对模型的判断。如文献[17]所言，生成模型能够学习得到与真实图像极为相似的图像，从而使得判别模型D很难区分。这样的思想鼓励在图像的子空间中寻找感知最优的解决方案，与通过最小化像元误差的方式是截然不同的。

传统的损失函数一般是均方误差(mean square error, MSE)[18,19]，即

$$l_{\text{MSE}}^{\text{SR}} = \frac{1}{\gamma^2 WH} \sum_{x=1}^{rW} \sum_{y=1}^{rH} \left[I_{x,y}^{\text{HR}} - G_{\theta_G}(I^{\text{LR}})_{x,y} \right]^2 \tag{4-20}$$

这种损失函数虽然有时可以获得具有较高峰值信噪比的重建结果，但是这种逐像元的优化方式会导致重建图像高频部分不真实，在视觉感受上表现为纹理细节的过平滑。文献[13]在 Johnson 等[20]和 Bruna 等[21]的基础上，设计了一种可以评估感知相关特征的损失函数 l^{SR}，该损失函数由内容损失函数 l_X^{SR} 和对抗损失函数 $l_{\text{GAN}}^{\text{SR}}$ 两部分线性组成，即

$$l^{\text{SR}} = l_X^{\text{SR}} + 10^{-3} l_{\text{GAN}}^{\text{SR}} \tag{4-21}$$

内容损失函数 l_X^{SR} 除了上述像元空间的均方误差以外，还包含了一个特征空间的均方误差。该特征是利用 VGG(visual geometry group)网络提取的图像高层次特征。具体而言，采用文章[10]中预训练好的 19 层 VGG 网络 ReLU 激活函数来定义内容损失，记 VGG 网络中通过第 i 个最大化池层和第 j 个卷积层(激活后)获得的特征图为 $\phi_{i,j}$，内容损失可定义为重建图像 $G_{\theta_G}(I^{\text{LR}})$ 和参考高分辨率图像 I^{HR} 的特征表示的欧几里得距离，即

$$l_X^{\text{SR}} = l_{\text{VGG}/i,j}^{\text{SR}} = \frac{1}{W_{i,j} H_{i,j}} \sum_{x=1}^{W_{i,j}} \sum_{y=1}^{H_{i,j}} \left\{ \phi_{i,j}(I^{\text{HR}})_{x,y} - \phi_{i,j} \left[G_{\theta_G}(I^{\text{LR}}) \right]_{x,y} \right\}^2 \tag{4-22}$$

式中，$W_{i,j}$ 和 $H_{i,j}$ 为 VGG 网络内的各个特征图的尺寸。

对抗损失函数 $l_{\text{GAN}}^{\text{SR}}$ 是基于所有训练样本判别器输出的概率，即

$$l_{\text{GAN}}^{\text{SR}} = \sum_{n=1}^{N} -\log D_{\theta_D}[G_{\theta_G}(I^{\text{LR}})] \tag{4-23}$$

式中，$D_{\theta_D}[G_{\theta_G}(I^{\text{LR}})]$ 为重建图像 $G_{\theta_G}(I^{\text{LR}})$ 为清晰图像的概率，为了优化梯度，这里将最小化 $\{1 - D_{\theta_D}[G_{\theta_G}(I^{\text{LR}})]\}$ 替换为最小化 $-\log D_{\theta_D}[G_{\theta_G}(I^{\text{LR}})]$ [12]。

图 4-12 给出了基于 SR-GAN 方法的一个示例。图 4-12(a)为高分四号卫星的低分辨率遥感影像，图 4-12(b)为基于 SR-GAN 方法的超分辨率图像，图 4-12(c)为原始高分辨率遥感影像。

对比图 4-12(b)、(c)可以看出，基于 SR-GAN 方法的超分辨率重建，可以取得对原始高分辨率影像较好的逼近效果。

同样的，为了更加明显地显示超分辨率重建效果，我们将超分辨率重建前后的局部区域进行放大对比，图 4-13 为原始高分辨率遥感影像局部区域位置图，图 4-14 分别为低分辨率遥感影像和基于 SR-GAN 方法的超分辨率图像局部区域放大对比图。

(a) 低分辨率遥感影像　　　(b) 基于SR-GAN方法的超分辨率图像　　　(c) 原始高分辨率遥感影像

图 4-12　基于 SR-GAN 方法示例

由图 4-14 可以很明显地看出，经过超分辨率重建后，场景中呈现出丰富的细节特征，图像的可辨识度得到了极大的改善。

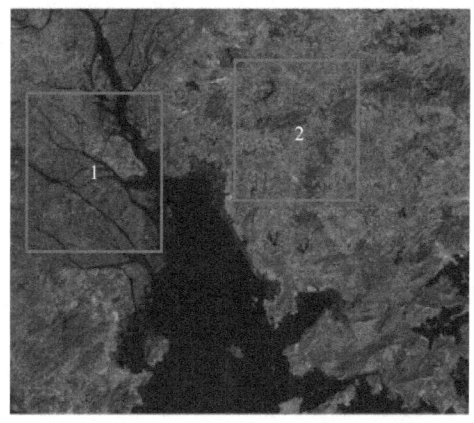

图 4-13　原始高分辨率遥感影像局部区域位置图

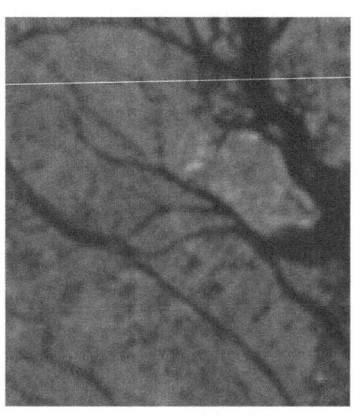 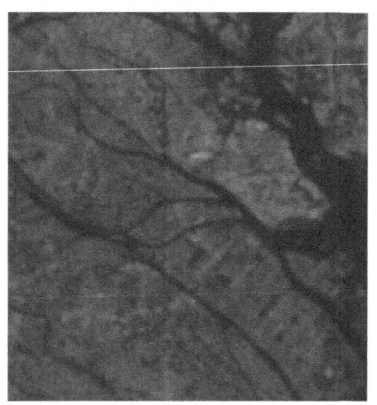

(a) 区域1低分辨率影像　　　　　　　(b) 区域1超分辨率图像

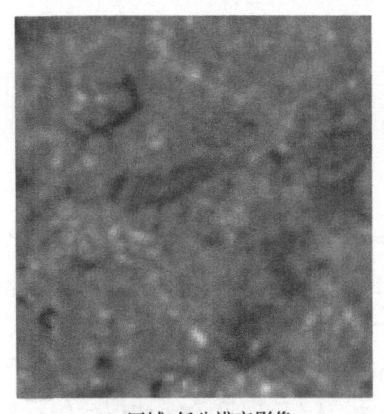

(c) 区域2低分辨率影像　　　　　　(d) 区域2超分辨率图像

图 4-14　低分辨率遥感影像和基于 SR-GAN 方法的超分辨率图像局部区域放大对比图

4.2　基于流形学习的超分辨率重建

4.2.1　基本概念

作为微分几何的一个基本概念，流形是一般的几何对象的总称，它指的是空间而不是形状，流形具有欧几里得空间的性质。传统的欧几里得空间很难用到现实生活中的非线性数据，而流形学习方法提供了一种解决非线性问题的有效途径。假设数据均匀采样于一个高维欧几里得空间中的低维流形，流形学习就是从高维采样数据中恢复低维流形结构（X），即找到高维空间中的低维流形，并求出相应的嵌入映射（f），以实现维数约简。

Silva 和 Tenenbaum[22]给出了流形学习的数学概念：设 $X \in R^d$，映射 $f: X \to R^D$ 是一个光滑的嵌入，其中 $D > d$，数据集 $\{x_i\} \in X$ 随机产生，经过 f 映射为观测数据集 $\{y_i = f(x_i)\}$。流形学习就是在给定观测数据集 $\{y_i = f(x_i)\}$ 的条件下，重构出映射函数 f 和数据集 $\{x_i\} \in X$ 的过程。

流形学习是模式识别中的重要方法，分为线性流形学习和非线性流形学习两类。常见的线性方法包括主成分分析(principal component analysis, PCA)、线性判别分析(linear discriminant analysis, LDA)方法等。PCA 和 LDA 是传统的线性降维方法，它们均假设数据存在于全局线性结构中，但当数据具有强属性相关性质或者高度非线性时，全局线性的假设就不再满足。现实中包括图像、语音等在内的很多信号都是具有强属性相关性质或者高度非线性的信号。经典的非线性流形学习方法包括局部线性嵌入(locally linear embedding, LLE)、全局的等距映射(isometric mapping, ISOMAP)和局部保持映射(locality preserving projection, LPP)

等。非线性的降维法认为高维信息一般存在于非线性低维流形上,而人们对事物的感知很大程度上来源于非线性低维流形,因此,基于非线性流形的降维效果更为理想。

4.2.2 基于局部线性嵌入的降维方法

LLE 是针对非线性数据的一种降维技术,该方法能够使降维后的数据保持原有的拓扑结构。目前 LLE 方法已经广泛地应用于非线性数据的降维、聚类,以及图像分割等领域。LLE 基本思想是一个流形在很小的局部邻域上可以近似看成欧几里得的,即局部线性的。那么,在小的局部邻域上,一个点就可以用它周围的点在最小二乘意义下获得最优的线性表示。LLE 把这个线性拟合的系数当成这个流形局部几何性质的刻画,在 LLE 中,一个好的低维表示是指通过 LLE 降维后的投影点和原始点之间可以保持同样的线性关系和局部几何性质,即降维前后的点具有相同的线性表达式。

对于每个样本点 x_i 和它的邻域集,LLE 需要计算它同邻域点之间的重构权值 w_{ij}。重构权值 w_{ij} 的选取通过极小化重构误差来实现,重构误差可定义为

$$\varepsilon(W) = \sum_i \left\| x_i - \sum_{j \in J_i} w_{ij} x_j \right\|^2$$

,这里的 w_{ij} 为样本点 x_i 对样本点 x_j 重构的贡献权重。LLE 对重构权值加入了两个限制:①若 x_j 不在 x_i 的邻域集中,则 $w_{ij}=0$;②对所有的 i,$\sum_j w_{ij} = 1$。这样,这些权值组成了一个稀疏矩阵 W,并且矩阵 W 反映了每个样本点 x_i 同它的邻域点之间的局部几何性质。

对每个样本点 x_i,由于有约束条件 $\sum_j w_{ij} = 1$,故重构误差可以改写为

$$\varepsilon(W) = \sum_i \left\| \sum_{j \in J_s} w_{ij}(x_i - x_j) \right\|^2$$

。

该方法的步骤如下。

(1)用欧几里得距离计算高维空间中每一个采样点 X_i 的近邻点,近邻点的个数设定为 K(这里的 K 一般不能太小,否则不能充分表示流形结构的集合信息)。

(2)利用这 K 个近邻点对采样点进行线性表示,计算使得重构误差最小的重构权值 w_{ij}。

(3)在保持低维重构误差最小的情况下,保持重构权值 w_{ij} 不变,求解采样点 X_i 在低维空间中的映射 Y_i。

该方法可以学习任意维的局部线性低维流形,但是对采样点的噪声和邻域参数较为敏感。

4.2.3 基于邻域嵌入的超分辨率重建方法

Chang 等[23]提出了基于邻域嵌入的超分辨率重建方法，该方法也因为第一次在超分辨率中引入了流形学习中的 LLE 方法，开创了流形学习用于超分辨率重建的先河。该方法的基本思想是：假设高分辨率和低分辨率图像块可以构成具有相似局部几何结构的流形，由一组低分辨率图像及其对应的高分辨率图像组成的训练集来估计未知的超分辨率图像。先搜索出待重建低分辨率图像块在其训练集中的 K 个近邻块，并求解出这 K 个近邻的表示系数，再利用求出的表示系数和高分辨率训练集中对应的 K 个高分辨率近邻块，通过线性组合重建出高分辨率图像块。

基于流形学习的超分辨率重建效果的好坏取决于特征选取和重建系数的计算。以下分建立训练集的过程和重建的过程来介绍 Chang 等[23]的方法。

1. 建立训练集的过程

Chang 等[23]的高分辨率与对应的低分辨率图像样本的选取和一般基于学习的方法类似，首先选取不同类型的高分辨率图像，然后根据图像退化模型（主要是降采样与模糊）生成对应的同一场景的低分辨率图像。为了快速精确地匹配到输入的低分辨率图像的 K 个近邻块，需要对退化后的低分辨率图像进行特征提取。首先将 RGB 颜色空间转换为 YIQ 颜色空间，因为人们对亮度变化比颜色变化更加敏感，故选取亮度通道 Y 来提取特征。Chang 等[23]的做法是提取图像亮度的一阶和二阶梯度组成联合特征向量。对经过特征提取后的低分辨率图像和相对应的高分辨率图像进行分块提取，将对应位置的低分辨率特征图像块和高分辨率特征图像块分别放入低分辨率训练集和高分辨率训练集中，完成图像训练集的建立。另外，Chang 等[23]所训练的样本量并不多，通过旋转 0°、90°、180°、270°及其镜像翻转，每一个图像块被表示成 8 个不同的特征向量。

2. 重建的过程

假设低分辨率图像与对应的高分辨率图像块，来自两个截然不同而又具有局部几何结构相似的流形空间。基于这样一个假设，对于一个输入的低分辨率小块 x_t^q（q 为输入低分辨率图像块数）进行如下操作。

(1) 在低分辨率样例小块 $\{x_s^p, p=1,2,\cdots,P\}$ 中根据欧几里得距离找到低分辨率小块 x_t^q 的 K 个近邻 $\{x_s^p | x_s^p \in N_q\}$，其中 N^q 表示 K 个近邻的集合。那么，这 K 个近邻与测试低分辨率小块 x_t^q 所处的流形空间的局部几何结构，将会类似于 K 个近邻对应的高分辨率样例小块 y_s^p 与输入低分辨率小块 x_t^q 对应的真实高分辨率小块所处的流形空间的局部几何结构。

(2) 对于高分辨率小块 y_s^p 的重构，该方法引入了 LLE。我们知道 LLE 将局部空间中高维数据的重构权值传递给对应的低维数据,低维数据通过重构权值的线性组合来实现维数约简,其中重构权值的大小通过求解一个最小二乘问题得到。基于邻域嵌入的超分辨率重建方法借助上面介绍的 LLE 的思想,计算重构权值 w_{qp},使得重构误差 ε^q 最小,其中

$$\varepsilon^q = \left\| x_t^q - \sum_{x_s^q \in N^q} w_{qp} x_s^q \right\|^2 \tag{4-24}$$

式(4-24)需要满足 $\sum_{x_s^p \in N^q} w_{qp} = 1$ 且对任何 $x_s^p \notin N^q, w_{qp} = 0$。

(3) 利用(2)中的重构权值,使用与输出高清图像块 y_t^q 对应的 K 个近邻的高清图像块重建高清图像块 y_t^q,即

$$y_t^q = \sum_{x_s^p \in N^q} w_{qp} y_s^p \tag{4-25}$$

基于邻域嵌入的超分辨率重建方法流程图如图 4-15 表示。

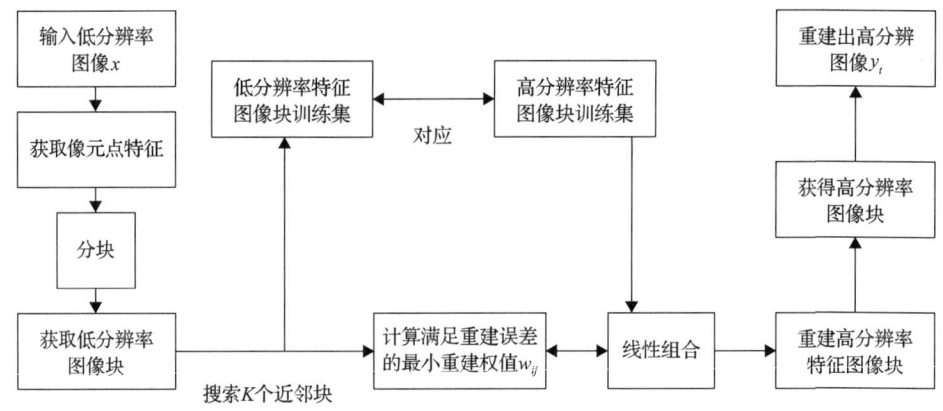

图 4-15 基于邻域嵌入的超分辨率重建方法流程图

作为流形学习的经典方法之一,Chang 等[23]的方法极大地降低了训练集的数目,但是,由于低分率到高分辨率为一对多映射,因此重建过程中的流形假设并不一定总是成立;此外,由于选取的特征较为简单,不能够保证能找到正确的对应的图像块,从而会导致重建的效果存在过拟合或欠拟合的现象。

如上所述,基于流形学习的超分辨率重建效果的好坏取决于图像特征的选取和重建权值的计算。该方法主要的研究集中在特征选取上,因为好的特征向量,有利于准确找到近邻块,从而更精确地求出局部流形结构。Chang 等[23]提取一阶、

二阶亮度梯度作为图像块特征,但是 Su 等[24]认为:一阶、二阶梯度特征不能较好地保持高、低分辨率图像块之间的近邻关系。为此,他在 Chang 等的工作的基础上,对不同的 K 和不同降采样方法进行了实验测试,得出近邻保持率与降采样因子、降采样方法以及所选择的特征等因素有关的结论,同时他指出使用一阶和二阶梯度特征不能很好地保持邻域特性,需要寻求更好的可以保持邻域特性的特征[24]。Chan 和 Zhang[25]认为不同类型的图像的直方图是不一样的,可以根据直方图间的欧几里得距离选择训练图像,然后在流形学习的框架下进行超分辨率重建。另外,他针对 Chang 等特征选取(一阶、二阶亮度梯度)的不足,提出了一种联合一阶梯度和归一化亮度(norm luminance)的特征,归一化亮度值是指亮度值减去平均值的特征向量。由于归一化亮度特征代表了图像的低频信息或者图像的全局结构,能较好地保持图像边缘并平滑图像颜色区域。实验结果显示该方法能提高近邻保持率,改善了 Chang 等超分辨率重建效果。

Liao 等[26]提出了一种新的特征提取方法,将 Chan 和 Zhang[25]提出的归一化亮度联合小波变换系数构造特征向量。前面提到,归一化亮度代表图像的低频信息或者图像的全局结构,小波系数代表图像的高频信息(细节)。令图像的小波变换 $SWT(X) = \{X_{LL}, X_{LH}, X_{HL}, X_{HH}\}$,其中 $\{X_{LH}, X_{HL}, X_{HH}\}$ 表示高频细节小波系数,若设 NL 为归一化亮度,那么 Liao 等[26]所构造的特征向量为 $\{NL, \alpha X_{LH}, \alpha X_{HL}, \alpha X_{HH}\}$,其中 α 为权重因子。与 Chang 等方法相比,使用该特征的超分辨率重建结果具有更好的细节和边缘。

图 4-16 给出了基于邻域嵌入的超分辨率重建的一个示例。图 4-16(a)为一幅 SPOT 卫星的低分辨率影像,分辨率为 5m;图 4-16(b)为 Chang 等[23]基于 LLE 的超

(a) 低分辨率影像(250×250)　　　　(b) Chang 等[23]超分辨率重建图像

图 4-16 基于邻域嵌入的超分辨率重建示例

分辨率重建图像；图 4-16(c)为双三次插值图像；图 4-16(d)为 Liao 等[26]超分辨率重建图像；图 4-16(e)为 Chan 和 Zhang[25]超分辨率重建图像，低分辨率图像块取 3×3，重叠为 2 个像元，高分辨率图像取块为 6，重叠为 4 个像元，近邻个数为 5；图 4-16(f)为与其相对应的原始高分辨率 SPOT 卫星影像，分辨率为 2.5m。

4.3 基于稀疏表示的超分辨率重建

4.3.1 压缩感知理论和超分辨率重建

压缩感知理论起源于信号领域，由 Candes[27]、Candes 等[28]、Candes 和 Romberg[29]及 Donoho[30]等在 2004 年提出。香农采样定理告诉我们：当系统采样频率是被采样信号带宽的 2 倍以上时，才可以从接收端信号中恢复原始信号。Candes 等[28]证明了只要原始信号在某空间具有稀疏性(即在该空间上信号的表示系数中大部分为 0)，即便是较低的采样速率(小于信号带宽的 2 倍)下，仍然能借助于观测信号较好地重建原始信号。图4-17为压缩感知理论的框架。

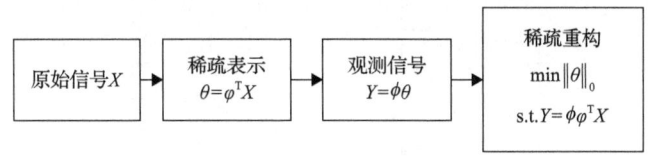

图4-17 压缩感知理论框架

按照压缩感知理论,假设X是N维的原始信号,φ是R^N空间的一组正交基,θ是原始信号X在该空间下的稀疏表示系数,ϕ是与φ不相关的采样矩阵,Y是观测得到的信号,即采样后的信号,它的维数为$M(M \ll N)$。按照压缩感知理论,如果满足以下两个条件:①θ是稀疏的[31];②θ在采样矩阵ϕ下的几何特性前后保持一致[32],即保证信号经过降维,其中的重要信息仍得以保留,则可以从观测信号Y中恢复出原始信号X。

统计研究表明图像可以由过完备字典中的少量原子线性组合表示,即其表示具有稀疏性,因此图像块的稀疏表示为压缩感知理论在图像处理领域中的应用提供了前提。

条件②是原始信号得以正确恢复的必要条件。稀疏表示系数θ与原始信号X是同一个信号的不同表现形式,经采样过程后得到的观测信号Y与原始信号X基本一致。对照图像降质模型,高分辨率图像H对应于原始信号X,低分辨率图像L对应于采样后的信号Y。记D_h为高分辨率图像块(特征)构成的原子库,D_l为与高分辨率图像块对应的低分辨率图像块(特征)构成的原子库。对于同一场景高-低分辨率图像而言,虽然高分辨率影像携带有更多的高频信息,但是二者对于场景中重要信息的表达基本上是一致的,即都能表达出场景的主体轮廓,高-低分辨率图像之间的这一关系为采用压缩感知理论实现高分辨率图像重建奠定了基础。

4.3.2 稀疏表示理论

稀疏表示的基本思想是任一信号可由预先定义的一组信号经过线性组合表示[33],设信号向量$x \in R^N$,可通过传感矩阵$D = [d_1, d_2, \cdots, d_L] \in R^{N \times L}(N < L)$表示为

$$x = Da \tag{4-26}$$

式中,$a = [a_1, a_2, \cdots, a_L]^T \in R^L$是稀疏信号,即只有有限个非零元素。稀疏表示框架如图4-18所示。

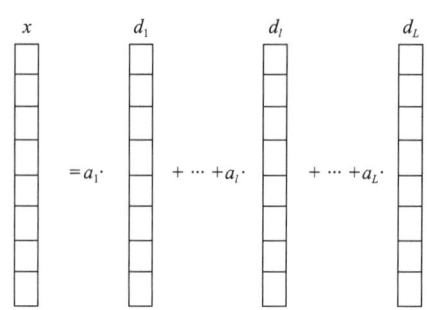

图 4-18 稀疏表示框架

稀疏表示问题可以表述为

$$\min \|a\|_0 \\ \text{s.t. } x = Da \tag{4-27}$$

式中，a 为 x 在 D 上线性展开的系数向量，即稀疏表示系数；D 为稀疏变换矩阵，又称过完备字典，其元素 d 为字典的原子；$\|\cdot\|_0$ 为向量中非零元素的个数。

由于式(4-27)的精确求解是一个 NP 问题，通常采取求近似解的方法，因为信号的稀疏表示系数与最后的重构过程直接相关，因此当下的研究主要集中在算法的精度和速度上，但兼顾这两者的算法设计是非常困难的。本节介绍一种应用了贪婪迭代思想的方法，即正交匹配追踪[34](orthogonal match pursuit，OMP)方法，该方法是最早用于求解稀疏表示系数的方法之一。

正交匹配追踪方法具有复杂度低的优点，其核心思想是迭代选择传感矩阵 Φ 的列向量和更新残差信号。每次迭代时，从传感矩阵中选择与当前的残差信号相关性最大的列向量，将其添加到重建原子集合中，通过原子集合中被选择的原子来重建原始信号并计算出残差信号，然后继续在传感矩阵中选出与残差信号相关度最大的列向量，循环上述过程，直到迭代次数达到设定的迭代次数，该原始信号便可以由重建原子集合中的原子近似表示，从而实现原始信号的重建。正交匹配追踪方法的步骤如下。

(1) 输入：传感矩阵 Φ，原始信号 y，迭代次数 K。

(2) 输出：x 的稀疏表示逼近 $\hat{x}$。

(3) 初始化：残差 $r_{t-1} = y$，重建原子集合 $\Lambda_{t-1} = \phi$ ($t=1$)。

(4) 循环执行以下步骤：①计算残差 r_{t-1} 与传感矩阵中每个列向量 φ_j 的相关度，即两者之间内积的绝对值，并将相似度最大的列向量(记为 φ_{t-1})添加到已被选择的重建原子集合中，得到更新后的重建原子集合 $\Lambda_t = \Lambda_{t-1} \cup \varphi_{t-1}$；②由最小二乘法得到 $\hat{x}_t = \arg\min \| y - \Lambda_t \hat{x} \|_2$；③更新残差 $r_t = y - \Lambda_t \hat{x}_t$，$t = t+1$；④判断是否满足 $t > K$，若不满足，继续执行步骤①，否则停止迭代。

正交匹配追踪方法在迭代过程中,将最匹配的重建原子与已经选择好的原子集合进行正交化处理构成新的空间,保证了迭代的最优性,从而减少了迭代次数。

4.3.3 过完备字典学习

除了稀疏表示求解外,过完备字典的构造也是非常重要的。字典学习过程可看作稀疏表示下最优基的构造过程。最优基不仅可满足稀疏表示唯一性条件的约束,同时也可获得更稀疏和更精确的表示。为了满足上述条件,对所有的训练集,需要求解下式,即

$$\arg\min_{D,a} \sum_i \|x_i - Da_i\|_2^2 + \lambda\|a_i\|_0 \tag{4-28}$$

式中,x_i 为每一个训练样本;a_i 为训练样本 x_i 在字典 D 下的稀疏表示;λ 为正则化参数。上式的求解目前有最优方向法(method of optimal direction,MOD)和 K 奇异值分解(K-sigular value decomposition, K-SVD)[35]等方法。这两种方法均采用如下的迭代方式:①根据当前字典求解信号的稀疏表示;②根据求解得到的稀疏表示来更新字典。

MOD 采用整体更新字典的方法,重建误差大。这里介绍一种基于 K-SVD 的高-低分辨率图像特征字典的学习方法[36],与基于 MOD 的特征字典学习方法相比,该方法每次更新一个原子(即字典的一列)和对应的稀疏系数,直到所有的原子更新完毕,这种方式可大幅度减少重建误差,其具体思想可描述如下。

令 $D \in R^{n*k}$、$y \in R^n$、$x \in R^k$ 分别表示字典、训练信号和训练信号的稀疏表示系数向量,$Y=\{y_i\}_{i=1}^N$ 为训练信号的集合,$X=\{x_i\}_{i=1}^N$ 为 Y 的稀疏表示的集合。

K-SVD 的目标方程可表示为

$$\min_{D,X}\{\|Y-DX\|_F^2\}$$
$$\text{s.t.} \ \forall i, \ \|x_i\|_0 \leqslant T_0 \tag{4-29}$$

式中,T_0 为稀疏表示系数中非零个数。上式采取迭代求解的方法,具体流程如图 4-19 所示,首先利用 OMP 得到训练信号 Y 在初始随机字典 D 上的稀疏表示系数矩阵 X,然后再利用 K-SVD 逐列更新字典 D 和逐行更新系数矩阵 X。

假设更新字典的第 k 列 d_k,令系数矩阵 X 中 d_k 相应的第 k 行为 x_T^k,则目标方程的惩罚项可以重写为

$$\|Y-DX\|_F^2 = \left\|Y-\sum_{j=1}^k d_j x_T^j\right\|_F^2 = \left\|\left(Y-\sum_{j\neq k} d_j x_T^j\right)-d_k x_T^k\right\|_F^2 = \|E_k - d_k x_T^k\|_F^2 \tag{4-30}$$

式中，矩阵 E_k 为去掉原子 d_k 的成分在所有 N 个样本中造成的误差。假如直接使用 K-SVD 更新 d_k 和 x_T^k，d_k 无法保证其满足稀疏性，同时更新后的 x_T^k 向量的零范数（即非零值的个数）与原始 x_T^k 向量的零范数不同，并且非零值的位置也不同，产生"发散"现象。为解决此问题，可以采用仅保留 x_T^k 中非零值的方法，仅更新 x_T^k 的非零值和对应位置的 d_k。

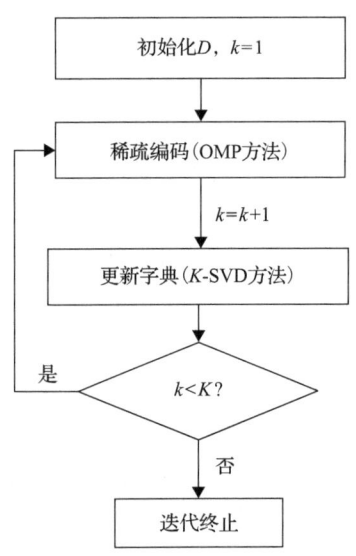

图 4-19 基于 K-SVD 学习的流程

定义集合 $w_k = \{i \mid 1 \leqslant i \leqslant N, x_T^k(i) \neq 0\}$ 为 d_k 所有信号集合 $\{y_i\}$ 的索引所构成的集合，即 $x_T^k(i) \neq 0$ 的点的索引值。定义 Ω_k 为 $N \times |w_k|$ 矩阵，该矩阵在 $[w_k(i), i]$ 处的值均为 1，其他点为 0。记 $x_R^k = x_T^k \Omega_k$，$Y_R^k = Y \Omega_k$，$E_R^k = E_k \Omega_k$，分别表示 x_T^k、Y、E_k 中去掉零输入后的收缩结果，Y_R^k 为当前用到原子 d_k 的样本的集合，E_R^k 为去掉不受原子 d_k 影响的样本带来的误差。此时式(4-30)可以转化为

$$\left\| E_k \Omega_k - d_k x_T^k \Omega_k \right\|_F^2 = \left\| E_R^k - d_k x_R^k \right\|_F^2 \tag{4-31}$$

式中，若对 E_R^k 做 K-SVD 分解，则 $E_R^k = U \Delta V^T$；令 $\widetilde{d_k}$ 为 U 的第一列，则 $\widetilde{d_k}$ 为 d_k 的更新结果。同时，用 V 的第一列乘以 $\Delta(1,1)$ 来更新 x_R^k。

4.3.4 基于稀疏表示的超分辨率重建的经典方法

基于高-低分辨率图像块能在各自的过完备字典具有相同的稀疏表示的认识，Yang 等第一次将稀疏表示方法应用于图像超分辨率重建问题[37]。基于稀疏表示的超分辨率重构流程如图 4-20 所示。

第 4 章　基于学习的卫星影像超分辨率重建

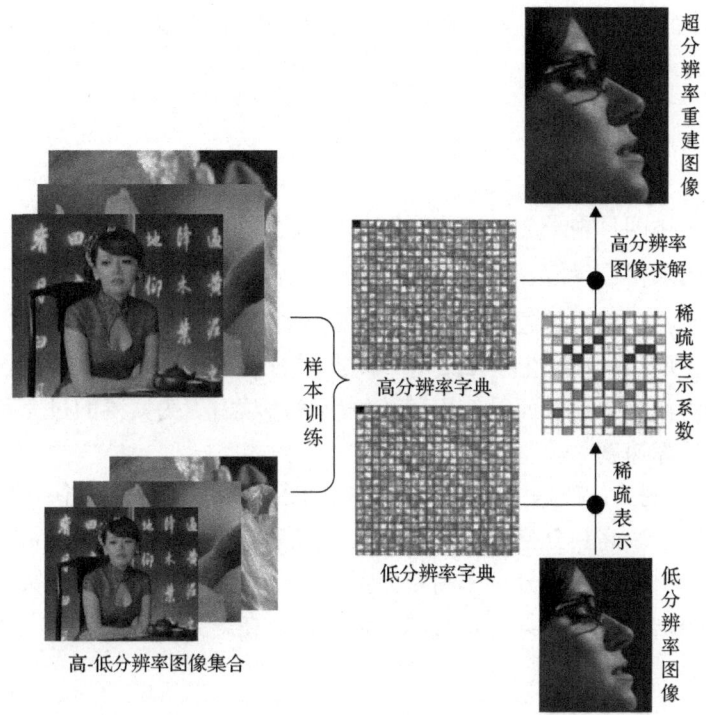

图 4-20　基于稀疏表示的超分辨率重构流程[37]

Yang 等[37]方法主要分为两个过程,即稀疏字典学习过程和超分辨率重建过程,具体步骤如下。

1. 稀疏字典学习过程

首先选取高分辨率图像序列,通过降采样和模糊操作获得相应的低分辨率图像序列,这样就构成了高-低分辨率图像序列对;其次从具有相似统计特征的训练图像中随机选择若干个原始图像块作为训练样本,对每一个训练样本利用四个方向的梯度算子按块提取特征组成特征向量,其中 $f_1=[-1,0,1]$,$f_2=f_1^T$,$f_3=[1,0,-2,0,1]$,$f_4=f_3^T$,一个 $n \times n$ 子块的特征向量为 $4 \times n \times n$。通过上述过程,可以得到高分辨率图像块构成的字典 D_h 和低分辨率图像块构成的字典 D_l。

2. 超分辨率重建过程

首先寻找低分辨率图像块 y_i 在低清字典下 D_l 的所谓"最"稀疏表示,此为一个条件极值问题,即

$$\begin{aligned} & \min \|\alpha\|_0 \\ & \text{s.t.} \|FD_l\alpha - Fy\|_2^2 \leqslant \varepsilon \end{aligned} \tag{4-32}$$

式中，F 为特征提取算子；α 为稀疏表示系数。式(4-32)为 NP 问题，当足够稀疏时，上式可以等价为

$$\min \lambda \|\alpha\|_1 + \frac{1}{2} \|FD_l\alpha - Fy\|_2^2 \tag{4-33}$$

上式引入了拉格朗日乘子 λ，表示对解的稀疏性和对 y 的逼近度进行权衡，使用稀疏求解方法求得最优解 α^* 后，则重建所得的高清块为 $x_i = D_h \cdot \alpha^*$。

最初基于稀疏编码的超分辨率重建方法采用显式字典表示，这种方式非常灵活，但缺乏正则性和有效性。Yang 等[38]对其进行改进，该方法不直接采用高-低分辨率图像块对作为字典，而是使用稀疏编码算法学习更为紧凑的过完备字典对，大大提高了计算速度[38]。

Yang 等[38]的具体改进方法是：给定训练图像块对{X,Y}，其中 X 和 Y 分别表示高分辨率图像块高频分量的集合和低分辨率图像特征块的集合，Yang 等[38]的目标是学习字典对，使得高分辨率高频分量块与对应的低分辨率特征块统一到一个稀疏字典编码框架中，并具有相同的稀疏表示。在高分辨率图像块空间的稀疏编码问题为

$$D_h = \arg\min_{\{D_h,Z\}} \left(\|X^h - D_h Z\|_2^2 + \lambda \|Z\|_1 \right) \tag{4-34}$$

式中，编码系数 Z 和高分辨率字典 D_h 都是非凸的，但是固定其中一个，另外一个就是凸问题，对此，可采用交替最小化方案求解。同理，低分辨率图像块空间的稀疏编码问题为

$$D_l = \arg\min_{\{D_l,Z\}} \left(\|Y^l - D_l Z\|_2^2 + \lambda \|Z\|_1 \right) \tag{4-35}$$

联合这两个目标，令高分辨率、低分辨率图像块采用相同的编码系数，即

$$\min_{\{D_h,D_l,Z\}} \left(\frac{1}{N} \|X^h - D_h Z\|_2^2 + \frac{1}{M} \|Y^l - D_l Z\|_2^2 + \lambda \left(\frac{1}{N} + \frac{1}{M} \right) \|Z\|_1 \right) \tag{4-36}$$

式中，N 和 M 分别为高分辨率图像块、低分辨率图像块特征向量的维数。上式可以简化为

$$\min_{\{D_h,D_l,Z\}} \|X_c - D_c Z\|_2^2 + \hat{\lambda} \|Z\|_1 \tag{4-37}$$

上述字典建立的流程如图 4-21 所示。

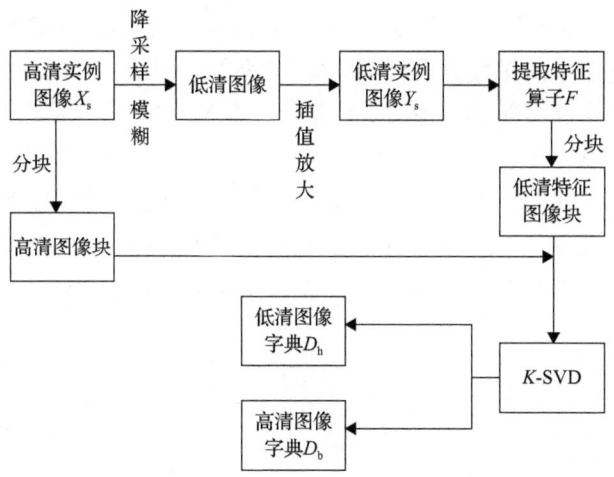

图 4-21 Yang 等[38]方法训练字典流程图

4.3.5 Zeyde 超分辨率重建方法

Zeyde 等[31]在 Yang 等[38]方法基础之上进行改进。首先为进一步加快稀疏字典学习速度，使用 PCA 方法对特征向量进行降维，同时稀疏求解过程放弃掉耗时严重的基追踪方法，而是使用速度较快的正交匹配追踪方法；其次在高-低分辨率学习时不直接使用高分辨率图像，而是使用残差图像[36]。该方法的整体流程如图 4-22 所示。

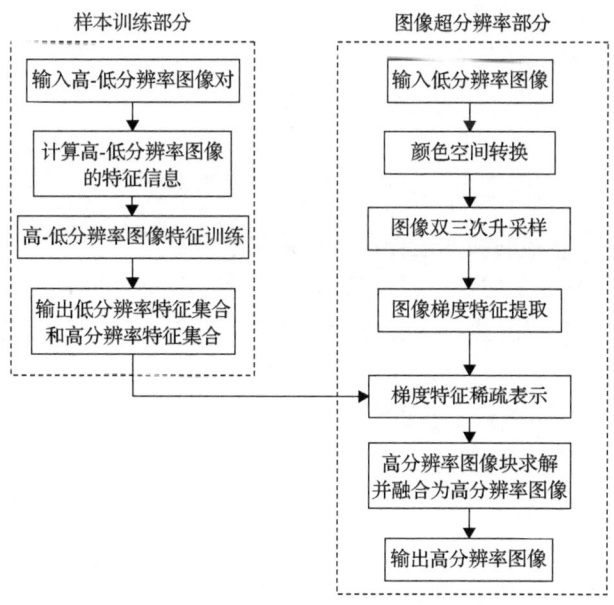

图 4-22 Zeyde 等[31]超分辨率重建方法流程图

首先获取高-低分辨率图像集合,若不存在对应的高-低分辨率图像对,则可以对大量的高分辨率图像集合进行预降质(降采样、模糊),生成对应的低分辨率图像集合;然后在高分辨率图像集合中抽取图像高频特征,在低分辨率图像集合中抽取图像的一阶梯度、二阶梯度特征形成学习样本;经过训练构建对应的用于稀疏表示的特征字典对 A_l 和 D_h;待重建的低分辨率图像的特征在低分辨率特征字典 A_l 中寻找稀疏表示,该稀疏表示系数 $\{q^k\}$ 联合高分辨率特征字典 A_h 生成高频分量;将低分辨率图像通过简单的图像插值与高频分量合成叠加,实现最终的图像超分辨率重建。

具体实现过程描述如下。

1. 字典训练过程

Zeyde 等[31]提出的字典训练过程如图 4-23 所示。

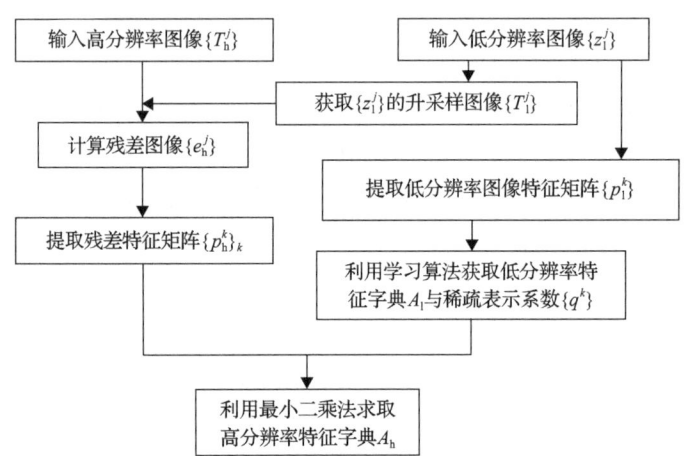

图 4-23 Zeyde 等[31]字典训练流程图

按照图 4-23,样本的训练过程具体步骤如下。

(1)构建高分辨率图像训练样本库 $\{T_h^j\}$,对样本库中的图像进行双三次降采样处理,得到低分辨率图像 $\{z_l^j\}$,再对 $\{z_l^j\}$ 进行双三次升采样得到高分辨率重建图像 $\{T_l^j\}$。

(2)计算高分辨率图像与重建图像之间的残差图像 $\{e_h^j\} = \{T_h^j\} - \{T_l^j\}$,对残差图像 $\{e_h^j\}$ 用 $n \times n$ 的窗口进行遍历,提取 $n \times n$ 的图像块并转换成长度为 n^2 的向量,记为 p_h^k,其中 k 为块的序号。

(3)对于每一幅利用过程(1)得到的高分辨率图像 $\{T_h^j\}$,分别在水平和垂直方向用 1×3 和 1×5 梯度算子进行滤波,得到四个滤波图像 $\{T_f^j\}_r$ (r=1,2,3,4)。同样

用 $n\times n$ 的窗口对图像 $\{z_1^j\}_r$ 进行遍历,提取相同位置上的 4 个 $n\times n$ 的图像块,并转换成长度为 $4n^2$ 的向量,记为 $\tilde{p}_1^k$,其中 k 为块的序号。

(4) 对 $\tilde{p}_1^k$ 进行降维处理得到 $p_1^k = B^{\mathrm{T}} * \tilde{p}_1^k$,其中 B 为 $\tilde{p}_1^k$ 的降维基向量矩阵。

(5) 利用 K-SVD 计算 p_1^k 的稀疏表示系数和特征字典,即

$$\{A_1, q^k\} = \underset{\{A_1, q^k\}}{\arg\min} \sum_k \left\| p_1^k - A_1 q^k \right\|^2 \\ \text{s.t.} \left\| q^k \right\|_0 \leqslant L \ \forall k \tag{4-38}$$

式中,A_1 为低分辨率特征字典;q^k 为对应特征 p_1^k 在 A_1 特征字典中的稀疏表示系数向量。

(6) 利用下式计算高分辨率 p_h^k 的特征字典 A_h,即

$$A_h = \underset{A_h}{\arg\min} \sum_k \left\| p_h^k - A_h q^k \right\|_2^2 \tag{4-39}$$

2. 超分辨率重建

基于稀疏表示的超分辨率重建基本流程如图 4-24 所示。

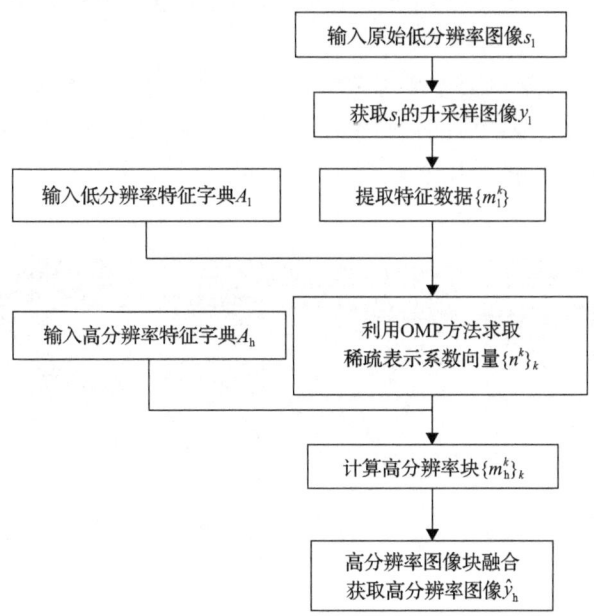

图 4-24 基于稀疏表示的超分辨率重建基本流程

参照图 4-24，Zeyde 等[31]设计的超分辨率重建过程的详细步骤如下。

(1) 对待处理的低分辨率图像 s_l 进行双三次插值得到放大的图像 y_l。

(2) 对图像 y_l 分别在水平和垂直方向用 1×3 和 1×5 梯度算子进行滤波，得到四个滤波图像 $\{y_f\}_r$ ($r=1,2,3,4$)。用 $n\times n$ 的窗口对图像 $\{y_f\}_r$ 进行遍历操作，提取相同位置上的 4 个 $n\times n$ 的图像块，并转换成长度为 $4n^2$ 的一维向量，记为 $\tilde{m}_l^k$，其中 k 为块的序号。

(3) 利用训练过程中步骤(4)的基向量矩阵 B，得到 $\tilde{m}_l^k$ 降维后的特征数 $\{m_l^k\}_k = B^T * \tilde{m}_l^k$。

(4) 对于 $\{m_l^k\}_k$，利用正交匹配追踪算法在低分辨率特征字典 A_l 中找到其稀疏表示系数向量 $\{n^k\}_k$。

(5) 将系数向量 $\{n^k\}_k$ 与高分辨率特征字典中相应的特征相乘，得到高分辨率图像块 $\{m_h^k\}_k = \{A_h * n^k\}_k$，将获得的高分辨率图像块 $\{m_h^k\}_k$ 与 y_l 图像进行融合处理，获得最终的高分辨率图像 $\hat{y}_h$。

基于稀疏表示的超分辨率重建方法字典完备，结构灵活，自适应能力强；在增加纹理细节方面较其他方法好，与基于邻域嵌入的超分辨率重建方法相比，过完备字典能有效避免过拟合与欠拟合的状况。基于稀疏表示的超分辨率重建方法的改进方法集中在稀疏字典构造方面和速度方面，为获得更好的字典，文献[39]、[40]通过样本分类等手段训练多个特征子字典，字典学习更具有针对性，超分辨率重建时自适应选择稀疏字典。

图 4-25～图 4-28(a)～(c)分别为 SPOT 卫星遥感影像(分辨率为 5m)、Zeyde 等[31]超分辨率重建图像以及对应的高分辨率影像。其中，Zeyde 等[31]超分辨率重建方法(简称 Zeyde 方法)中的参数设置：稀疏度为 3，字典大小为 1000，图像块为 6×6，重叠度为 1。

(a) 低分辨率影像　　　　　　(b) Zeyde方法　　　　　　(c) 高分辨率影像

图 4-25　Zeyde 方法遥感实验 1

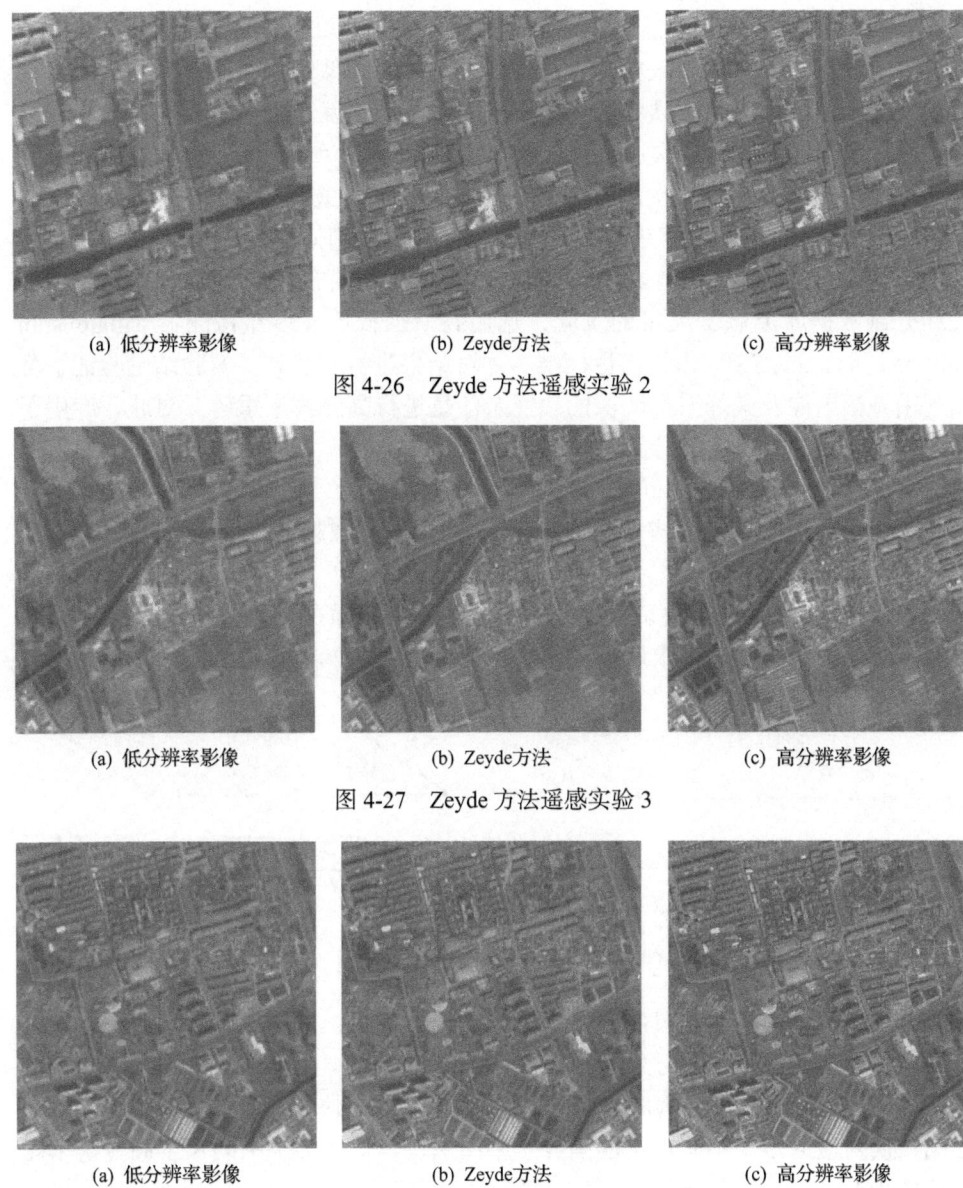

(a) 低分辨率影像　　　　(b) Zeyde方法　　　　(c) 高分辨率影像

图 4-26　Zeyde 方法遥感实验 2

(a) 低分辨率影像　　　　(b) Zeyde方法　　　　(c) 高分辨率影像

图 4-27　Zeyde 方法遥感实验 3

(a) 低分辨率影像　　　　(b) Zeyde方法　　　　(c) 高分辨率影像

图 4-28　Zeyde 方法遥感实验 4

4.3.6　基于多尺度自相似的学习方法

Glasner 等[35]提出一种将传统基于多帧重建方法和基于学习方法相结合的方法框架，该方法仅利用输入低分辨图像本身进行单幅图像超分辨率重建。这种方法充分利用了自然图像中的局部结构普遍存在跨尺度自相似的特性，从图像自身挖掘高-

低分辨率图像块之间的重建信息，实现了无需外部样本库的单幅图像超分辨率重建。

图像存在着大量相似或相同的结构，并且这些相似结构在不同的尺度下保持着良好的相似性。该方法认为图像的不同尺度间存在互补信息，首先将输入分辨率图像按成像模型进行多次退化，构造出图像金字塔。重构时，按金字塔结构逐层提高图像分辨率，不同层次的待重构图像块采用近似最近邻（approximate nearest neighbor, ANN）方法从金字塔所有尺度图像中搜索最相似图像块进行重构。

为了证明自然图像中普遍存在结构块相似甚至相同的现象，Glasner 等[35]在伯克利分割数据库上做了大量的实验，选用高斯加权单发多盒检测器（single shot multibox detector, SSD）作为衡量标准，并对结果进行了统计。实验结论验证了可以利用一幅图像及其降采样图像的块冗余信息进行高分辨率重建。对此，产生了以下两种超分辨率重建的思路，如图 4-29 所示。

(1) 由于同一场景的不同低分辨率图像间存在相似结构，因此可利用每个低分辨率图像像元对未知高分辨率图像进行约束（多幅图像超分辨率），如图 4-29(a) 所示。

(2) 单幅图像中冗余块可以视作来自描述同一场景的多幅低分辨率图像，因此可以利用多个线性约束求解高分辨率图像，如图 4-29(b) 所示。

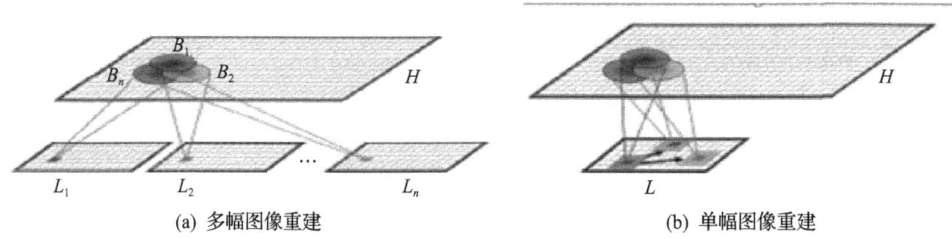

图 4-29　两种超分辨率重建思路

多帧重建方法利用低尺度图像中的结构相似现象，从高尺度源图像中提取对应的高分辨率图像块。学习到的高分辨率相似块可看作目标高分辨率的先验知识。利用不同尺度的相似块，构成对应的高-低分辨率图像块集，通过学习找出低分辨率图像块对应的多个中间尺度的高分辨率图像块，这些多个中间尺度高分辨率图像块作为互补信息的冗余块，用于复原高分辨率块。Glasner 等[35]这一思路可以解决在没有额外数据集的情况下实现基于学习的高分辨率图像重建。

该方法的具体步骤如下。

假设 $\{L_1, L_2, \cdots, L_N\}$ 为来自同一场景的多幅低分辨率图像，目标是复原此场景的高分辨率图像 H。假设低分辨率图像由高分辨率图像经过模糊和降采样得到，即 $L_j = (H * B_j) \downarrow_{S_j}$，其中，向下的箭头表示降采样符号；$S_j$ 表示 H 和 L_j 之间的降采样倍数；B_j 表示模糊核函数。低分辨率图像 L_j 中每个像元 $p=(x, y)$ 在高分辨

率图像相应位置 $q \in H$ 的邻域生成一个线性约束(邻域大小由模糊核作用范围来决定),即

$$L_j(p) = (H * B_j)(q) = \sum_{q_i \in \text{Support}(B_j)} H(q_i) B_j(q_i - q) \quad (4\text{-}40)$$

每个低分辨率图像都可以形成如上所示的线性方程,如果独立方程的个数大于未知数的个数时则可以得到稳定的高分辨率解,但放大倍数最高大约限制为2。

对于单幅低分辨率图像的超分辨率重建问题,低分辨率图像中以 p 为中心的局部图像块 P,在同一图像中存在多个相似块,这些相似块可看作描述相同场景的 k 个不同的低分辨率图像,则会生成 k 个如式(4-40)所示的线性方程。为了保证数值的稳定性,方程的可信度可由高分辨率中的图像块和图像块 P 的相似度来衡量,相似度越高,复原图像块 P 的高分辨率像元时影响越大。应用一幅图像中块相似性的超分辨率重建方法可分为如下步骤。

(1)低分辨率图像中每一个像元的图像块 P 在相同图像中寻找 k 个最相似块,k 一般为9。

(2)计算图像块 P 与 k 个最相似块之间的亚像元位移(可用傅里叶变换法)。

(3)生成 k 个约束未知高分辨率图像的线性方程,并依据结构间相似性设置方程不同权重。

(4)利用梯度下降法解上述方程组,获得高分辨率图像。

综合传统多帧超分辨率重建和基于图像块的超分辨率重建的流程图如图 4-30 所示。

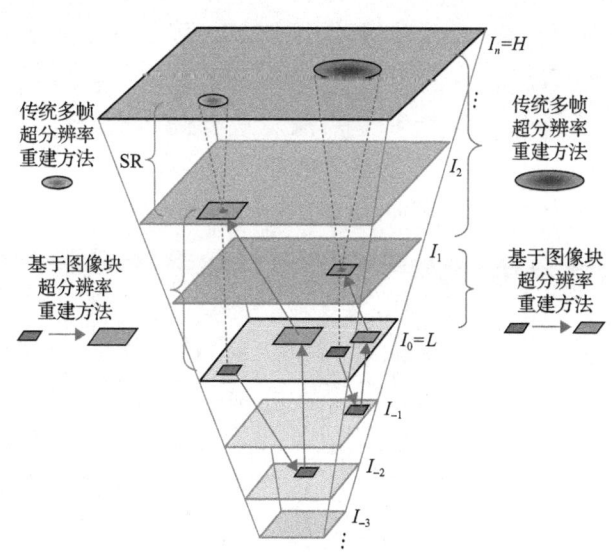

图 4-30　Glanser 等[35]超分辨率重建流程图

原来基于稀疏表示的超分辨率重建方法假设低分辨率图像可以通过其他具有

相似特征的高分辨率图像进行估计，借助大量不同的图像结构、准确的结构特征描述以及稀疏编码压缩信号，重构高分辨率图像。显然上述做法存在一个弊端：重构质量严重依赖于训练所用的图像库，如果训练集中不存在待重构图像的结构特征，则会导致重构图像降质。上述方法通过学习待重构低分辨率图像的不同尺度间的相似图像结构实现字典学习和超分辨率重构，可降低重构质量对外部图像库的依赖性。

Yang 等为了更有效地利用金字塔信息，采用 k 均值聚类（k-means）方法对图像金字塔中不同尺度的图像块进行聚类，重构时首先确定待重构图像块所在的类，然后利用该类已训练的图像块通过加权融合来估计高分辨率图像块[41]。Zhang 等引入邻域嵌入的方法框架训练不同尺度下相似图像块间的映射关系，同时采用邻域嵌入方法对 k 个近邻高分辨率图像块进行线性加权，实现超分辨率重构[42]。

图 4-31～图 4-34 中(a)～(c)分别为不同场景的 SPOT 卫星（分辨率为 5m）的低分辨率影像，Yang 等[41]超分辨率重建方法（简称 Yang 方法）的重建结果以及对应的高分辨率图像。其中，Yang 等[41]方法超分辨率重建中，放大倍数为 2，低分辨率图像块取 3×3，重叠为 2 个像元，字典大小为 1024。

(a) 低分辨率影像　　　　　(b) Yang 方法　　　　　(c) 高分辨率影像

图 4-31　Yang 方法遥感实验 1

(a) 低分辨率影像　　　　　(b) Yang 方法　　　　　(c) 高分辨率影像

图 4-32　Yang 方法遥感实验 2

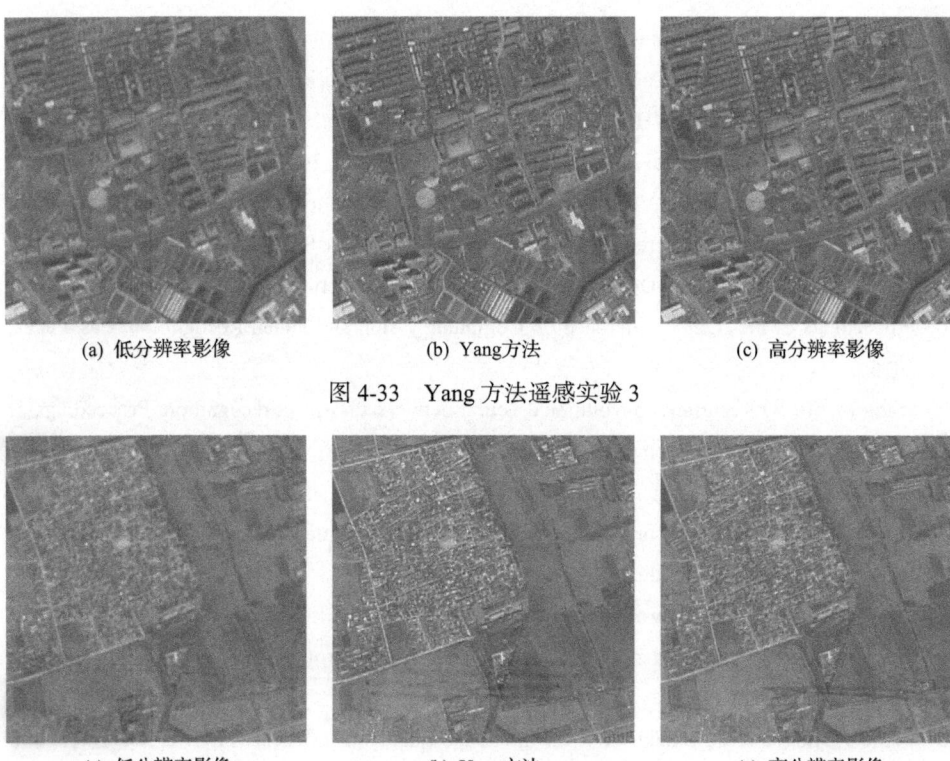

(a) 低分辨率影像　　　　　　(b) Yang 方法　　　　　　(c) 高分辨率影像

图 4-33　Yang 方法遥感实验 3

(a) 低分辨率影像　　　　　　(b) Yang 方法　　　　　　(c) 高分辨率影像

图 4-34　Yang 方法遥感实验 4

参 考 文 献

[1] Sun Y. Hopfield neural network based algorithms for image restoration and reconstruction. I. Algorithms and simulations. IEEE Transactions on Signal Processing, 2000, 48(7): 2105-2118.

[2] Sun Y. Hopfield neural network based algorithms for image restoration and reconstruction. II. Performance analysis. IEEE Transactions on Signal Processing, 2000, 48(7): 2119-2131.

[3] Yao L, Minoru I, Maria D C V. Super-resolution of the undersampled and subpixel shifted image sequence by a neural network. Imaging Systems and Technology, 2004, 14(1): 8-15.

[4] 刘梅, 李慧念. 一种基于神经网络的超分辨图像重构方法. 哈尔滨工业大学学报, 2003, 35(6): 707-710.

[5] 刘广明, 安然, 陆伟. 一种基于人工神经网络的快速超分辨率方法. 计算机应用及软件, 2011, 28(7): 46-48.

[6] LeCun Y, Bengio Y, Hinton G. Deep learning. Nature, 2015, 521(7553): 436-444.

[7] 肖进胜, 刘恩雨, 朱力, 等. 改进的基于卷积神经网络的图像超分辨率算法. 光学学报, 2017, 3(3): 37.

[8] Chao D, Chen C L, Kaiming H, et al. Learning a deep convolutional network for image super-resolution. European Conference on Computer Vision, Zurich, 2014.

[9] Krizhevsky A, Sutskever I, Hinton G. Imagenet classification with deep convolutional neural networks. Advances in Neural Information Processing Systems, 2012, 25(2): 1-9.

[10] Simonyan K, Zisserman A. Very deep convolutional networks for large-scale image recognition. The 3rd International Conference on Learning Representations, San Diego, 2015.

[11] Kim J, Lee J K, Lee K M. Deeply-recursive convolutional network for image super-resolution. Proceedings of the IEEE Conference on Computer Vision and Patten Recognition, Las Vegas, 2016.

[12] Liang M, Hu X. Recurrent convolutional neural network for object recognition. Proceedings of the IEEE Conference on Computer Vision and Patten Recognition, Boston, 2015.

[13] Ledig C, Theis L, Huszár F, et al. Photo-realistic single image super-resolution using a generative adversarial network. Proceedings of the IEEE Conference on Computer Vision and Patten Recognition, Honolulu, 2017.

[14] Gupta P, Srivastava P, Bhardwaj S, et al. A modified PSNR metric based on HVS for quality assessment of color images. International Conference on Communication and Industrial Application, Kolkata, 2011.

[15] Wang Z, Bovik A C, Sheikh H R, et al. Image quality assessment: From error visibility to structural similarity. IEEE Transactions on Image Processing, 2004, 13(4): 600-612.

[16] Wang Z, Simoncelli E P, Bovik A C. Multi-scale structural similarity for image quality assessment. The 37th Asilomar Conference on Signals, Systems and Computers, Pacific Grove, 2003.

[17] Goodfellow I, Pouget-Abadie J, Mirza M, et al. Generative adversarial nets. Communications of the ACM, 2020, 63(11): 139-144.

[18] Dong C, Loy C C, He K, et al. Image super-resolution using deep convolutional networks. IEEE Transactions on Pattern Analysis and Machine Intelligence, 2016, 38(2): 295-307.

[19] Shi W, Caballero J, Huszár F, et al. Real-time single image and video super-resolution using an efficient sub-pixel convolutional neural network. 2016 IEEE Conference on Computer Vision and Pattern Recognition, Las Vegas, 2016.

[20] Johnson J, Alahi A, Li F. Perceptual losses for real-time style transfer and super-resolution. European Conference on Computer Vision, Cham, 2016.

[21] Bruna J, Sprechmann P, LeCun Y. Super-resolution with deep convolutional sufficient statistics. The 4th International Conference on Learning Representations, San Juan, 2016.

[22] Silva V, Tenenbaum J. Global versus local methods in nonlinear dimensionality reduction. International Conference on Neural Information Processing Systems, Vancouver, 2002.

[23] Chang H, Yeung D Y, Xiong Y. Super-resolution through neighbor embedding. IEEE Computer Society Conference on Computer Vision and Pattern Recognition, Washington D. C., 2004.

[24] Su K, Tian Q, Xue Q, et al. Neighborhood issue in single-frame image super-resolution. IEEE International Conference on Multimedia and Expo, Amsterdam, 2005.

[25] Chan T M, Zhang J. An improved super-resolution with manifold learning and histogram matching. International Conference on Advance in Biometrics, Hong Kong, 2006.

[26] Liao X, Han G, Wo Y, et al. New feature selection for neighbor embedding based super-resolution. International Conference on Multimedia Technology, New York, 2011.

[27] Candes E. Compressive sampling. Proceedings of the International Congress of Mathematicians. Madrid, 2006.

[28] Candes E, Romberg J, Tao T. Robust uncertainty principies: Exact signal reconstruction from highly incomplete frequency informationl. IEEE Transaction on Information Theory, 2006, 52(2): 489-509.

[29] Candes E, Romberg J. Quantitative robust uncertainty principles and optimally sparse decompositions. Foundations of Computational Mathematics, 2006, 6(2): 227-254.

[30] Donoho D L. Compressed sensing. IEEE Transactions on Information Theory, 2006, 52(4): 1289-1306.

[31] Zeyde R, Elad M, Protter M. On single image scale-up using sparse-representations. The 7th International Conference on Curves and Surfaces, Avignon, 2012.

[32] Dong W, Zhang D, Shi G, et al. Image deblurring and super-resolution by adaptive sparse domain selection and adaptive regularization. IEEE Transactions on Image Processing, 2011, 20(7): 1838-1857.

[33] 李民. 基于稀疏表示的超分辨率重建和图像修复研究. 成都: 电子科技大学, 2011.

[34] Pati Y C, Rezaiifar R, Krishnaprasad P S. Orthogonal matching pursuit: Recursive function approximation with applications to wavelet decomposition. Proceedings of the 27th Annual Asilomar Conference on Signals, Systems and Computers, Pacific Grove, 1993.

[35] Glasner D, Bagon S, Irani M. Super-resolution from a single image. IEEE 12th International Conference on Computer Vision, Kyoto, 2009.

[36] Aharon M, Elad M, Bruckstein A. K-SVD: An algorithm for designing overcompletes dictionaries for sparse representation. IEEE Transaction on Signal Processing, 2006, 54(11): 4311-4322.

[37] Yang J C, Wright J, Ma Y, et al. Image super-resolution as sparse representation of raw image patches. IEEE Computer Society Conference on Computer Vision and Pattern Recognition, Anchorage, 2008.

[38] Yang J, Wright J, Huang T S, et al. Image super-resolution via sparse representation. IEEE

Transactions on Image Processing, 2010, 19(11): 2861-2873.

[39] Purkait P, Chanda B. Image upscaling using multiple dictionaries of natural image patches. Asian Conference on Computer Vision, Daejeon, 2012.

[40] Yang S, Wang M, Chen Y, et al. Single-image super-resolution reconstruction via learned geometric dictionaries and clustered sparse coding. IEEE Transactions on Image Processing, 2012, 21(9): 4016-4028.

[41] Yang C Y, Huang J B, Yang M H. Exploiting self-similarities for single frame super-resolution. Asian Conference on Computer Vision, Queenstown, 2010.

[42] Zhang K, Gao X, Tao D, et al. Single image super-resolution with multiscale similarity learning. IEEE Transactions on Neural Networks and Learning Systems, 2013, 24(10): 1648-1659.

第5章　多角度卫星影像超分辨率重建

多角度成像是卫星遥感发展的另一个鲜明的趋势，不同的探测角度提供了同一场景互补而又冗余的图像信息，这为图像超分辨率重建提供了可能。本章首先对多角度卫星影像超分辨率的关键步骤之一——多角度影像配准进行了综述，继而对基于插值方法和基于模型的多角度卫星影像超分辨率重建进行了介绍。

5.1 引　　言

遥感物理基础指出，不同的反射角提供的地物反射特性不尽相同，因此多角度探测可以提供更为全面的目标场景信息。目前越来越多的卫星成像系统具有多角度功能，如在 CHRIS/PROBA 项目中，高分辨率图像光谱仪可以从五个不同角度（55°，36°，0°，–36°，–55°）获取同一场景的图像[1]；多谱热像仪（multispectral thermal imager, MTI）可以获取单通道内同一目标不同角度的两幅图像；多角度成像光谱辐射计（multiangle imaging spectroradiometer, MISR）可以同时通过九个独立的数码相机从最低（一个视角）、前（四个视角）、后（四个视角）方向获取共九幅不同视角的图像[2,3]。同样，高分辨率 WorldView-2 探测器可以提供基于自身配置的多角度影像。多角度影像的获取有助于提高物理参数提取、土地利用和土地覆盖绘图，以及三维建模等遥感应用的水平[4-7]。由于多角度影像提供了相同地物场景的不同信息，因此多角度影像也为超分辨率重建提供了另外一种途径[8-10]。

近年来，超分辨率重建技术已经广泛运用在包括 Landsat TM、Landsat ETM+、MODIS、AVIRIS、CHRIS/PROBA 和 WorldView 等不同类型的遥感影像上。基于多角度影像的超分辨率重建技术除了为图像的分析提供高质量的图像外，在传感器的设计和实现方面也有着重要的实际意义[11-14]，如为解决成像系统的空间分辨率和光谱分辨率之间的冲突，可利用超分辨率技术达成二者之间的折中。当高光谱探测器列阵安装完成后，每个探测器列阵对应于一个光谱带；降低空间分辨率，可使更多的光谱带在同等代价下放入同一个探测器。在航空遥感影像中，出于安全性考虑，飞行器不能飞得太低，特别在城市区域，因此就会限制获取高分辨率图像的可能性。另外，光学制造技术也对图像分辨率有所限制，当探测器点大小减小到某一程度，散粒噪声就会明显加大，使得图像退化更加严重。在某种程度上，多角度超分辨率重建可以克服这些探测器和光学制造技术上的限制[15]。

5.2 多角度影像配准

由于成像角度的不同，同一场景（物体）的多幅图像会在分辨率、灰度属性、位置（平移和旋转）、比例尺度、非线性形变及曝光时间等方面存在很多差异，图像配准就是要克服上述困难，最终将这些图像在几何位置上进行配准，以便能够综合利用多幅图像中的信息并能满足一定的应用需求。概括来说，图像配准就是将位于不同坐标系下同一场景的多幅图像，寻找一种特定的最优几何变换，将多幅图像变换到同一坐标系的过程。

如图 5-1 所示，给定一幅参考图像 $I_1(x,y)$ 和待配准图像（或称之为浮动图像）$I_2(x,y)$，图像配准便是找到一个从 $I_2(x,y)$ 到 $I_1(x,y)$ 的几何变换，从而使得变换后的浮动图像相对于某一相似度量函数来说与基准图像具有最大程度的相似性。图像变换的公式为

$$I_2(x,y) = g\{I_1[f(x,y)]\} \tag{5-1}$$

式中，f 为二维的空间坐标变换；g 为一维的灰度映射变换。从而图像配准问题转化为寻找 f 和 g，满足下列极小化问题，即

$$\min \| I_2(x,y) - g\{I_1[f(x,y)]\} \| \tag{5-2}$$

(a) 参考图像　　　　　　(b) 待配准图像　　　　　　(c) 已配准图像

图 5-1　图像配准示意图

5.2.1 遥感影像配准一般步骤

图像配准过程根据其具体的应用环境不同，所包含的关键步骤也有所不同。有的图像配准过程仅需简单的几何变换模型，如平移变换，便可完成图像配准的任务。如果所要配准的图像间存在着较大的几何变形，如仿射变换、平面投影变换等，则要首先克服图像间较大的几何变形，然后再完成图像的精配准。图像配

准一般流程如图 5-2 所示。

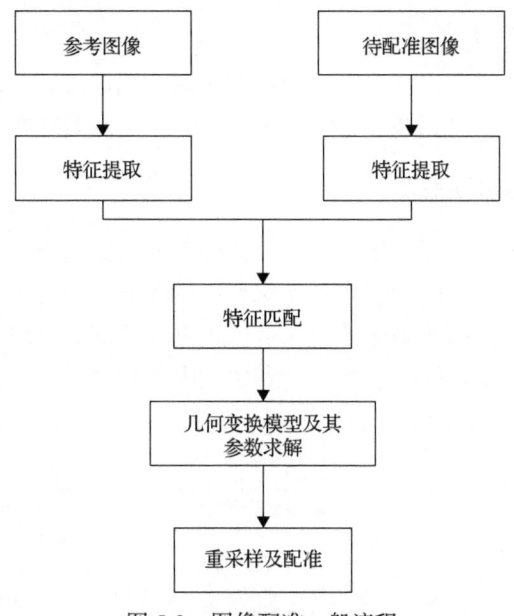

图 5-2　图像配准一般流程

按照图 5-2，图像配准可以分为以下几个步骤[16]。

1. 特征提取

特征提取的目的是试图构建待匹配图像之间显著特征的对应关系，可以有效地克服待匹配图像之间存在较大几何变换带来的障碍。图像的特征提取是图像配准过程中的一个关键环节，对图像配准的精度起着重要的作用，直接影响配准结果的稳定性及可靠性。图像中具有明显可区别的特征包括：直线的交点、角点、直线、曲线及边缘轮廓、封闭的区域等。其中最常用也最具有代表性特征包括直线的交点、曲线及边缘轮廓等，我们也常将特征点称为图像配准基准点。

2. 特征匹配

为了从提取的特征中估计出基准图像和浮动图像之间的几何变换参数，必须找到这些特征间的对应关系。首先，要根据确定的特征，选取并计算合适的特征描述子；其次，选取合适的相似度量函数，以便计算特征之间的匹配程度；最后，根据计算出的候选匹配关系找出正确匹配的特征对集。

3. 几何变换模型及其参数求解

根据所得到的特征间的对应关系，计算出选定的几何变换模型的参数。然后再根据相似度量函数优化已计算出的几何变换参数,以实现图像的精配准。

4. 重采样及配准

根据具体应用的需求,选取合适的插值函数。用已经计算出的精确的几何映射函数,将浮动图像映射到基准图像的坐标空间,从而实现图像的配准操作。

5.2.2 遥感影像配准方法分类

图像配准意在寻求两幅图像之间的变换模型使两幅有重叠区域的图像在同一坐标系下显现出来。根据图像配准自动化程度的差异,可分为手动方式、半自动方式和全自动方式。依照所采用的空间变换模型的不同,可将图像配准分为刚性配准和非刚性配准。根据配准过程中所利用的图像信息的不同,可将图像配准分为以下几种方法[17],如图 5-3 所示。

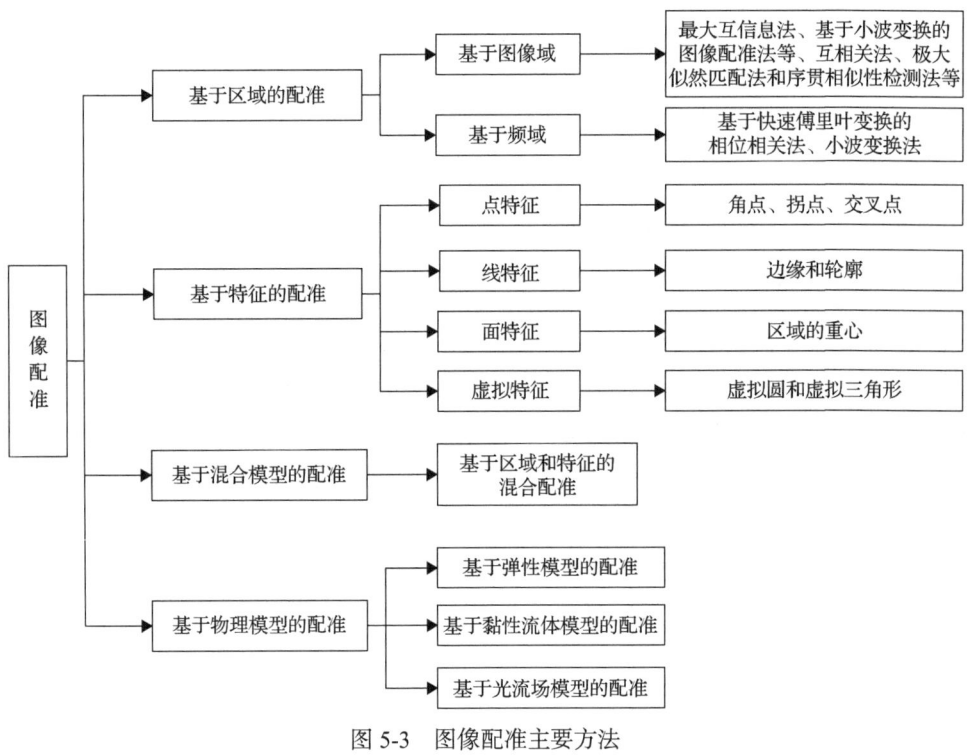

图 5-3 图像配准主要方法

1. 基于区域的配准

基于区域的配准又称模板匹配法,是最早发展起来的图像配准技术,目前已比较成熟。该方法利用图像的灰度信息建立两幅图像之间的相似性度量,再采用某种搜索方法寻找使相似性度量值最大或最小的变换模型的参数,以达到图像配准的目的,一般不需要对图像进行复杂的预处理。基于区域的配准主要包含基于图像域和基于频率域两类处理方法。前者包括最大互信息法、基于小波变换的图像配准法、互相关法、极大似然匹配法和序贯相似性检测法等,后者包括基于快速傅里叶变换的相位相关法和小波变换法等。

1) 最大互信息法

最大互信息法最初用于医学图像配准,Chen 等和 Johnson 等分别于 2003 年和 2001 年将之用于遥感影像配准[18,19]。最大互信息法以信息熵(即两个随机变量统计相关性的测度)来衡量两幅图像的匹配程度。该方法通过查找最大的互信息,得到两幅图像的最佳匹配模型。

图像 A 的熵定义为

$$H(A) = -\sum_a P_A(a) \log P_A(a) \quad (5-3)$$

图像 A 和图像 B 的联合熵表示为

$$H(A,B) = -\sum_a P_{AB}(a,b) \log P_{AB}(a,b) \quad (5-4)$$

则图像 A 和图像 B 的信息熵表示为

$$MI(A,B) = H(A) + H(A,B) \quad (5-5)$$

最大互信息法因其配准精度高,常用于多模态医学图像的配准,目前也常用于遥感影像的配准,但计算速度限制了该方法在遥感影像配准领域的发展和应用。

2) 基于小波变换的图像配准法

基于小波变换的图像配准法是按照由粗到精的搜索策略(即利用小波变换的多分辨率特性),首先在低分辨率图像上获得一组配准参数,然后以此为初始值,再向高分辨率方向上逐层映射,逐层迭代搜索,最终获得精确的配准参数[20]。

该方法的基本流程如下。

(1) 对参考图像和待配准图像均采用小波变换进行逐级分解,得到两组金字塔图像。

(2) 给定变换参数的搜索范围,在分辨率最低的图层上进行全搜索,获得搜索空间中的变换参数,对待配准图像对应的图层进行几何变换,采用基于灰度的配准方法(互相关法、最大互信息法等),得到该分辨率下最优的初步变换参数,并将此估计作为下一级图像层处理的搜索中心。

(3) 以上一层的搜索结果为搜索中心,在高一级分辨率下搜索变换参数,由粗到精逐步细化变换参数,最终在原始配准图像上得到满足精度要求的配准参数。

该方法不需要人工干预，适合于大数据量的遥感影像自动配准。与基于点特征的自动配准方法相比，在缺乏先验知识的情况下，该方法能降低因缺少充足和准确的控制点而导致的配准误差。同时由于利用了小波变换的多分辨率优势，采用由粗到精的搜索策略，减少了搜索空间，加速了处理过程，提高了图像配准的速度。

2. 基于特征的配准

基于特征的配准是目前使用最多的遥感影像配准方法，该类方法将整个图像的分析转化为对图像某种特征的分析，极大地降低了计算量，且对图像灰度变化及遮挡等有较好的表现，主要特征元素包括点、线、面和虚拟特征等。

在各个方向灰度变化较大的点称为点特征，包含拐点、角点和交叉点等。1977年，Moravec 提出了一种角点检测算子[21]，但该检测算子不具备旋转不变性，并且对噪声敏感；Harris 和 Stephens 于 1988 年提出哈里斯算子[22]，相较于 Moravec 算子，哈里斯算子具有更高的检测率和重复率，且对旋转和灰度变化均具有不变性，但不具有尺度不变性；1997 年，Smith 和 Brady 提出了最小吸收核同值区（smallest univalue segment assimilating nucleus, SUSAN）局部检测算子[23]，该算子对局部噪声不敏感，抗干扰能力强；Mikolajczyk 和 Schmid 于 2004 年结合尺度空间理论并构造仿射区域，得到了具有尺度不变性的哈里斯-拉普拉斯检测算子和具有仿射不变性的黑塞仿射检测算子[24]。Lowe 于 1999 年提出了尺度不变特征变换（scale invariant feature transform, SIFT），并在 2004 年进行了总结完善，使得 SIFT 算子具有对图像灰度变化、旋转、缩放甚至仿射变换等保持不变性的优点[25,26]。Baya 等于 2008 年提出加速鲁棒特征（speeded up robust features, SURF）算子，并引入积分图像和箱式滤波器以提高配准速度[27]。局部不变性算子 SIFT 和 SURF 以其对灰度变化、旋转、缩放的不变性及对仿射变换的部分不变性，得到了广泛应用，随后涌现了多种提升算子。

线特征包括道路、河流的边缘和目标的轮廓线等，线特征反映了图像的边缘和纹理信息，可以较好地抑制畸变的影响。基于线特征的配准首先利用边缘检测算子提取线特征，再以一定的方式表达和描述线特征，根据线特征描述符进行匹配，进而得到匹配线对；然后，选取匹配线对的同名点，如果线闭合，则取其质心作为同名点，如果线不闭合，则取线段的起点和终点作为同名点；最后对图像进行几何纠正。

Li 等以区域边缘及强边缘作为线特征，用链码相关性和形状相似性规则配准多源遥感影像（光学遥感影像与 SAR 图像）[28]。在这种方法的基础上，国内外学者提出了一些新的配准方法：Teo 和 Chen 用互信息粗配准 AVNIR-2 和 SAR 图像，再采用 Canny 算子提取边缘特征，最后基于点到线距离的最小化进行精确匹配[29]；文献[30]提出了以结构特征的边缘对遥感影像配准，该方法不仅适用于 SAR 及可见光图像的配准，对于其他不同类型的多传感器图像的自动配准也具有良好的表现。

基于线特征的配准常用于匹配边缘和轮廓较明显的多源遥感影像，如SAR图像与光学图像、红外图像与光学图像等。由于线特征比点特征结构性强，鲁棒性更强，因此配准效果更好。但由于大多数边缘检测算子对图像的依赖性较强，很难对所有种类图像都提取出较理想的边缘，所以线特征提取受到一定限制；并且当参考图像与待配准图像分辨率差别很大时，在一幅图像上出现的边缘和轮廓有可能在另一幅图像中并不存在。

面特征常出现在卫星影像和航空图像中，如大片的水域、森林、湖泊、建筑物等，特别是这些区域的多光谱影像，由于不同区域的光谱成分不同，很容易对这些区域进行区分和识别。基于面特征的配准首先提取闭合区域，再以该闭合区域的某种特征作为区域形状的特征进行匹配，进而得到配准变换模型。Goshtasby等采用由粗到精的迭代过程获得了较好的图像分割效果，利用分割得到的面特征配准图像，获得了亚像元级的匹配精度[31]；Zhang等采用区域生长技术分割图像来提取面特征，用于配准SAR图像和TM图像[32]；Cao等提出了使用迭代阈值分割技术提取闭合区域，再以模糊集作为区域相似性准则进行匹配[33]；文献[34]利用主动轮廓法获得去噪后SAR图像的分割区域，提取面特征来配准图像；文献[35]则用高斯拉普拉斯算子从QuickBird影像中提取封闭的边缘，得到细化的面特征，并用K-SVD匹配代表面特征的质心，提高了配准的精度和速度。

面包含的信息比线和点多，可以避免因轮廓或点的检测不准确而产生误差较大的配准结果。但是面特征配准的问题在于：闭合区域的形成极大地依赖于分割算法，而且提取的面特征存在非一致性，对灰度差异较大的图像适用性较差。

虚拟特征是一种新型的结构特征，可以通过扩展基本的点特征和线特征来获得，包括虚拟三角形和虚拟圆等。基于虚拟特征的配准首先通过提取基本特征来获得虚拟特征，再依据一定的相似性准则完成匹配，进而得到配准变换模型。Enrique等以边缘特征组成虚拟三角形，配准视觉和热红外图像[36]；康欣等用检测到的点特征构造仿射不变量虚拟结构三角形，配准SAR图像和可见光图像[37]；Yu等则以哈里斯角点构造虚拟三角形特征，用于配准多源遥感影像[38]；为避免SAR图像斑点噪声的影响，曹俊等以直线交点构造虚拟点，进而构造虚拟三角形，用于配准SAR图像与可见光图像[39]；Alhichri和Kamel定义了最大不包含边缘点的虚拟圆，将其半径用于配准图像，该虚拟圆特征对破损的边缘具有较强的鲁棒性，且通过距离变换易于从多种类型图像中提取[40]。

虚拟特征不仅可以有效地配准灰度差别较大的遥感影像，如SAR图像、光学图像与红外图像等，还可以精确配准具有局部形变的遥感影像，但虚拟特征的构造过程复杂，不利于遥感影像的快速配准。

3. 基于混合模型的配准

基于混合模型的配准集基于区域配准和基于特征配准两类方法于一体，配准精度高且对图像灰度变化、旋转和缩放等具有不变性[41]。该方法包含粗配准和精配准两个处理过程。粗配准将最优配准参数限制在一个限定的范围内，精配准则采用优化搜索策略从粗配准得到的参数中快速搜索到最优参数。

Yu 等用 SIFT 算子对多源遥感影像（SPOT-5/TM/Quickbird）进行粗配准以获得相同尺度的图像，再从小波域中提取哈里斯角点，利用相关匹配法进行精配准[38]；Li 和 Zhang 用 SUFR 算子、快速最小二乘法和估计算子粗配准 SAR 图像，得到像元级精度的变换参数，再用归一化互相关法进行精配准，以获取亚像元级精度的变换参数[42]。

SIFT 算子由尺度空间极值点检测、特征点精确定位、特征点主方向确定和特征描述符生成四步组成。首先，用高斯差分（different of Guassians, DOG）函数近似高斯拉普拉斯（Laplace of Guassians, LOG）函数，并将其与原图像卷积生成 DOG 尺度空间。再利用非极大值抑制原理提取极值点，即将每个目标点与同尺度的 8 个邻域点和相邻尺度图像的 9×2 个点共 26 个点比较并保证在尺度域和空间域均为极值。然而图像二维离散空间得到的极值点不一定是真正意义上的极值点，需要剔除不稳定的极值点（响应值低的点和边缘点），并精确定位稳定的极值点。得到具有精确位置的特征点后，采用灰度直方图法确定特征点的主方向，并将以特征点为中心的坐标轴旋转至特征点的主方向；然后，将以特征点为中心的 16×16 窗口划分为 4×4 个子区域，每个子区域采用灰度直方图法形成一个八维向量，进而生成特征空间维数为 128 维的 SIFT 算子。

通过 SIFT 算子，只能考察特征点周围一个小范围的像元信息，对于在遥感区域出现重复纹理或多个近似物体时无法做出准确的判断。因此还需要构建一个从小区域到大范围的特征点匹配过程，这个过程往往采用特征点的马哈拉诺比斯距离匹配来实现。假设待配准的两幅图分别记为 A 和 B，首先对给定两幅图的 SIFT 特征进行初匹配，设 A_s 和 B_s 分别为图像 A 和 B 的 SIFT 特征集合，对于 A_s 中任意一特征点 a_i，在 B_s 中与特征点 a_i 的欧几里得距离最小的特征点记为 b_j，次小的为 b_k，对应的欧几里得距离分别为 d_{ij} 和 d_{ik}。当 $d_{ij} < \alpha \times d_{ik}$ 时，认为 a_i 和 b_j 为一对初匹配控制点。α 是一个预先设定的阈值，表示特征点的显著性，取值小于 1，一般设为 0.75。设 A 和 B 图中初匹配特征点集分别为 As_i 和 Bs_i，两个集合中对应的点称为同名点。分别计算 A 与 B 图像上特征点到各自点集的马哈拉诺比斯距离 AMd 和 BMd，然后计算两幅图像上同名点之间的差值，即

$$\text{dis}_i = AMd_i - BMd_i \tag{5-6}$$

因此，根据 dis_i 是否小于一个特定的阈值来筛选最终的匹配控制点，将图像 A 和 B 上各自的最终匹配控制点集记为 P_1 和 P_2，点集 $P_1 = (p_{11}, p_{12}, \cdots, p_{1n})$，$p_{1i} = (x_{1i}, y_{1i}), i = 1, 2, \cdots, n$，点集 $P_2 = (p_{21}, p_{22}, \cdots, p_{2n})$，$p_{2i} = (x_{2i}, y_{2i}), i = 1, 2, \cdots, n$。特征点建立匹配关系之后，下一步就是求解图像之间的变换关系。仿射变换能够很好的表达图像之间的一般变换，并且最少只需要三对匹配控制点就可以求解。

在仿射变换中，变换矩阵 M 的取值为

$$M = \begin{bmatrix} m_0 & m_1 & m_2 \\ m_3 & m_4 & m_5 \\ 0 & 0 & 1 \end{bmatrix} \tag{5-7}$$

设点 (x, y) 经过仿射变换到点 (x', y')，则这两点之间的关系如下式所示：

$$\begin{bmatrix} x' \\ y' \end{bmatrix} = \begin{bmatrix} m_0 & m_1 \\ m_3 & m_4 \end{bmatrix} \begin{bmatrix} x \\ y \end{bmatrix} + \begin{bmatrix} m_2 \\ m_5 \end{bmatrix} \tag{5-8}$$

式中，$\begin{bmatrix} m_0 & m_1 \\ m_3 & m_4 \end{bmatrix}$ 为实矩阵；m_2 和 m_5 分别为水平和垂直平移量。

那么点集 P_1 和 P_2 之间的仿射关系为

$$\begin{bmatrix} x_{11} & x_{12} & \cdots & x_{1n} \\ y_{11} & y_{12} & \cdots & y_{1n} \end{bmatrix} = \begin{bmatrix} m_0 & m_1 \\ m_3 & m_4 \end{bmatrix} \begin{bmatrix} x_{21} & x_{22} & \cdots & x_{2n} \\ y_{21} & y_{22} & \cdots & y_{2n} \end{bmatrix} + \begin{bmatrix} m_2 \\ m_5 \end{bmatrix} \tag{5-9}$$

写成矩阵形式为

$$Ax = b \tag{5-10}$$

通过最小均方差计算得到

$$X = [A^\mathrm{T} A]^{-1} A^\mathrm{T} b \tag{5-11}$$

上面的方程组未知参数有 6 个，因此至少要有三对不共线的匹配控制点才可以解出未知参数。匹配控制点越多，求解的参数就越准确。

通过上述参数估计，获得两幅图像之间像元的映射关系。但是在利用该关系进行计算时，获取的阵列位置往往不在数字图像的各个像元上。因此，需要根据图像的像元灰度信息进行重采样，以便得到和参考图像坐标系一致的结果图像。重采样的方法有直接法和间接法。所谓直接法重采样，是从原始图像上的像点坐标出发，按下列公式求出配准后的图像上的像点坐标：

$$\begin{cases} X = F_x(x, y) \\ Y = F_y(x, y) \end{cases} \tag{5-12}$$

然后，将原始图像上像点 (x,y) 处的灰度值赋给配准后的图像上 (X,Y) 处的像点，上式中 F_x 和 F_y 为直接重采样的坐标变换函数。

间接法重采样，是从配准后图像上像点坐标出发，按式(5-13)求出原始图像上的像点坐标：

$$\begin{cases} x = G_X(X,Y) \\ y = G_Y(X,Y) \end{cases} \tag{5-13}$$

然后，将原始图像上像点 (x,y) 处的灰度值赋给配准后的图像上 (X,Y) 处的像点，上式中 G_X 和 G_Y 为直接重采样的坐标变换函数。

对于直接法重采样，计算原始图像上每个像元在配准后图像上像点坐标 (X,Y)，由于 X 和 Y 可能不是整数值，所以配准后图像上整数像点位置的灰度值必须通过内插的方法获得。同样，对于间接法重采样，计算配准后图像上每个像元在原始图像上的像点坐标 (x,y) 中 x 和 y 可能也不是整数值，所以也需要通过内插的方法求出原始图像上该位置的灰度值。

利用像元周围多个像点的灰度值求出该像元灰度值的过程称为灰度内插，即把该像元点四周近邻的若干整数点位上的亮度值对该点的亮度贡献累积起来，从而构成该点位上的新亮度值。常用的内插方法有最近邻法、双线性内插法和三次卷积法。实际应用中，为了减少计算量且获得较好的效果，常采用双线性内插法进行像元亮度值的重采样。

由于 SIFT 算子的优点，国内外学者提出了许多基于 SIFT 的提升算子：针对 SIFT 特征维度高、计算量大的问题，2004 年 Ke 和 Sukthankar 提出的 PCA-SIFT 算子[43]；2008 年 Duan 等提出的 ICA-SIFT 算子[44]和 2010 年 Liu 等提出的 KICA-SIFT 算子[45]分别利用了主成分分析、独立成分分析(independent component analysis, ICA)和核独立成分分析(kernel independent component analysis, KICA)方法用以去除 SIFT 算子的冗余信息，以降低描述符的维数，从而减少特征匹配的计算量，但这几种算子独特性均不如 SIFT；2005 年 Mikolajczyk 和 Schmid 提出的 GLOH 算子利用对数极坐标同心圆计算梯度直方图，在一定程度上提高了 SIFT 算子的独特性和鲁棒性[46]。前面所述及的几种提升方法需要大量的样本学习以生成特征空间的投影矩阵，且对不同类型的遥感影像需要分别训练，对数据依赖性较强；2009 年 Morel 和 Yu 提出的仿射 SIFT 解决了 SIFT 算子的不完全仿射性问题，且比黑塞仿射检测算子效果更好[47]；2011 年 Sedaghat 等提出的 UR-SIFT 算子利用规则网格改善了 SIFT 算子特征点的分布情况，进而提高了具有局部变换的遥感影像配准精度[48]；2012 年 Bu 等提出的 Radon-SIFT 算子利用局部特征点不同方向 36 条直线的 Radon 变换，得到了 36 维描述符，实验表明该 36 维描述符比原始的 128 维描述符更准确、有效[49]。

同样是对 SIFT 算子的改进，Bay 等于 2006 年在文献[50]中提出了 SURF 算子。该算子采用快速黑塞方法进行特征点检测，采用特征点周围的 Haar 小波响应对特征进行描述。快速黑塞方法采用积分图像和近似黑塞矩阵进行运算。在特征检测时，采用不同大小的块滤波器与输入图像做卷积，可以进行并行计算，具体步骤如下。

(1) 特征点的方向分配上首先应将坐标轴方向与特征点方向调整一致，以特征点为中心，取 20s×20s(特征点所在尺度)区域，并进一步将其划分为 4×4 个子块。

(2) 在每个子块内计算采样点的 Haar 小波的水平 x 方向响应 d_x 和垂直 y 方向上响应 d_y。为增强鲁棒性，以特征点为中心，$\sigma = 3.3S$（S 代表尺度）的高斯函数对 d_x 和 d_y 进行加权，计算 $\sum d_x$、$\sum d_y$ 和 $\sum |d_x|$、$\sum |d_y|$ 得到四维向量 $v = \left(\sum d_x, \sum d_y, \sum |d_x|, \sum |d_y|\right)$，整个区域得到 4×4×4=64 维向量。

(3) 为提高特征描述子的可区分性，利用正负信息对向量 v 进行扩展，具体地，将四维向量扩展到八维向量 $v = \left(\sum_{d_y>0} d_x, \sum_{d_y\leq 0} d_x, \sum_{d_x>0} d_y, \sum_{d_x\leq 0} d_y, \sum_{d_y>0} |d_x|, \sum_{d_y\leq 0} |d_x|, \sum_{d_x>0} |d_y|, \sum_{d_x\leq 0} |d_y|\right)$，区域的特征向量也扩展到 128 维，运算速度影响不大。

SURF 算子的特征描述子维数与 SIFT 算子的一致，均为 128 维。但由于采用快速黑塞方法和 Haar 小波响应的描述子生成方法，运算速度得到极大的提高，且 SURF 算子在多种变换下表现出很好的性能。

基于混合模型的配准在多源遥感影像配准中应用较广泛，适用于图像间有较大尺寸、旋转角和平移的情形，甚至对于畸变的图像也具有良好的配准效果，但由于结合了两类方法，算法复杂度大大增加。

4. 基于物理模型的配准

与上述三类方法不同，基于物理模型的配准不是将图像看作离散点的组合，而是将图像理解为一个整体的物理模型。这种方法认为图像间的差异是由物理形变引起的，基于物理模型的配准主要是模拟这种形变过程，主要包含基于弹性模型的配准[51]、基于黏性流体模型的配准[52]和基于光流场模型的配准[53]等几种方法。

基于弹性模型的配准将源图像到目标图像形变过程的建模等效于拉伸弹性体的物理过程。形变主要受内力和外力的作用，内力是当弹性材料形变时用于抵消使弹性体脱离平衡状态产生的力，外力是外界作用于弹性体的力，当作用于弹性体上的外力和内力达到平衡时，形变过程结束。目前，这种方法在遥感影像配准领域的应用很少。

基于黏性流体模型的配准最初被用于描述黏性不可压缩流体动量守恒的运动方程。基于黏性流体模型的非刚性配准方法，将图像建模为黏性流体，图像中的像元点即为黏性流体粒子；基于图像间的相似性测度构造外力，其模拟值与相似性测度值成反比。所有粒子均在外力作用下缓慢流动，随着图像间相似程度的不断提高，外力逐渐减小。当图像间的相似性测度达到最大时，外力作用消失，所有粒子停止运动，形变过程结束。

在黏性流体模型中，外力随着时间及图像间相似程度的增加而逐渐削弱，即在时间足够长的前提下，黏性流体模型能够模拟任意高度剧烈的非刚性形变，因此基于黏性流体模型的非刚性配准方法一般适用于大尺度差异的配准需求。

在基于光流场模型的配准中，源图像和目标图像被认为是图像序列 $I(x,y,t)$ 的连续时间采样，并假设在短时间间隔 Δt 运动前后，特定空间点的图像灰度保持不变：

$$I(x,y,t) = I(x+\Delta x, y+\Delta y, t+\Delta t) \tag{5-14}$$

用泰勒公式展开上式的右边并进行一阶近似，有光流场公式：

$$\frac{\partial I}{\partial x}\frac{\mathrm{d}x}{\mathrm{d}t} + \frac{\partial I}{\partial y}\frac{\mathrm{d}y}{\mathrm{d}t} + \frac{\partial I}{\partial t} = 0 \tag{5-15}$$

式中，$\left(\dfrac{\mathrm{d}x}{\mathrm{d}t}, \dfrac{\mathrm{d}y}{\mathrm{d}t}\right)$ 用于描述两幅图像间的位移，一般要在其上附加光滑度约束，以便得到光流场的合理估计，进而得到图像的位移。

基于物理模型的配准已在医学图像的配准中得到广泛应用，目前用于遥感影像配准尚不成熟，如何有效建立高精度和高计算速度的配准模型需要进一步研究。

5.3 多角度影像超分辨率重建

5.3.1 传统非均匀插值方法的超分辨率重建

传统非均匀插值方法的超分辨率重建主要有平移相加(shift-and-add)方法[54]和 Drizzle 方法[55]。

平移相加方法认为，在存在错误的运动估计、像元不一致且有椒盐噪声的情况下，拉普拉斯分布模型比高斯模型能更好的描述超分辨率的噪声。在广义高斯分布(generalized Gaussian distribution, GGD)噪声模型下，一组低分辨率图像的高分辨率极大似然估计可以通过以下 L_p 范数最小化得到：

$$\hat{X} = \underset{X}{\operatorname{argmin}} \left[\sum_{k=1}^{N} \| D_k H F_k X - Y_k \|_p^p \right] \quad (5\text{-}16)$$

由于 H 和 F_k 是块循环矩阵，所以有 $F_k H = H F_k$，$F_k^T H^T = H^T F_k^T$。

定义 $Z = HX$ 为理想的高分辨率图像 X 的模糊图像，因此我们可以将式(5-16)的最小化问题分为两个部分：

(1) 从低分辨率观测图像中得到模糊的高分辨率图像 Z；

(2) 从模糊的高分辨率图像 Z 中得到高分辨率图像 X。

首先为了从低分辨率观测图像中找出 Z，将式(5-16)改写为

$$\hat{Z} = \underset{Z}{\operatorname{argmin}} \left[\sum_{k=1}^{N} \| D F_k Z - Y_k \|_p^p \right] \quad (5\text{-}17)$$

对式(5-17)求导得

$$G_p = \frac{\partial}{\partial Z} \left[\sum_{k=1}^{N} \| D F_k Z - Y_k \|_p^p \right] = \sum_{k=1}^{N} F_k^T D^T \operatorname{sign}(D F_k Z - Y_k) \odot |D F_k Z - Y_k|^{p-1} \quad (5\text{-}18)$$

式中，运算符 $\odot$ 表示两个向量的点乘运算。在进行正确的零填充和运动补偿后，向量 $\hat{Z}$ 为给定像元点所有观测图像像元的加权平均值。令 $G_p = 0$ 可求解出 $\hat{Z}$。

为方便理解，现考虑 p 的两个边界值。如果 $p = 2$，那么

$$G_2 = \sum_{k=1}^{N} F_k^T D^T (D F_k Z_n - Y_K) \quad (5\text{-}19)$$

这在文献[56]中为观测图像像元的平均值。如果 $p = 1$，则梯度项为

$$G_1 = \sum_{k=1}^{N} F_k^T D^T \operatorname{sign}(D F_k \hat{Z} - Y_K) = 0 \quad (5\text{-}20)$$

注意到，$H^T F_k^T$ 在适当移位和零填充之后将值从低分辨率图像网格复制到高分辨率图像网格，并且 DF_k 将高分辨率图像网格中的选定像元集合复制回低分辨率图像网格，图 5-4 为升采样矩阵 D^T 和降采样矩阵 D 的效果，这两个操作都不改变像元值。因此，对应于 $\hat{Z}$ 中每个元素是所有低分辨率图像的效果的聚合。每个帧的效果具有以下三种情况中的任意一种。

(1) 当 $\hat{Z}$ 与 Y_k 相等时，则该像元点值加 0。

(2) 当 $\hat{Z}$ 比 Y_k 大时，则该像元点值加 1。

(3) 当 $\hat{Z}$ 比 Y_k 小时，则该像元点值减 1。

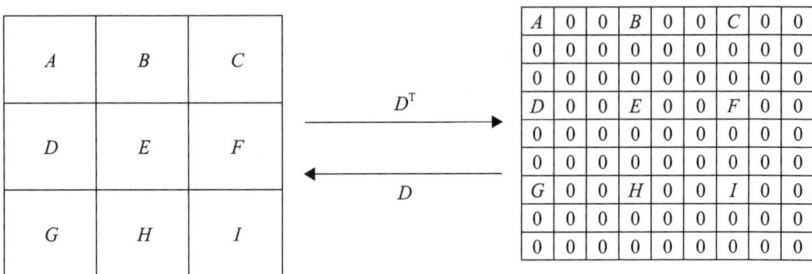

图 5-4 升采样矩阵 D^T 和降采样矩阵 D

其中,零梯度状态($G_1=0$)为加上相等数目"-1"和"+1"的结果,这意味着 $\hat{Z}$ 的每个元素应该是低分辨率图像中相应元素的中值。$\hat{X}$ 为最终的超分辨率图像,通过去模糊 $\hat{Z}$ 来计算。

到目前为止,已经表示了 $p=1$ 导致像元中值和 $p=2$ 导致运动补偿之后的所有像元平均值。根据式(5-18),如果 $1<p<2$,则在 G_p 中出现符号$(DF_kZ_n-Y_k)$ 和 $|DF_kZ_n-Y_k|^{p-1}$。因此,当 p 的值接近 1 时,$\hat{Z}$ 是测量的加权平均值,在接近中值的测量附近具有大得多的权重,而当 p 的值接近 2 时,权重将更均匀地分布。

可以通过下式来规定最小化准则,从而从 $\hat{Z}$ 中求出 $\hat{X}$,即

$$\hat{X}=\underset{X}{\operatorname{argmin}}\left[\left\|A(HX-\hat{Z})\right\|_1+\lambda\sum_{l=0}^{P}\sum_{m=0}^{P}\alpha^{m+1}\left\|X-S_x^lS_y^mX\right\|_1\right] \quad (5\text{-}21)$$

式中,矩阵 A 为对角矩阵,一方面,它的对角线值等于 $\hat{Z}$ 的所有元素(在正方形情况下 $N=r^2$,A 为单位矩阵)的测量数目的平方根,并且 $\hat{Z}$ 的未定义像元点对高分辨率图像 X 估计没有影响。另一方面,通过大量观测图像所产生的 $\hat{Z}$ 中的像元点在高分辨率图像 X 的估计中具有更强的效果。

由于 A 是对角矩阵,式(5-21)的解可以表示为

$$\begin{aligned}\hat{X}_{n+1}=\hat{X}_n-\beta\Big[&H^TA^T\operatorname{sign}(AH\hat{X}_n-A\hat{Z})\\&+\lambda\sum_{l=0}^{P}\sum_{m=0}^{P}\alpha^{m+1}(I-S_y^{-m}S_x^{-l})\operatorname{sign}(\hat{X}_n-S_x^lS_y^m\hat{X}_n)\Big]\end{aligned} \quad (5\text{-}22)$$

式中,β 为梯度方向上的步长。这里矩阵 A、H 和 S 的物理构造过程不是必需的,因为它们可以直接用来实现诸如掩膜、模糊处理和图移位算子。值得注意的是,降采样矩阵 D、形变矩阵 F 及观测图像在式(5-22)中并不存在,使得该方法实现更快。

平移相加方法可以容易地处理任意方向的抖动,但是因为用到了两次卷积会

导致图像模糊且使相关噪声更加严重。为此,文献[55]～[57]提出了 Drizzle 方法。在该方法中,高分辨率图像像元值由一些重叠的低分辨率图像像元值加权平均获得。每个低分辨率图像像元的权重值是由目标高分辨率图像像元重叠程度来决定的。Drizzle 的方法对处理任意运动、旋转和几何形变的抖动图像(dithered images)具有一定的优势,当赋予输入图像合适的权重图时,Drizzle 方法可以得到最佳统计输出图像。Drizzle 的方法也可以处理那些丢失了部分信息的图像,如由于宇宙射线或者探测器的故障引起的信息丢失[57]。

Drizzle 方法原理简单,原始输入图像的像元点映射到二次采样的输出图像中,同时考虑了图像和相机光学失真之间的平移和旋转问题。在 Drizzle 方法中,为了避免二次卷积放大原始图像中的像元点,在映射到输出图像之前,首先要对原输入图像进行收缩。收缩后的像元点,又被称为"Drops",如在哈勃深空北(Hubble Deep Field North, HDF-N)卫星的哈勃宽视场和行星照相机 2 号(The Wide Field and Planetary Camera 2, WFPC2)成像中,收缩后的像元点是原始输入图像像元点的一半。Drops 的大小选取在 Drizzle 方法中至关重要:如果取得过大,输出图像会发生图像退化;如果取得过小,可能导致部分的输出图像中像元点没有输入图像信息对应。因此,需要选择一个合适大小的 Drops 尺寸。Drops 尺寸由一个可调整的参数 pixfrac 来调控,在不考虑相机几何失真情况下,其大小就是 Drops 和输入图像像元点的线性尺寸比例。输出图像的二次采样程度可用参数 s 来调节,它的大小是输出图像像元点与输入图像像元点的线性尺寸比例。

记输入图像 i 的像元点为 (x_i, y_i),数据值为 $d_{x_i y_i}$,映射到输出图像中的权重值为 $w_{x_i y_i}$,输出图像 O 的像元点为 (x_o, y_o),数据值为 $I_{x_o y_o}$,权重为 $w_{x_o y_o}$,分数像元(fractional pixel)重叠大小为 $0 < \alpha_{x_i y_i x_o y_o} < 1$,那么映射后输出图像中同一像元的数据值 $I'_{x_o y_o}$ 和权重 $W'_{x_o y_o}$ 为

$$W'_{x_o y_o} = \alpha_{x_i y_i x_o y_o} w_{x_i y_i} + W_{x_o y_o} \tag{5-23}$$

$$I'_{x_o y_o} = \frac{d_{x_i y_i} \alpha_{x_i y_i x_o y_o} w_{x_i y_i} s^2 + I_{x_o y_o} W_{x_o y_o}}{W'_{x_o y_o}} \tag{5-24}$$

实际上,Drizzle 方法将这种迭代过程施加到输入图像数据中,因此,每幅输入图像都对应一个输出图像 I 和权重 W。

当所有的输入图像都完成了这个过程,最后的输出图像可以写成

$$W_{x_o y_o} = \alpha_{x_i y_i x_o y_o} w_{x_i y_i} \tag{5-25}$$

$$I_{x_o,y_o} = \frac{d_{x_i y_i} \alpha_{x_i y_i x_o y_o} w_{x_i y_i} s^2}{W_{x_o y_o}} \quad (5\text{-}26)$$

在式(5-25)和式(5-26)中，用爱因斯坦求和约定(Einstein convention of summation)将输入 x_i 和 y_i 拓展到全部的输入图像中。

5.3.2 非均匀插值方法的改进

传统的非均匀插值方法快速、简单，但是提取低分辨率像元点投影到高分辨率像元网格点上时会产生相应的位移误差，因此 Chan 等对非均匀插值方法进行了改进[58]。由于图像特征对视角变化更加鲁棒，所以在此方法中选择 SIFT 算子用于特征检测，并设计了包括不同阶段的控制点(control point, CP)选择和改进的程序以保证控制点的质量(图 5-5)。在确定了控制点后，采用薄板样条(thin plate spline, TPS)非刚性模型进行配准，整个方法分为四步进行。

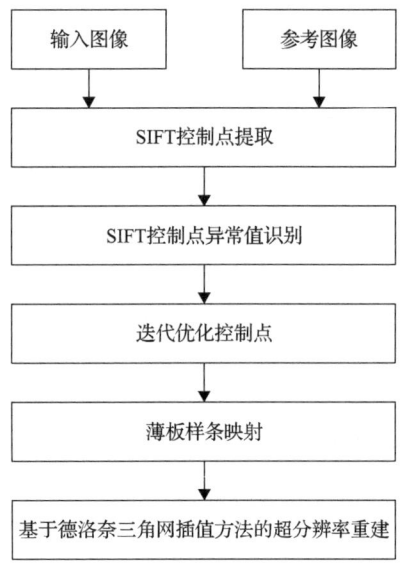

图 5-5　改进的非均匀插值方法的超分辨率重建流程图

1. SIFT 控制点提取

SIFT 算子由于其具有良好的鲁棒性得到了广泛研究和应用[59,60]。SIFT 算子的构造包括四个步骤：尺度空间极值检测、控制点定位、方向确定和控制点描述。

2. SIFT 控制点异常值识别

在提取出控制点并且计算每个控制点描述符之后，通过最小距离方法来匹配

控制点。由于一些匹配控制点质量差甚至可能是异常值,对此可采用两个标准进行过滤。第一个标准是混淆指示子,定义如下

$$T_{\text{ambiguity}} = d_1 / d_2 \tag{5-27}$$

式中,d_1 为参考图像特征空间中的控制点与目标图像最近匹配控制点之间的欧几里得距离;d_2 为相同控制点与目标图像第二近匹配控制点之间的欧几里得距离。如果 d_1 和 d_2 的值相似,则 $T_{\text{ambiguity}}$ 表示模糊度较高,这意味着对于输入图像中的某个控制点,SIFT 在参考图像中存在两个可能的匹配控制点。通过设定 $T_{\text{ambiguity}} > 0.75$,将一些高模糊度的匹配控制点对删除,剩下的控制点进行第二标准的测试。

第二个标准是随机采样一致模型(modeling with random sample consensus,MRSC),该方法已被广泛用于过滤匹配控制点上的异常值[61]。该方法首先通过使用四个随机选择的点来估计投影模型,然后通过拟合成本函数来评估变换模型,即

$$K = \sum_i \rho(e_i) \tag{5-28}$$

式中,i 为匹配控制点对的数量;ρ 为定义的误差项

$$\rho(e) = \begin{cases} e, & e < T_m \\ T_m, & e \geqslant T_m \end{cases} \tag{5-29}$$

式中,T_m 为像元测量的阈值,大于该阈值,控制点被认为是变换模型的离群值。对于匹配控制点对 $(x_i, y_i) \leftrightarrow (x_i', y_i')$ 它们对应的计算点为 $(\underline{x}_i, \underline{y}_i)$ 和 $(\underline{x}', \underline{y}_i')$,基于变换模型的观测误差函数定义为 $e = (x_i - \underline{x}_i)^2 + (y_i - \underline{y}_i)^2 + (x_i' - \underline{x}_i')^2 + (y_i' - \underline{y}_i')^2$。当误差低于 T_m 时,误差项 $\rho(e)$ 被设置为 e。每个依赖项具有不同的误差值,这取决于它对估计的变换模型的适应程度。T_m 默认设置为 64,上述过程重复一定次数(默认 500 次),可以识别最佳变换模型。删除具有高于 T_m 的控制点。最后,利用其观察到的误差函数 e 对低于 T_m 的所有控制点对进行新的投影变换估计。

3. 迭代优化控制点

目前得到的控制点是用薄板样条模型估计出的控制点。细化的最后一步是过滤掉具有大随机误差的点,这可以通过利用控制点的统计特性来完成。

首先估计使用所有控制点的三阶多项式变换模型。文献[61]中对三阶多项式

变换模型的残差随机特征进行了充分研究，使得该模型函数便于初始化。使用关于多项式变换的控制点的残余分布，采用具有两个约束的迭代优化：①丢弃具有大于三个标准差的残差所对应的控制点对；②当剩余样本的平均值比三个标准差大1个像元时，则停止优化。

最后的优化程序可以总结如下。

(1)使用最小二乘法为所有控制点设置三阶多项式变换模型。

(2)计算无噪声点位置，并分别在水平和垂直方向上获得模型残差 d_x 和 d_y，计算 d_x 和 d_y 的平均值和标准差，消除 d_x 或 d_y 值高于三个标准偏差的点。

(3)重复上述过程，直到满足以下条件之一：对于所有剩余点，两个方向上的残差在三个标准偏差内，或者残差落在-1~1阈值内。

4. 薄板样条映射

薄板样条是控制点之间的一一映射关系的插值函数，也是唯一一种可以分解为全局仿射分量和局部非仿射扭曲分量的样条模型，可以用于解释由光学效应引起的局部变形，详细讨论参见文献[62]。

薄板样条插值函数可以表示为

$$\begin{bmatrix} f(x,y) \\ g(x,y) \end{bmatrix} = \begin{pmatrix} h_{11} & h_{12} \\ h_{21} & h_{22} \end{pmatrix} \begin{pmatrix} x \\ y \end{pmatrix} + \begin{pmatrix} h_{13} \\ h_{23} \end{pmatrix} + \begin{pmatrix} \sum_{i=1}^{N} F_i r_i^2 \ln r_i^2 \\ \sum_{i=1}^{N} G_i r_i^2 \ln r_i^2 \end{pmatrix} = \begin{pmatrix} x' \\ y' \end{pmatrix} \quad (5\text{-}30)$$

式中，(x,y) 为输入图像的坐标；$[f(x,y),g(x,y)]$ 为对应的参考图像的坐标；矩阵 h_{11} 到 h_{23} 定义为仿射变换矩阵；$r_i^2 = (x-x_i)^2 + (y-y_i)^2$ 为输入点 (x,y) 和控制点 (x_i,y_i) 之间的距离；F_i 和 G_i 为该非线性径向插值函数的权重。

求解式(5-30)，施加以下平衡约束，即

$$\begin{cases} \sum_{i=1}^{N} F_i = \sum_{i=1}^{N} F_i x_i = \sum_{i=1}^{N} F_i y_i = 0 \\ \sum_{i=1}^{N} G_i = \sum_{i=1}^{N} G_i x_i = \sum_{i=1}^{N} G_i y_i = 0 \end{cases} \quad (5\text{-}31)$$

用 N 对控制点和式(5-31)中6个方程，可以解出薄板样条模型中的 $2N+6$ 个未知参数。另一个可以更简洁地求解未知参数的公式如下：

$$\begin{bmatrix} 0 & 0 & 0 & 1 & 1 & \cdots & 1 \\ 0 & 0 & 0 & u_1 & u_2 & \cdots & u_n \\ 0 & 0 & 0 & v_1 & v_2 & \cdots & v_n \\ 1 & u_1 & v_1 & 0 & r_{12}^2 \ln r_{12} & \cdots & r_{1n}^2 \ln r_{1n} \\ 1 & u_2 & v_2 & r_{21}^2 \ln r_{21} & 0 & \cdots & r_{2n}^2 \ln r_{2n} \\ \cdots & \cdots & \cdots & \cdots & \cdots & & \cdots \\ 1 & u_n & v_n & r_{n1}^2 \ln r_{n1} & r_{n2}^2 \ln r_{n2} & \cdots & 0 \end{bmatrix} \times \begin{bmatrix} h_{13} & h_{23} \\ h_{11} & h_{21} \\ h_{12} & h_{22} \\ F_1 & G_1 \\ F_2 & G_2 \\ \cdots & \cdots \\ F_n & G_n \end{bmatrix} = \begin{bmatrix} 0 & 0 \\ 0 & 0 \\ 0 & 0 \\ x_1 & y_1 \\ x_2 & y_2 \\ \cdots & \cdots \\ x_n & y_n \end{bmatrix} \quad (5\text{-}32)$$

在估计参数之后，利用双线性采样函数实现基于薄板样条的扭曲。

5. 基于德洛奈三角网插值方法的超分辨率重建

当数据点的空间密度分布不规则时，德洛奈三角网插值方法被证明是一种行之有效的插值技术，其基本思想是使用三角面片对数据进行局部拟合[63]。德洛奈三角网插值方法由于其简单性和三角形的凸性而使其具有低复杂性和稳定性的优点[64]。这里选择德洛奈三角网插值方法作为超分辨率重建方法的一部分。为了消除插值后点扩展的影响，进一步采用维纳反卷积的方法，该方法对图像场景的约束最小，并且在低信噪比情形下也具有良好的鲁棒性。

高放大倍数将会导致过度平滑的解，因此一般情形降采样因子设定为 $2^{[65]}$。通常情形下，点扩展函数用于低分辨率图像的去模糊。然而，除非模糊因子先验已知，否则难以精确近似。文献[64]首先选择二维圆形高斯函数来近似卫星在最低点(nadir)位置时系统的点扩散函数，并假设光学器件中没有失真，然后用仿射变换函数估计所有卫星在最大倾角位置时图像的点扩散函数。应该指出的是，现在大多的工作通常假设图像的退化具有空间不变性，以实现模糊函数有效和稳定的估计[66]。

5.3.3 基于核回归的非均匀插值方法的超分辨率重建

基于核回归的非均匀插值方法，亦称为边缘插值或者非均匀反卷积方法，得到了大量的研究[67-71]。严格上来说，核回归是一种数据拟合的方法，而并非一种插值的方法。不同于插值方法(如德洛奈三角网插值方法)去定义一个可以经过所有高分辨率图像网格上的数据点的局部函数，核回归方法尝试定义一个局部函数在某一准则下去拟合已知数据点。当低分辨率图像有较高的噪声时，核回归方法是一个更好的选择，因为用这种方法重建出的高分辨率图像可以显示数据的平均趋势。核回归方法另外的优势是它可以方便地加入图像成像的先验知识，如图像的局部结构信息和图像的时空信息[71]。

与基于插值方法的超分辨率重建一样，基于核回归的非均匀插值方法的超分辨率重建对离群点也十分敏感，特别是在多角度遥感影像数据中更能体现这一点。为此，文献[72]提出了一种基于局部加权回归的超分辨率重建方法。该方法对于低分辨率图像中的每个点都赋予一个权重值，如果低分辨率图像中的点有能够提高空间分辨率的潜能，则权重值加大；否则，权重值减小。因此该方法的关键在于权重值的分配。

核回归方法建立在这样一种假设上，即局部图像块可用局部 N 阶泰勒展开式表示：

$$z(x_i) \approx z(x) + [\nabla z(x)]^T (x_i - x) + \frac{1}{2}(x_i - x)^T [Hz(x)](x_i - x), \quad i = 1, \cdots, p \quad (5\text{-}33)$$

式中，x 为潜在的高分辨率图像网格点坐标；x_i 为当低分辨率点映射到高分辨率图像网格上时距离 x 最近的 P 个低分辨率点的坐标；$\nabla z(x)$ 和 $Hz(x)$ 分别为梯度和黑塞因子。因为成像过程不可能完全准确，并且 N 阶泰勒展开式只有在很小的局部区域才有效，因此模型误差 ε_i 和泰勒展开式 $z(x_i)$ 与低分辨率观测值 y_i 有关，即

$$y_i = z(x_i) + \varepsilon_i, \quad i = 1, 2, \cdots, p \quad (5\text{-}34)$$

离潜在的高分辨率图像网格点 x 坐标越远的低分辨率点 x_i，其对应的模型误差 ε_i 越大。因此，当计算式(5-33)中的 $\nabla z(x)$、$Hz(x)$ 和 $z(x)$ 时，在这 P 个低分辨率点中距离高分辨率图像网格点坐标 x 越近的权重较大，较远的权重较小。用权重最小二乘法表示为

$$\begin{aligned}
&\min_{[z(x), \nabla z(x), Hz(x)]} \sum_{i=1}^{P} d(x_i, x) K_H(x_i - x) \\
&= \min_{[z(x), \nabla z(x), Hz(x)]} \sum_{i=1}^{P} \left\{ z(x_i) - z(x) - [\nabla z(x)]^T (x_i - x) - \frac{1}{2}(x_i - x)^T [Hz(x)](x_i - x) \right\}^2 K_H(x_i - x)
\end{aligned}$$

(5-35)

式中，$d(x_i, x)$ 为残差函数；$K_H(\cdot)$ 为平滑矩阵 H 的核函数。核函数必须是一个对称函数，并且在零点达到最大。这里定义核函数为一个二维的高斯函数，其大小和形状由一个 2×2 平滑矩阵 H 决定（H 的选择参阅文献[72]~[74]）。

经典的核回归方法假设噪声是高斯噪声，因此数据中的离群点会直接影响图像的质量。为了解决这一问题，这里介绍一种鲁棒的核回归方法。该核回归方法以两种鲁棒统计学方法为基础：一个是 M 估计，另一个是 Hampel 鲁棒标识法[73]。这里 M 估计用于减少离群点对图像质量的影响，具体地，将式(5-35)中的平方残差函数 $d(x_i, x)$ 替换为一个正定的对称函数，即

$$\rho(x) = \begin{cases} x^6 - 3x^4 + 3x^2, & |x| < 1 \\ 1, & |x| \geqslant 1 \end{cases} \quad (5\text{-}36)$$

式中，x 为残差。残差的平方函数 x^2 和 $\rho(x)$ 如图 5-6 所示，可以清楚地看出，与 x^2 相反，误差越大时 $\rho(x)$ 趋近于 1。因此，离群点的影响被极大地削弱。在将 $\rho(x)$ 代替平方残差函数 $d(x_i,x)$ 后，可用迭代重加权最小二乘法实现式(5-33)的最小化

$$\left[z(x), \nabla z(x), Hz(x)\right]^{k+1} = \min_{[z(x), \nabla z(x), Hz(x)]} \sum_{i=1}^{P} \left\{ z(x_i) - z(x) - \left[\nabla z(x)\right]^{\mathrm{T}}(x_i - x) \right.$$

$$\left. - \frac{1}{2}(x_i - x)^{\mathrm{T}}\left[Hz(x)\right](x_i - x) \right\}^2 B(\varepsilon_i^k) K_H(x_i - x) \quad (5\text{-}37)$$

式中，ε_i^k 为 $[z(x), \nabla z(x), Hz(x)]^k$ 在最后一次迭代中的模型误差；$B(\cdot)$ 为双平方权重函数(等同于 $\nabla \rho(x)/x$)，即

$$B(x) = \begin{cases} (x^2 - 1)^2, & |x| < 1 \\ 0, & |x| \geqslant 1 \end{cases} \quad (5\text{-}38)$$

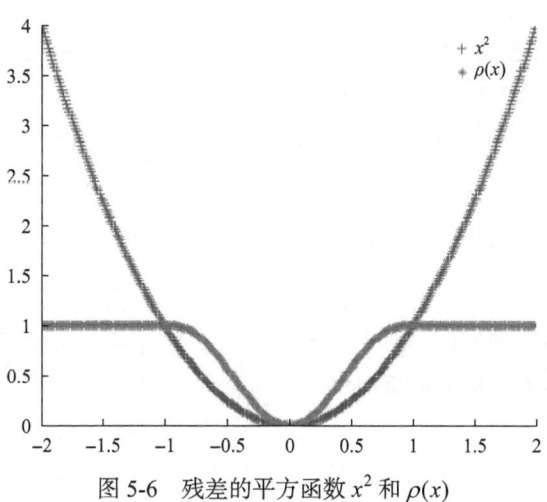

图 5-6　残差的平方函数 x^2 和 $\rho(x)$

Hampel 鲁棒标识法是保证算法对离群值鲁棒的另外一个策略，可以认为是一种正则化模型误差 ε_i 的方法。回看 $\rho(x)$ 的定义，注意到模型误差 ε_i 的变化范围为 $-1 \sim 1$。但是在实际多角度遥感影像超分辨率应用中，ε_i 的值依赖于遥感数据的辐射分辨率，因此必须正则化 ε_i。假设所有与离群值无关的模型误差 ε_i 服从均值为 0、标准差为 σ 的高斯分布，这里的 ε_i 高于 6σ 的概率很小，因此有理由认为低分辨率点中 ε_i 高于 6σ 的是离群值。在离群点存在的情况下，如何准确

地估计出上面的 σ 是一个极具挑战性的问题。但是，根据 Hampel 的理论[73]，准确地估算出 σ 等同于计算这 P 个模型误差的绝对中位差。因此，当进行迭代重加权最小二乘法时，可在每一次迭代中计算一次模型误差 ε_i^k，同时用高斯归一法来辨别离群值。

重述上述方法，即首先利用 M 估计法减少离群值对核回归方法的影响，再用 Hampel 标识法检测离群值。综上，基于多角度遥感影像局部加权回归的超分辨率重建方法步骤如下：

（1）对每个潜在的高分辨率图像网格点坐标 x，首先找出它相邻的 P 个低分辨率点，然后计算出它们的权重因子 $w_i(x) = K_H(x_i - x)$。对于多角度影像低分辨率点的具体位置是通过图像配准而得。

（2）利用经典核回归方法的加权最小二乘法，如式（5-35）所示，计算出 $z(x)$、$\nabla z(x)$、$Hz(x)$ [74]。对每一个相邻的低分辨率点，用式（5-31）和式（5-32）计算其平滑后的像元值 $z(x_i)$ 和模型误差 ε_i。

（3）计算每个低分辨率点权重因子，即

$$\delta_i = B(\varepsilon_i/6s), \quad i = 1, 2, \cdots, p \tag{5-39}$$

式中，s 为 $|\varepsilon_i|$ 的均值。

（4）计算新的权重因子值 $K_H(x_i - x)\sigma_i$，然后再次重复进行核回归的过程。新的 $z(x)$、$\nabla z(x)$、$Hz(x)$、$z(x_i)$ 和 ε_i 也将重新被计算。

（5）重复（2）～（4）共 t 次，最后获得的 $z(x)$ 是在 x 上高分辨率图像网格点的鲁棒的估计值。

5.3.4　基于模型的多角度遥感影像超分辨率重建

多角度遥感影像成像系统可获取某一范围内不同角度的遥感影像，这些不同角度的遥感影像包含的不同信息可以相互补充。基于多角度的遥感影像超分辨率技术正是利用这些不同角度的低分辨率遥感影像重建出高分辨率遥感影像。

多角度影像包含两个特性使得它与其他图像的超分辨率技术有所不同：一个是不同角度的图像之间分辨率的差异性，另一个是不同角度图像间的遮挡。针对分辨率差异性的问题，文献[75]指出大角度图像的分辨率往往比小角度图像分辨率低，为了解决这一问题，Zhang 等提出一个自适应权重的超分辨率重建方法来考虑不同角度图像的微小变化[76]。Ma 等提出一种两步的多角度超分辨率重建方法，分别包含图像配准和超分辨率重建[77]。由于不同角度的图像间分辨率的差异性往往较小，因此，近年来的研究重点侧重于对不同角度图像间的遮挡问题上。

针对不同角度图像间的遮挡问题，近年来的研究多集中在基于退化模型的方法上。Puy 和 Vandergheynst 提出一种图像队列的模型，他认为每幅观测图像是由一幅背景图像和一幅前景图像组合而成，而且所有的观测图像的背景图像除了角度引起的几何变换外都是一样的，所有观测图像的前景图像是互不相同的，这些前景图像就可用来建立可能的遮挡模型[78]。

假设观测模型如式(5-40)所示：

$$y_k = D_k B_k M_k x + n_k \tag{5-40}$$

式中，x 为高分辨率图像；y_k 为 x 经过一系列退化过程后的图像；M_k 为形变矩阵；B_k 为模糊矩阵；D_k 为降采样矩阵；n_k 为噪声向量。

假设 $y_1, y_2, \cdots, y_n$ 是不同角度的观测图像，公共的背景图像为，$x_0, x_1, x_2, \cdots, x_p$ 代表不同角度图像对应的前景图像。不同角度引起的变换记为 τ_{θ_j}，$j = 1, 2, \cdots, p$，θ_j 是几何变换的种类。第 j 个角度的观测图像可以表示为 $x_0 \cdot \tau_{\theta_j} + x_j$。若将降采样因子 φ 和变换模型 τ_{θ_j} 整合记为 $S(\theta_j)$，模糊因子记为 A，那么根据文献[72]，观测模型变为

$$\begin{bmatrix} y_1 \\ \vdots \\ y_p \end{bmatrix} = \begin{bmatrix} A_1 S(\theta_1) & A_1 & \cdots & 0 \\ \vdots & \vdots & & \vdots \\ A_p S(\theta_p) & 0 & \cdots & A_p \end{bmatrix} \begin{bmatrix} x_0 \\ \vdots \\ x_p \end{bmatrix} + \begin{bmatrix} n_1 \\ \vdots \\ n_p \end{bmatrix} \tag{5-41}$$

然而文献[78]并没有考虑到不同角度图像的分辨率差异，Chen 等在此基础上进行了改进，在已有的观测模型式(5-39)中加入分辨率差异信息[79]。假设有 p 个不同角度的观测图像分别具有 q 个波段，那么新的观测模型变为

$$\begin{bmatrix} y_{11} & \cdots & y_{1q} \\ y_{21} & \cdots & y_{2q} \\ \vdots & & \vdots \\ y_{p1} & \cdots & y_{pq} \end{bmatrix} = \begin{bmatrix} A_1 S(\theta_1) & A_1 & 0 \\ \vdots & \vdots & \vdots \\ A_p S(\theta_p) & 0 & A_p \end{bmatrix} \begin{bmatrix} x_{01} & \cdots & x_{0q} \\ x_{11} & \cdots & x_{1q} \\ \vdots & & \vdots \\ x_{p1} & \cdots & x_{pq} \end{bmatrix} + \begin{bmatrix} n_{11} & \cdots & n_{1q} \\ n_{21} & \cdots & n_{2q} \\ \vdots & & \vdots \\ n_{p1} & \cdots & n_{pq} \end{bmatrix} \tag{5-42}$$

式中，$y_{pq} \in R^m$ 为第 p 角度图像的第 q 个波段图像；$x_{pq} \in R^m$ 为 $y_{pq} \in R^m$ 的前景图像；$x_{01}, \cdots, x_{0q}$ 分别是每个角度图像的背景图像；$n_{pq} \in R^m$ 是噪声。

接下来就需要找变换矩阵集 θ^* 和高清图像 x^*。根据最大后验概率理论，以上的参数必须满足条件 $\|A(\theta^*)x^* - y\|_2 \leq \varepsilon$，其中 $A(\theta)$ 可以表示为

$$A(\theta) = \begin{bmatrix} A_1 S(\theta_1) & A_1 & \cdots & 0 \\ \vdots & \vdots & & \vdots \\ A_p S(\theta_p) & 0 & \cdots & A_p \end{bmatrix} \tag{5-43}$$

为了满足上面的条件，高分辨率图像可以通过求解以下代价函数而获得，即

$$\min_{(x,\theta)}\left\|A(\theta^*)x^* - y\right\|_2 \tag{5-44}$$

满足式(5-44)中的解不是唯一的，因此需要一个先验性条件去限制这些可能的解。为了解决这个不适定性问题，可引入全变差范数。假设变换参数 θ^* 属于某个凸集 $\Theta_j = \{\theta_j \in R^q : \underline{\theta}_j \leqslant \theta_j \leqslant \overline{\theta}_j\}$，这里 $\underline{\theta}_j$ 和 $\overline{\theta}_j$ 是上下界。因此，损失函数变为

$$\min_{(x,\theta)} k\left\|A(\theta)x - y\right\|_2^2 + U_{\text{TV}}(x) \quad \text{s.t.} \, \theta \in \Theta \tag{5-45}$$

式中，$k > 0$ 为正则化参数，全变差模型的表示为 $f(x) = \sum_k \sqrt{(\nabla_k^h x)^2 + (\nabla_k^v x)^2}$。那么损失函数可以表示为

$$\min_{(x,\theta)} k\left\|A(\theta)x - y\right\|_2^2 + \sum_{j=0}^{p}\sum_k \sqrt{(\nabla_k^h x)^2 + (\nabla_k^v x)^2} \tag{5-46}$$

以上代价函数仅仅适用于一个波段，考虑到多波段不同分辨率的情况，Blomgren 和 Chan 提出多通道全变差(multichannel total variation, MTV)模型去描述不同通道间的相互作用[80]。所以，新的损失函数可以表示为

$$\min_{(x,\theta)} k\left\|A(\theta)x - y\right\|_2^2 + \sum_{j=0}^{p}\sqrt{\sum_{i=1}^{q}\left|\nabla_i x\right|^2} \tag{5-47}$$

式中，$\nabla_i x = \sqrt{(\nabla_k^h x)^2 + {}^2 + (\nabla_k^v x)^2}$ 为 x 中每个像元的水平和垂直方向上梯度的算术平方根。通过最小化式(5-47)，最终可获得高分辨率图像 x。

5.3.5 实验结果及分析

本节的测试数据采用我国资源三号卫星数据。资源三号卫星是我国第一颗自主的民用高分辨率测绘卫星，于 2012 年成功发射。该星搭载有四台光学相机，包括一台地面分辨率为 2.1m 的正视全色相机时间延迟积分(time delay integration, TDI)CCD、两台地面分辨率为 3.6m 的前视和后视全色相机 TDI CCD 和一台地面分辨率为 5.8m 的正视多光谱相机。图 5-7 是资源三号卫星所拍摄的三组多角度卫星影像，其中图 5-7(a)、(b)取自坐标为 115.9°E、35.8°N 的某区域，图 5-7(c)、(d)取自坐标为 116.4°E、35.8°N 的某区域，图 5-7(e)、(f)取自坐标为 116.5°E、40.2°N 的某区域。

实验方法包括传统超分辨率重建方法(凸集投影方法)、三种多角度超分辨率重建方法(改进的非均匀插值方法、基于核回归的非均匀插值方法和基于模型方

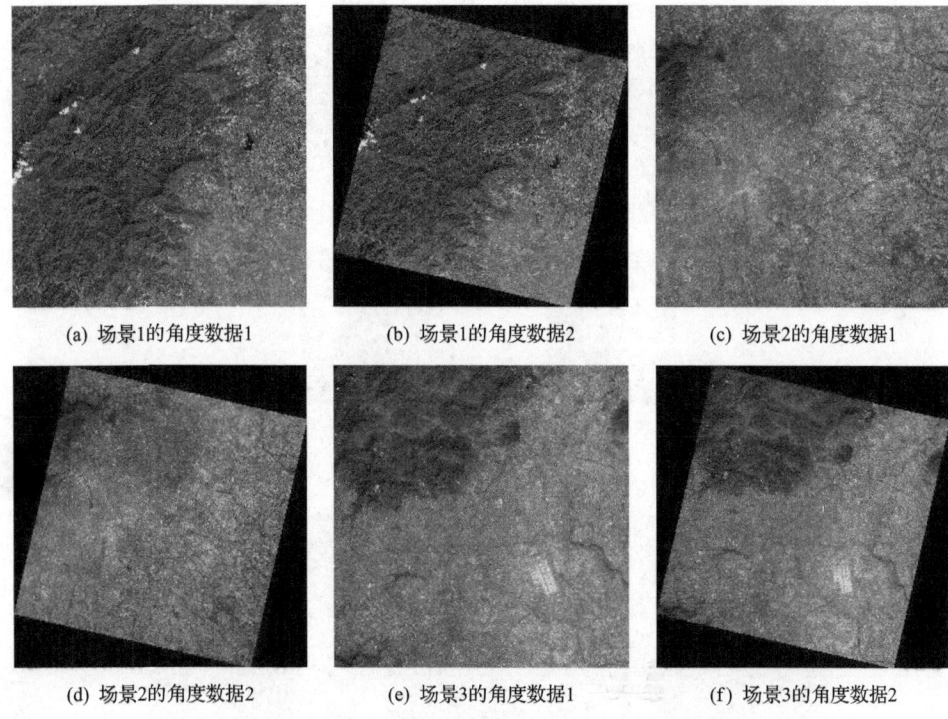

图 5-7 资源三号卫星拍摄的三组多角度卫星影像

法),并根据高分辨率参考图像利用结构相似性指标评估各方法的性能表现。

图 5-8~图 5-10 分别展示了如图 5-7 所示的三种场景的遥感影像利用前述超分辨率重建方法重建后的效果图。

观察图 5-8~图 5-10 中展示的不同方法的超分辨率图像,从整体图上似乎很难发现这些方法的性能差异。进一步观察它们对应的局部区域放大图,可以看出

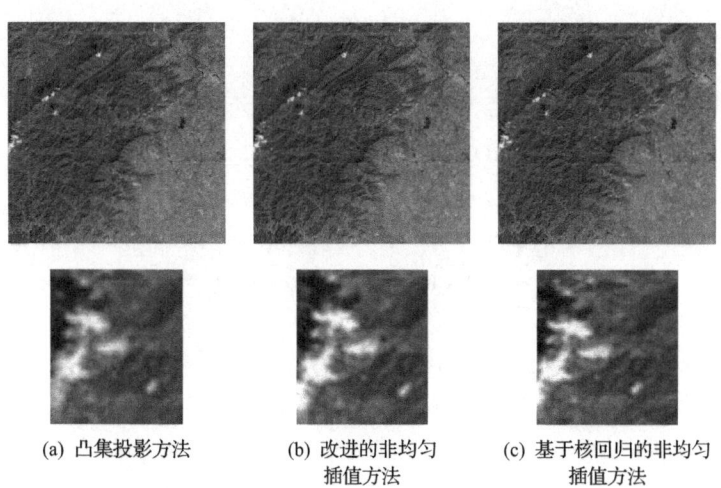

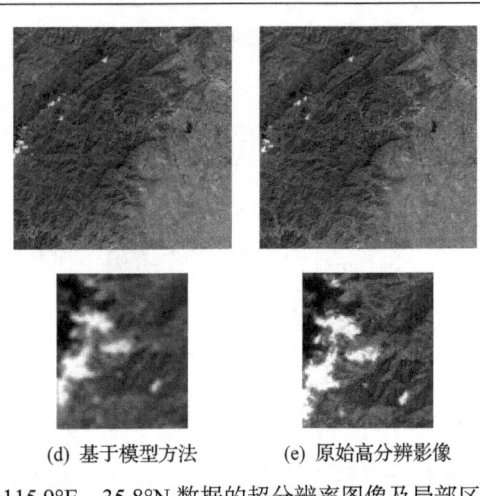

(d) 基于模型方法　　(e) 原始高分辨影像

图 5-8　115.9°E、35.8°N 数据的超分辨率图像及局部区域放大图

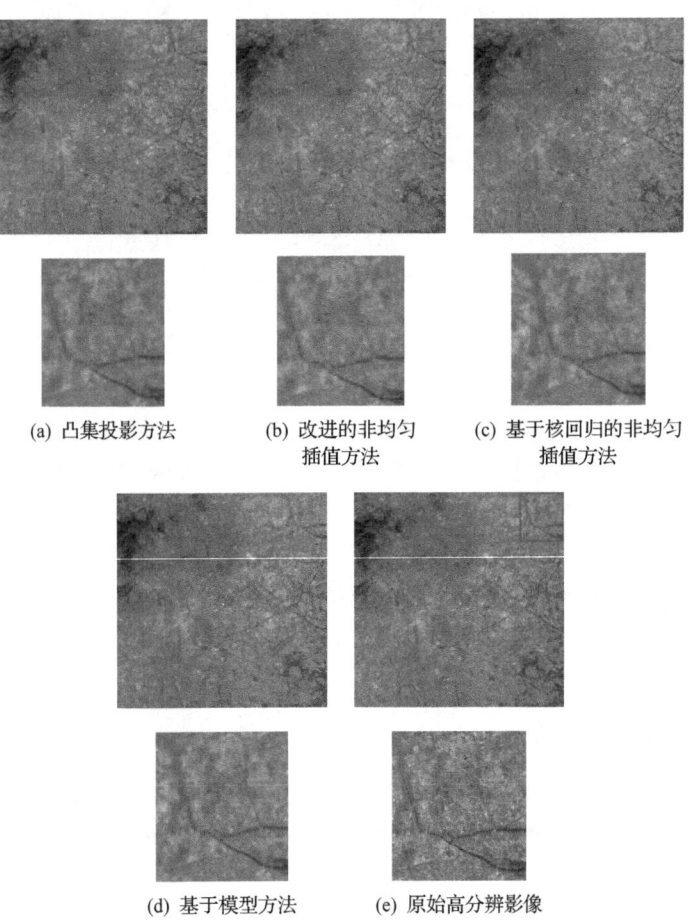

(a) 凸集投影方法　　(b) 改进的非均匀插值方法　　(c) 基于核回归的非均匀插值方法

(d) 基于模型方法　　(e) 原始高分辨影像

图 5-9　116.4°E、35.8°N 数据的超分辨率图像及局部区域放大图

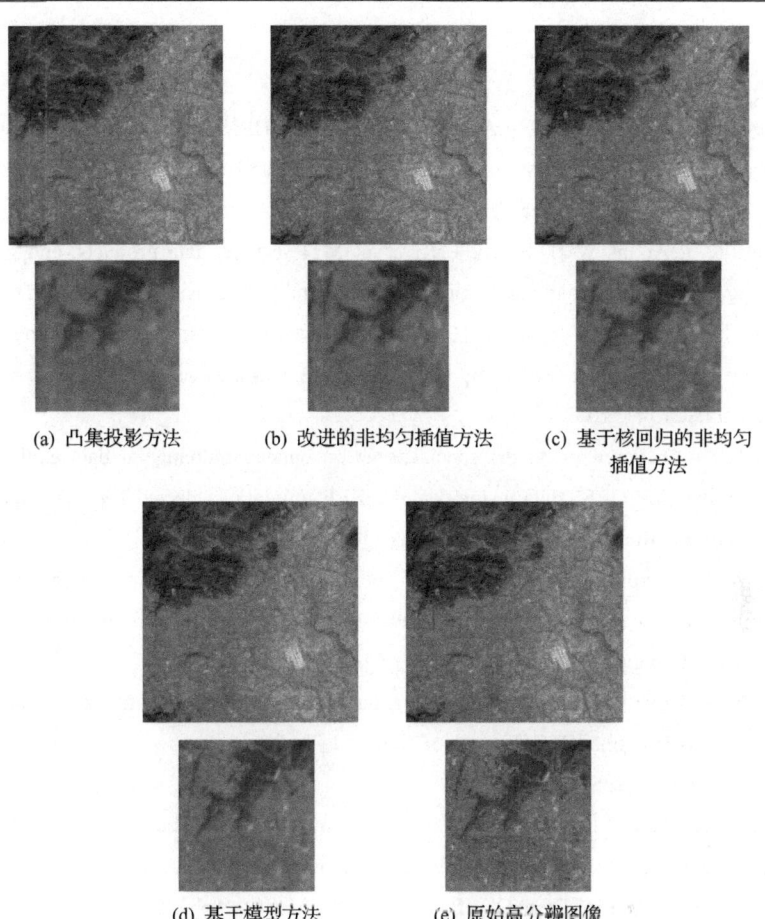

图 5-10　116.5°E、40.2°N 数据的超分辨率图像及局部区域放大图

基于模型和基于核回归的非均匀插值方法更加接近参考高分辨率图。采用结构相似性指数测量（structure similarity index measure, SSIM）定量评价上述超分辨率重建结果，其对应的 SSIM 指标值如表 5-1 所示，每一个方法和每一个数据对应的单元格中，上方为整体图的指标值，下方为局部区域放大图的指标值。

表 5-1　多角度超分辨率重建结果

坐标	凸集投影方法	改进的非均匀插值方法	基于核回归的非均匀插值方法	基于模型方法
115.9°E、35.8°N	0.7622	0.7881	0.8328	0.8419
	0.7051	0.7104	0.7423	0.7394
116.4°E、35.8°N	0.7872	0.7898	0.8154	0.8067
	0.7122	0.7093	0.7409	0.7588
116.5°E、40.2°N	0.7499	0.7621	0.8235	0.8393
	0.7076	0.7159	0.7532	0.7528

参 考 文 献

[1] Barnsley M J, Settle J J, Cutter M A, et al. The PROBA/CHRIS mission: A low-cost smallsat for hyperspectral multiangle observations of the earth surface and atmosphere. IEEE Transactions on Geoscience and Remote Sensing, 2004, 42(7): 1512-1520.

[2] Szymanski J J, Atkins W H, Balick L K, et al. MTI science, data products, and ground-data processing overview. International Society for Optics and Photonics, 2001, 4381: 195-203.

[3] Diner D J, Beckert J C, Reilly T H, et al. Multi-angle imaging spectroradiometer (MISR) instrument description and experiment overview. IEEE Transactions on Geoscience and Remote Sensing, 1998, 36(4): 1072-1087.

[4] Pacifici F, Du Q. Foreword to the special issue on optical multiangular data exploitation and outcome of the 2011 GRSS data fusion contest. IEEE Journal of Selected Topics in Applied Earth Observations and Remote Sensing, 2012, 5(1): 3-7.

[5] Dorigo W A. Improving the robustness of cotton status characterisation by radiative transfer model inversion of multi-angular CHRIS/PROBA data. IEEE Journal of Selected Topics in Applied Earth Observations and Remote Sensing, 2011, 5(1): 18-29.

[6] Koukal T, Atzberger C. Potential of multi-angular data derived from a digital aerial frame camera for forest classification. IEEE Journal of Selected Topics in Applied Earth Observations and Remote Sensing, 2012, 5(1): 30-43.

[7] Licciardi G A, Villa A, Dalla M M, et al. Retrieval of the height of buildings from WorldView-2 multi-angular imagery using attribute filters and geometric invariant moments. IEEE Journal of Selected Topics in Applied Earth Observations and Remote Sensing, 2012, 5(1): 71-79.

[8] Chan J C W, Ma J, Kempeneers P, et al. Superresolution enhancement of hyperspectral CHRIS/PROBA images with a thin-plate spline nonrigid transform model. IEEE Transactions on Geoscience and Remote Sensing, 2010, 48(6): 2569-2579.

[9] Galbraith A E, Theiler J, Thome K J, et al. Resolution enhancement of multilook imagery for the multispectral thermal imager. IEEE Transactions on Geoscience and Remote Sensing, 2005, 43(9): 1964-1977.

[10] Ma J, Chan J C W, Canters F. An operational superresolution approach for multi-temporal and multi-angle remotely sensed imagery. IEEE Journal of Selected Topics in Applied Earth Observations and Remote Sensing, 2012, 5(1): 110-124.

[11] Li F, Jia X, Fraser D, et al. Super resolution for remote sensing images based on a universal hidden Markov tree model. IEEE Transactions on Geoscience and Remote Sensing, 2009, 48(3): 1270-1278.

[12] Shen H, Ng M K, Li P, et al. Super-resolution reconstruction algorithm to MODIS remote sensing images. The Computer Journal, 2009, 52(1): 90-100.

[13] Akgun T, Altunbasak Y, Mersereau R M. Super-resolution reconstruction of hyperspectral images. IEEE Transactions on Image Processing, 2005, 14(11): 1860-1875.

[14] Merino M T, Nunez J. Super-resolution of remotely sensed images with variable-pixel linear reconstruction. IEEE Transactions on Geoscience and Remote Sensing, 2007, 45(5): 1446-1457.

[15] Park S C, Park M K, Kang M G. Super-resolution image reconstruction: A technical overview. IEEE Signal Processing Magazine, 2003, 20(3): 21-36.

[16] 徐丽燕. 基于特征点的遥感图像配准方法及应用研究. 南京: 南京理工大学, 2012.

[17] 余先川, 吕中华, 胡丹. 遥感图像配准技术综述. 光学精密工程, 2013, 21(11): 2960-2972.

[18] Chen H, Varshney P, Arora M. Performance of mutual information similarity remote sensing images. IEEE Transactions on Geosicence and Remote Sensing, 2003, 41(11): 2445-2454.

[19] Johnson K, Cole-Rhodes A, Zavorin I, et al. Mutual information as a similarity measure for remote sending image registration. SPIE, 2001, 4388: 51-61.

[20] 曹闻, 李弼程, 邓子健. 一种基于小波变换的图像配准方法. 测绘通报, 2004, (2): 16-19.

[21] Moravec H P. Techniques Towards Automatic Visual Obstacle Avoidance. San Francisco: Morgan Kaufmann, 1977.

[22] Harris C, Stephens M. A combined corner and edge detection. Proceedings of the 4th Alvey Vision Conference, Manchester, 1988.

[23] Smith S M, Brady J M. SUSAN: A new approach to low level image processing. International Journal of Computer Vision, 1977, 23(1): 45-78.

[24] Mikolajczyk K, Schmid C. Scale & affine invatiant interest point detectors. International Journal of Computer Vision, 2004, 60(1): 63-86.

[25] Lowe D G. Object recognition from local scale-invariant features. Proceeding of the 7th International Conference on Computer Vision, Corfu, 1999.

[26] Lowe D G. Distinctive image features from scale-invariant keypoints. International Joural of Computer Vision, 2004, 60(2): 91-110.

[27] Baya H, Essa A, Tuytelaarsb T, et al. Speeded-up robust features(SURF). Computer Vision and Image Understanding, 2008, 110(3): 346-359.

[28] Li H, Manjunath B S, Mitra S K. A contour-based approach to multisensory image registration. IEEE Transactions on Image Processing, 1995, 4(3): 320-334.

[29] Teo T A, Chen S Y. Feature-based image registration of Alos Palsar and AVNIR-2 images. Proceedings of IEEE International Geoscience and Remote Sensing Symposium, Vancouver, 2011.

[30] 苏娟, 林行刚, 刘代志. 一种基于结构特征边缘的多传感器图像配准方法. 自动化学报, 2009, 35(3): 251-257.

[31] Goshtasby A, Stockman G C, Page C V. A region-based approach to digital image registration with subpixel accuracy. IEEE Transactions on Geoscience and Remote Sensing, 1986, 24(3):

390-399.

[32] Zhang D R, Yu L, Cai Zh G. Automatic registration for ASAR and TM images based on region features. Geoinformatics 2007: Remotely Sensed Data and Information, Nanjing, 2007.

[33] Cao X Y, Shao X X, Li X Y, et al. Research on the image registration algorithm based on regional fearure. Proceedings of 2011 International Conference on Electric and Electronics, Nanchang, 2011.

[34] 张宝尚, 田铮, 延伟东. 基于分割区域的 SAR 图像配准方法研究. 工程数学学报, 2011, 28(1): 7-14.

[35] 辛亮, 张景雄. 共轭面状特征的快速提取与遥感影像精确配准. 武汉大学学报:信息科学版, 2011, 36(6): 678-682.

[36] Enrique C, Santamaria J, Miracet C. Segment-based registration technique for visual-infrared images. Optical Engineering, 2000, 39(1): 282-289.

[37] 康欣, 韩崇昭, 杨艺. 基于结构的 SAR 图像配准. 系统仿真学报, 2006, 18(5): 1307-1310.

[38] Yu L, Zhang D, Holden E J. A fast and fully automatic registration approach based on point features for multi-source remote-sensing images. Computers & Geosciences, 2008, 34(7): 838-848.

[39] 曹俊, 伊东, 张荣, 等. 基于虚拟点的可见光和 SAR 图像配准研究. 光电工程, 2009, 36(11): 79-84.

[40] Alhichri H S, Kamel M. Virtual circles: A new set og features for fast image registration. Pattern Recognition Letters, 2003, 24(5): 1181-1190.

[41] Sedaghat A, Mokhtarzade M, Ebadih H. Uniform robust scale-invariant feature matching for optical remote sensing images. IEEE Transactions on Geoscience and Remote Sensing, 2011, 49(11): 4516-4527.

[42] Li D, Zhang Y H. A fast offset estimation approach for InSAR image subpixel registration. IEEE Geoscience and Remote Sensing Letters, 2012, 9(2): 267-271.

[43] Ke Y, Sukthankar R.PCA-SIFT:A more distinctive representation for local image descriptors. IEEE International Conference on Computer Vision and Pattern Recognition, Washington D.C., 2004.

[44] Duan C, Meng X, Tu C, et al. How to make local image features more efficient and distinctive. IET Computer Vision, 2008, 2: 178-189.

[45] Liu X Z, Tian Z H, Leng C H C, et al. Remote sensing image registration based on KICA-SHIFT descriptors. Proceedings of 17th International Conference on Fuzzy Systems and Knowledge Discovery, Yantai, 2010.

[46] Mikolajczyk K, Schmid C. A performance evaluation of local descriptors. IEEE Transactions on Pattern Analysis and Machine Intelligence, 2005, 27(10): 1615-1630.

[47] Morel J M, Yu G S. ASIFT: A new framework for fully affine invariant image comparison. Society for Industrial and Applied Mathematics Journal on Imaging Sciences, 2009, 2(2): 438-469.

[48] Sedaghat A, Mokhtarzade M, Ebadih H. Uniform robust scale-invariant feature matching for optical remote sensing images. IEEE Transactions on Geoscience and Remote Sensing, 2011, 49(11): 4516-4527.

[49] Bu F, Qiu Y H, Liu J, et al. Improved bidirectional image registration based on Radon-SIFT. Journal of Computational Information Systems, 2012, 8(12): 4997-5004.

[50] Bay H, Tuytelaars T, Gool L V. SURF: Speeded up robust features. Proceeding of the 9th European Conference on Computer Vision, Heidelberg, 2006.

[51] Bahcsy R, Lovacic S. Multiresolution elastic matching. Computer Vision Graphics and Image Processing, 1989, 46: 1-21.

[52] Christensen G E, Rabbitt R D, Miller M I. Deformable templates using large deformation kinematics. IEEE Transactions on Image Processing, 1996, 5(10): 1435-1447.

[53] Benchemin S S, Barron J L. The computation of oprical flow. ACM Computering Surveys, 1995, 27(3): 433-466.

[54] Farsiu S, Robinson D, Elad M, et al. Robust shift and add approach to superresolution. Proceedings of SPIE the International Society for Optical Engineering Conference on Applications of Digital Image Processing, San Diego, 2003.

[55] Fruchter A, Hook R N. Dithering in the rain. ST-ECF New Slet, 1997, 14(9): 9-10.

[56] Elad M, Hel-Or Y. A fast super-resolution reconstruction algorithm for pure translational motion and common space invariant blur. IEEE Transaction Image Processing, 2001, 10: 1187-1193.

[57] Fruchter A S, Hook R N. Drizzle: A method for the linear reconstruction of undersampled images. The Astronomical Society of the Pacific, 2002, 114(792): 144.

[58] Chan J C W, Ma J, Kempeneers P, et al. Superresolution enhancement of hyperspectral CHRIS/PROBA images with a thin-plate spline nonrigid transform model. IEEE Transaction on Geoscience and Remote Sensing, 2010, 48(6): 2569-2579.

[59] Lowe D G. Distinctive image features from scale-invariant keypoints. International Journal of Computer Vision, 2004, 60(2): 91-110.

[60] Mikolajczyk K, Schmid C. A performance evaluation of local descriptors. IEEE Transactions on Pattern Analysis and Machine Intelligence, 2005, 27(10): 1615-1630.

[61] Kim T, Im Y J. Automatic satellite image registration by combination of matching and random sample consensus. IEEE Transactions on Geoscience and Remote Sensing, 2003, 41(5): 1111-1117.

[62] Buiten H J, Van Putten B. Quality assessment of remote sensing image registration—Analysis and testing of control point residuals. ISPRS Journal Photogrammetry and Remote Sensing, 1997, 52(2): 57-73.

[63] Chui H, Rangarajan A. A new algorithm for non-rigid point matching. Proceedings IEEE Conference on Computer Vision and Pattern Recognition, Hilton Head, 2000.

[64] Lertrattanapanich S, Bose N K. High-resolution image formation from low resolution frames using Delaunay triangulation. IEEE Transactions on Image Process, 2002, 11(12): 1427-1441.

[65] Lin Z, Shum H Y. Fundamental limits of reconstruction-based superresolution algorithms under local translation. IEEE Transactions on Pattern Analysis and Machine Intelligence, 2004, 26(1): 83-97.

[66] Farsiu S, Robinson M D, Elad M, et al. Fast and robust multiframe super resolution. IEEE Transactions on Image Processing, 2004, 13(10): 1327-1344.

[67] Takeda H, Farsiu S, Milanfar P. Kernel regression for image processing and reconstruction. IEEE Transactions on Image Processing, 2007, 16(2): 349-366.

[68] Bose N K, Ahuja N A. Superresolution and noise filtering using moving least squares. IEEE Transactions on Image Processing, 2006, 15(8): 2239-2248.

[69] Pham T Q, van Vliet L J, Schutte K. Robust fusion of irregularly sampled data using adaptive normalized convolution. EURASIP Journal on Advances in Signal Processing, 2006, 2006: 1-12.

[70] Takeda H, van Beek P, Milanfar P. Spatio-temporal video interpolation and denoising using motion-assisted steering kernel (MASK) regression. The 15th IEEE International Conference on Image Processing, San Diego, 2008.

[71] Takeda H, Farsiu S, Christou J, et al. Super-Drizzle: Applications of adaptive kernel regression in astronomical imaging. The Advanced Maui Optical and Space Surveillance Technologies Conference, Maui, 2006.

[72] Baecher M. Locally weighted least squares regression for imagedenoising, reconstructionand upsampling. http://baecher.info/projects/LeastSquaresRegression/report.pdf. [2022-6-15].

[73] Davies L, Gather U. The identification of multiple outliers. Journal of the American Statistical Association, 1993, 88(423): 782-792.

[74] Cleveland W S. Robust locally weighted regression and smoothing scatterplots. Journal of the American Statistical Association, 1979, 74(368): 829-836.

[75] Galbraith A E, Theiler J, Thome K J, et al. Resolution enhancement of multilook imagery for the multispectral thermal imager. IEEE Transactions on Geoscience and Remote Sensing, 2005, 43(9): 1964-1977.

[76] Zhang H, Yang Z, Zhang L, et al. Super-resolution reconstruction for multi-angle remote sensing images considering resolution differences. Remote Sensing, 2014, 6(1): 637-657.

[77] Ma J, Chan J C W, Canters F. An operational superresolution approach for multi-temporal and multi-angle remotely sensed imagery. IEEE Journal of Selected Topics in Applied Earth Observations and Remote Sensing, 2012, 5(1): 110-124.

[78] Puy G, Vandergheynst P. Robust image reconstruction from multiview measurements. SIAM Journal on Imaging Sciences, 2014, 7(1): 128-156.

[79] Chen H, Zhang H, Zhang L. Robust superresolution of multiangle-multispectral remote sensing images based on rank minimization. 2016 IEEE International Geoscience and Remote Sensing Symposium, Beijing, 2016.

[80] Blomgren P, Chan T F. Color TV: Total variation methods for restoration of vector-valued images. IEEE Transactions on Image Processing A Publication of the IEEE Signal Processing Society, 1998, 7(3): 304-309.

第6章 红外图像超分辨率重建

红外成像是继可见光成像之外的另外一种广为应用的探测方式,目前多种卫星成像系统都搭载了红外成像系统。由于红外成像波段的性质及成像器件的性能等原因,红外图像的空间分辨率受到极大的限制。本章首先对红外成像原理、成像模型,以及影响红外系统分辨率的因素进行阐述,进而介绍了三种常见的基于插值方法、退化模型以及学习的红外图像超分辨率重建方法。

6.1 红外成像原理及模型

红外辐射的传输规律与可见光的一样,符合几何光学的各种定律。因此,红外辐射可以通过空间传输到达接收方,并经过红外光学系统成像在其焦平面上。焦平面上的红外线能量密度分布图,即为场景的红外图像。红外探测器通过接收目标热辐射并利用目标本身各部分辐射的差异获取图像细节,因此,红外成像系统能在复杂的气象条件下昼夜工作,这也是红外成像系统的最大优点。这种优良特性使得红外成像技术越来越广泛地应用于航空航天、遥感、工业、医疗、消防及军事等领域,尤其在军事领域,应用这种隐蔽性强、具有一定的穿透能力和识别伪装能力的被动成像系统,可实现超视距全天候的侦察、探测、跟踪制导和警告。

受制造工艺、材料等因素限制,红外焦平面阵列探测单元响应不一致,出现盲元和非均匀性噪声,降低了系统的温度分辨率。受焦平面阵列规模和像元尺寸的限制,红外成像出现频率混淆,降低了系统的空间分辨率。研究红外图像超分辨率重建,可以克服红外成像过程中的上述问题,从而提升红外图像的应用质量。

6.1.1 红外成像的物理过程

理论上,自然界中的一切物体,只要其温度高于绝对零度,就会产生红外辐射。除了具有电磁波的共性外,红外线还具备一些特殊的性质:首先,红外线波长与可见光波长毗邻,但对人眼并不产生视觉效应;其次,在物体对外辐射经过大气传输到达红外光学系统的过程中,大气中的二氧化碳、水蒸气等气体对红外辐射的选择性吸收以及其他灰尘等微粒的散射,使得红外辐射发生不同程度的衰减。人们把透射率较高的波段,称为大气窗口。一般可将红外线分为近红外波段($0.76\sim1.3\mu m$)、短波红外波段($1.3\sim3\mu m$)、中红外波段($3\sim8\mu m$)、热红外波段($8\sim14\mu m$),以及远红外波段($14\sim1000\mu m$)。大气窗口包括 $1\sim2.5\mu m$、$3\sim5\mu m$

和 8~14μm（或 8~12μm），后两种是目前常用的红外探测波段[1,2]。

红外成像系统通过获取观测场景的红外辐射，并将其转换为能被视觉感知的图像信号。一个典型的红外成像系统是由红外探测器组件、光学系统、扫描器、信号处理电路及显示器五部分组成。因此红外成像技术综合了红外探测器、光学设计、扫描技术以及信息处理等学科的成果，是红外技术发展水平的集中体现。

红外成像反映了场景红外辐射的分布情况，以及在探测器中能量的转换过程。进行红外成像仿真时，需要考虑场景中物体的几何特征、红外辐射特性，以及相应的地理环境下的气象条件、成像光学系统、探测器效应等对场景红外图像的影响，同时还需要考虑目标与背景之间的热交换。红外成像仿真的过程基于等效原理，模拟某种条件下（包括地理及气象条件）红外目标与背景在红外成像系统中生成等效目标与背景的特征图像。

图 6-1 给出了红外成像的基本流程，主要包括以下六个部分。

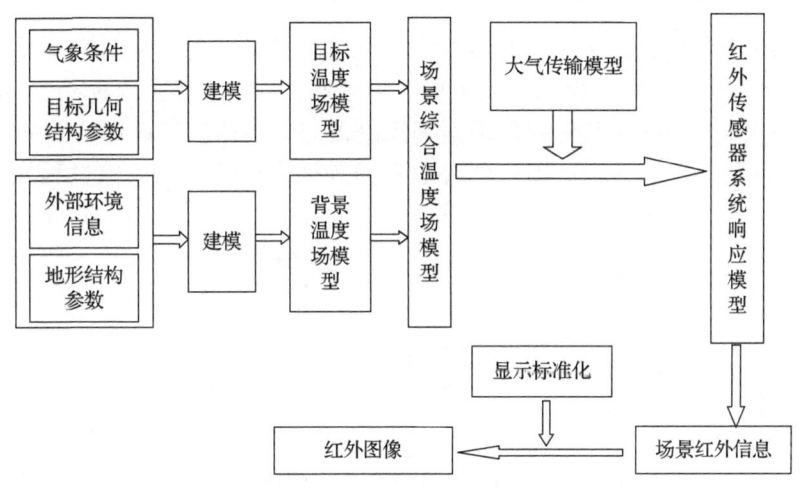

图 6-1 红外成像的基本流程

（1）在已知场景的空间几何结构、相应纹理材质和气象条件等，建立场景的几何模型（三维模型或者二维几何模型）。

（2）根据传热学原理，建立场景中各地物的热模型，获得场景地物表面的温度分布。

（3）根据红外辐射理论，建立场景地物表面的辐射模型，获得场景地物表面的辐射能量分布。

（4）考虑场景与红外成像系统间的大气条件，根据红外辐射在大气中的传输特性，计算红外辐射到达红外成像系统的衰减。

（5）考虑光学系统对红外辐射的成像效应，通过相应的系统函数来模拟红外辐射经过光学系统的传输特性。

(6)计算红外探测器对红外辐射能量的响应。目前讨论红外成像时,一般选择 3~5μm 和 8~14μm 两个窗口。

最初的红外成像物理原理由 Clark 提出,他首次从红外辐射传输的物理原理上进行分析和描述,奠定了红外成像技术的理论基础[3,4]。但这种描述在数值模拟和仿真计算中并不方便,为此 Williams 在 Clark 的基础上,提出了一种分解 Clark 模型为更小粒度的子系统,以及各子系统相互作用的方法,为系统地、模块化地进行红外场景成像模拟提供了理论基础[5]。

总的来说,红外场景成像过程包含了光线在场景中的传输以及经探测器响应产生输出信号的各个部分。在成像过程中,成像物体发出的热红外辐射通量由两部分组成:一部分是反射场景中的其他物体的辐射,另一部分是物体自身发出的红外辐射[6]。

6.1.2 红外焦平面阵列的成像模型

从组成形式上看,红外探测器可分为单元探测器、线阵探测器和面阵探测器。线阵探测器是将 n 个探测器元组成一维排列;面阵探测器是 $m \times n$ 个探测器元组成二维排列。焦平面阵列是把面阵探测器与配用的信号处理电路共置于光学系统的焦平面上。一个典型的红外焦平面阵列成像系统的成像过程如图 6-2 所示[7]。

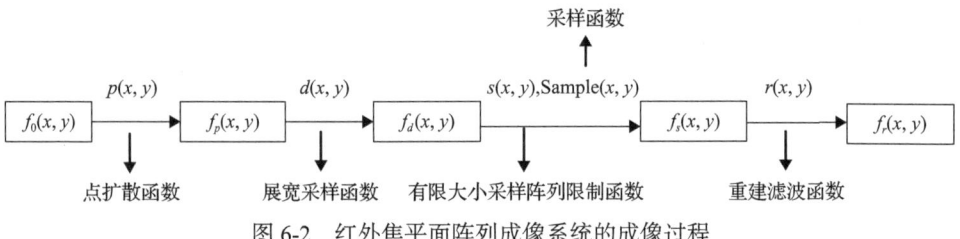

图 6-2 红外焦平面阵列成像系统的成像过程

物体 $f_0(x,y)$ 经过光学系统成像后的图像为 $f_p(x,y)$,假设光学系统是线性不变系统,$p(x,y)$ 为光学系统的点扩展函数,则 $f_p(x,y) = f_0(x,y) \otimes p(x,y)$;$f_d(x,y)$ 为 $f_p(x,y)$ 与探测单元固有宽度引起的展宽采样脉冲 $d(x,y)$ 的卷积结果,$f_d(x,y)$ 与有限大小采样阵列限制函数 $s(x,y)$ 的乘积结果被采样后,成为离散图像函数 $f_s(x,y)$,其中采样周期等于像元间距;重建滤波函数 $r(x,y)$ 由电子滤波实现,使采样过程引起的高阶频率项截止或衰减。综上所述,重建后的连续函数 $f_r(x,y)$ 可以表示为

$$f_r(x,y) = \left\{ [f_0(x,y) \otimes p(x,y) \otimes d(x,y)] s(x,y) \frac{1}{\Delta x \Delta y} \mathrm{comb}\left(\frac{x}{\Delta x}, \frac{y}{\Delta y}\right) \right\} \otimes r(x,y) \quad (6\text{-}1)$$

式中，Δx、Δy 分别为 x、y 方向上的像元间距；$\mathrm{comb}(\cdot,\cdot)$ 为梳状函数。对式(6-1)进行傅里叶变换，得到重建图像的空间频谱 $F_r(\xi,\eta)$ 为

$$F_r(\xi,\eta)=\left[F_0(\xi,\eta)P(\xi,\eta)D(\xi,\eta)\right]\otimes S(\xi,\eta)\otimes\mathrm{comb}\left(\frac{\xi}{\xi_x},\frac{\eta}{\eta_y}\right)R(\xi,\eta) \quad (6\text{-}2)$$

式中，$F_r(\xi,\eta)$、$F_0(\xi,\eta)$、$P(\xi,\eta)$、$D(\xi,\eta)$、$S(\xi,\eta)$ 和 $R(\xi,\eta)$ 分别为 $f_r(x,y)$、$f_0(x,y)$、$p(x,y)$、$d(x,y)$、$s(x,y)$ 和 $r(x,y)$ 的傅里叶变换；ξ_x、η_y 分别为 x,y 方向上的采样频率，$\xi_x=\dfrac{1}{\Delta x},\eta_y=\dfrac{1}{\Delta y}$。假设 $R(\xi,\eta)$ 为理想低通滤波函数，$R(\xi,\eta)=\mathrm{rect}(\xi/2\xi_N,\eta/2\eta_N)$，其中，$(\xi_N,\eta_N)$ 即为探测器的奈奎斯特频率。由式(6-2)可知，由于同 comb 的卷积，像谱将沿着频率轴 ξ、η 方向分别以 2 倍的奈奎斯特频率间隔周期重复排列，像元单元的积分及光学成像系统都会使像元宽度有所减小，高频成分有所衰减。若已被减少的像谱宽度仍大于采样频率，则在重建的奈奎斯特通带内，高阶频率将交叠至零谱上而产生混叠。

6.2 影响红外系统分辨率的主要因素

红外成像系统中，光学信息的获取与传输过程要经过目标、大气、光学系统、采样等一系列环节。在这一过程中，有许多因素会导致图像降质，即图像退化，主要表现为模糊、噪声引入和畸变。造成模糊的因素有很多，如红外探测器阵列的形状和尺寸、光学系统的性能(如点扩散函数)引起的光学模糊，以及采集对象的运动带来的运动模糊。在成像、传输、存储过程中，会引入不同类型的噪声，如高斯噪声、椒盐噪声等，而且噪声的引入方式也不同，或为加性噪声，或为乘性噪声，这些都会直接影响红外图像的分辨率。数字化采集过程也会影响红外图像的分辨率，红外探测器阵列的欠采样效应会造成图像的频谱交叠，使获取的图像因变形效应而发生降质。此外，红外探测器阵列的非线性、光学系统的像差、大气环境和背景杂波、系统或目标的运动、光学系统离焦等因素均会导致在成像后与原来景物发生畸变。探测器采样所带来的光学成像系统的模糊效应、欠采样噪声和光电子噪声是决定图像质量的主要因素[8]。

探测器是整个红外成像系统中的重要组成部分和核心部件，它既完成视场内图像的扫描取样，同时通过光电效应将辐射信号转化成电信号，直接影响着系统的成像质量和系统性能。当被采样图像含有超过系统的奈奎斯特频率(1/2 采样频率)的空间频率时，成像图像将产生周期性频谱交叠、失真现象。所以由探测器阵列的欠采样效应引起的成像模糊通常是影响红外图像空间分辨率的主要原因，成

像过程中不可能同时减小欠采样噪声和光学系统的模糊效应，因为这两种要求在光电设计中是不能同时满足的。就光学成像系统特性而言，空间频率响应函数反映光学成像系统特性，光学成像系统的截止频率越高，能传递空间细节的频率越高，模糊效应就越小。而在采样成像方面，在确定的空间采样频率下，如果光学成像系统传递的空间频率超过采样频率的一半，则采样不足，必然有欠采样噪声，欠采样噪声随光学成像系统的截止频率增大而增大。限制采样前光学成像系统的频率响应，即减小光学成像系统的截止频率可以减小欠采样噪声，但这样做的代价是光学成像系统模糊效应增加。

成像系统噪声是影响红外成像系统的成像质量和探测性能的一个重要因素。目前通常使用的噪声分布有：高斯分布、负指数分布、均匀分布、瑞利分布及 K-分布等。对第一代热像仪而言，探测器的性能好坏决定了整个系统的性能，探测器的噪声在整个系统中占主导地位，而第二代热像仪采用了先进的红外焦平面阵列技术和复杂的信号处理电路，噪声变得相当复杂，具有多种类型。这些噪声在图像水平方向和垂直方向都具有独特的特性，而且随时间而发生变化，即噪声已呈现三维特性。为了正确评价二代热像仪的性能，20 世纪 80 年代，美国陆军夜视和电子传感器委员会的 D'Agostnio 和 Webb 提出了一种三维噪声模型，其特点是将噪声置于一个三维坐标系(时间轴、垂直轴和水平轴)中来考察噪声的大小[9]。与传统噪声分析法相比，这种技术对凝视热成像系统的特性研究更加适用。在三维噪声模型中，图像的像元值主要受到表 6-1 中所列的七种噪声影响。

表 6-1　三维噪声模型

三维噪声分布	描述	串联扫描	并联扫描	凝视阵列
σ_{TVH}	随机三维噪声	随机和 $1/f$ 噪声	随机和 $1/f$ 噪声	随机噪声
σ_{TV}	随帧改变且只在行方向改变	$1/f$ 噪声	瞬时、闪烁、$1/f$ 噪声	固定图样噪声
σ_{TH}	随帧改变且只在列方向改变	颤噪声	颤噪声	读出噪声
σ_{T}	帧与帧之间的强度改变(抖动)	帧处理	帧处理	帧处理
σ_{VH}	不随帧改变的空间噪声	—	—	固定图样噪声
σ_{V}	不随时间改变而只在行改变(水平线或是水平带)	行-行插值	探测器增益 行-行插值	读出噪声 行-行插值
σ_{H}	不随时间改变而只在列改变(垂直线)	补偿噪声	补偿噪声	读出噪声

从表 6-1 中可以看出：七种噪声产生的机理完全不同，存在的形式取决于红外成像系统的成像技术，也就是说红外成像系统并不是存在所有形式的噪声，可能是其中几种噪声占主导地位，这与所采用的成像技术有着密切的关系。

对于单元扫描和串联扫描的成像系统来说，其主要噪声是三维随机噪声σ_{TVH}；对于并联扫描和串联扫描系统来说，主要噪声是σ_{TVH}、σ_V和σ_{TV}；而对于凝视阵列系统来说，主要噪声是σ_{TVH}和σ_{VH}。

运动效应对红外成像系统也有着一定的影响，在成像过程中通常存在三种运动形式：线性运动、正弦运动和随机运动。线性运动来源于目标运动(相对于成像系统)或探测器的图像运动；正弦运动主要来源于不平衡的扫描镜运动和固定平台结构本身谐振运动，一般来说，正弦运动分为高频运动和低频运动，实际情况下所使用的工作平台的低频运动相对高频运动占有绝对优势；随机运动主要来源于积分时间内图像的随机漂移，也就是图像的抖动。这些形式的运动通常会模糊目标的细节，使红外成像系统成像变得模糊，图像的细节不能被有效地分辨，继而恶化了红外成像系统的作用性能、作用距离，以及鉴别概率(探测、识别)等。

大气对红外成像系统的影响主要表现在大气的消光作用、大气背景辐射、大气湍流，以及大气扰动等效应上。背景杂波是大气背景辐射的一种起伏分布，或表示虚假目标的分布，随着背景杂波的增加，目标的辨别能力减小，目标的虚警率将增加。高杂波严重影响红外成像系统的探测性能，因此背景杂波表征是红外成像系统性能评估的一个重要部分[10]。

6.3 红外图像超分辨率重建

前面提到，红外图像超分辨率重建在军事、医疗、工业、航空航天和其他相关领域的应用日益广泛和重要。军事上，更高分辨率红外图像意味着更高的识别能力；医疗上，高分辨率红外图像能检测到早期的病变，从而可以提前介入治疗；工业上，高分辨率红外图像能更有效地定位动力系统的出错位置；航空航天上，高分辨率红外图像有助于辅助飞行器高度控制和轨迹调整。因此，研究红外图像的空间分辨率提升技术已引起学界和工业界的普遍关注[11,12]。

传统红外图像超分辨率重建方法有两种。一种是基于微扫描法(microscanning)，如Fortin和Chevrette[13]、Awamoto等[14]、Armstrong和Packard[15]、Cabanski等[16]和Sui等[17]都提出了基于红外光学系统的微扫描超分辨率重建法。但是，在微扫描法中存在一些严重的问题，如图像发生旋转或者图像非均匀性增加，都会影响超分辨率重建的效果。另一种是近几年迅速发展起来的软件超分辨率重建方法，这个方法可由图像配准方法和图像复原方法组成。Guizar-Sicairos等获得了许多关于图像配准、插值和复原方法的研究结果[18]。尽管软件超分辨率重建方法取得了一系列的进展，却仍然存在着被奈奎斯特定理所约束的问题。因此，理论上提高分辨率的能力较低。此外，取得较高倍数的超分辨率重建需要一些连续的图像序列，并且要求目标必须是静态的或者运动速度较低的。

从目前的研究来看，红外图像超分辨率重建方法与可见光图像超分辨率重建方法相似，可分为基于插值的方法、基于退化模型的方法及基于学习的方法三种类型。

6.4 基于插值方法的红外图像超分辨率重建

插值方法是一种最为简单直接的图像放大方法，插值方法通过设定一定的插值模型，利用已知点处的值，推出未知点处的值。插值效果的优劣取决于已知数据点的密度(对应于图像的分辨率)、插值模型(插值方法)及真实插值曲线或曲面(高分辨率图像)的性状，简言之，如果真实场景形成的图像性状与插值模型的吻合度高，则可取得理想的插值效果；反之，相应的插值效果则表现较差。良好的插值模型应该适应于多种情形，然而由于真实场景图像的多样性、复杂性和不可预测性，并不是总能成功地构建出普适性强、精度高的插值方法。常见的插值方法包括：线性插值、B样条插值、双三次插值、基于变换的插值(如小波变换)等。

针对面阵凝视红外成像，文献[19]介绍了一种拉格朗日分片插值方法。该方法描述如下：将插值区间$[a,b]$划分为若干个单元$e_i=[x_{i-1},x_i]$，并将之变换到标准区间$[-1,1]$。若在$[-1,1]$上做n次插值，则需$n+1$个插值节点$-1=\varepsilon_0<\varepsilon_1<\cdots<\varepsilon_n=1$，对应的$n$次拉格朗日插值公式可表示为

$$p(\varepsilon)=\sum_{j=0}^{n}f_jN_j(\varepsilon),\quad \varepsilon\in[-1.1] \tag{6-3}$$

其中

$$N_j(\varepsilon_j)=\prod_{k=0,k\neq j}^{n}\frac{\varepsilon_i-\varepsilon_k}{\varepsilon_j-\varepsilon_k}=\begin{cases}0,&i\neq j\\1,&i=j\end{cases} \tag{6-4}$$

式中，f_j为在节点ε_j的值，即$f_j=p(\varepsilon_j), i,j=0,1,\cdots,n$。

拉格朗日多项式阶数直接影响了插值的精度，它与图像同性区域(符合一定规则的像元点的集合)的大小相关。

定义像元(i,j)的梯度$G(i,j)$、梯度差值$\sigma_x(i,j)$和$\sigma_y(i,j)$如下：

$$G(i,j)=|f(i,j)-(i-1,j)|+|f(i,j)-f(i,j-1)| \tag{6-5}$$

$$\sigma_x(i,j)=G(i,j)-G(i-1,j) \tag{6-6}$$

$$\sigma_y(i,j)=G(i,j)-G(i,j-1) \tag{6-7}$$

式中，$f(i,j)$为(i,j)的灰度值。

图像同性区域划分如下。

(1) 以像元点 $(i-1,j),(i,j)$ 和 $(i+1,j)$ 为例。设阈值为 T，若 $|\sigma_x(i,j)|<T$，定义 $(i-1,j)$ 与 (i,j) 属于同一区域，标记并继续比较 (i,j) 与 $(i+1,j)$ 是否属于同一区域；相反，若 $|\sigma_x(i,j)|>T$，定义 (i,j) 不属于 $(i-1,j)$ 所在的区域，此时应开辟一个新区域，(i,j) 为新区域的首个元素，标记并继续比较 $(i+1,j)$ 是否属于 (i,j) 所在的区域；阈值 T 需设定初始值。

(2) 利用(1)完成图像的各行和各列的标记，算法定义同一区域的各个图像点的集合为一个同性区域。因此，(1)将图像划分为 M 个同性区域。

设像元点 (i,j) 属于第 k 个同性区域（$k=1,2,\cdots,M$），$I_{\max}$、$I_{\min}$ 分别是该区域第 i 行的最大值和最小值，$J_{\max}$、$J_{\min}$ 分别是该区域第 j 列最大值和最小值，则像元点 (i,j) 的行和列拉格朗日多项式阶数为

$$n_x(i,j) = I_{\max} - I_{\min} \tag{6-8}$$

$$n_y(i,j) = J_{\max} - J_{\min} \tag{6-9}$$

式中，根据 $n_x(i,j)$ 和 $n_y(i,j)$ 可以自适应地重建高分辨率图像。

从成像模型 $Y=HX+E$ 可知，要重建高分辨率图像 X，需要获取低分辨率图像 Y。利用光学微扫描亚像元成像获取低分辨率图像组 $\{Y_k\}_1^4$，记 $Y_1=A$，$Y_2=B$，$Y_3=C$，$Y_4=D$，其中，低分辨率图像大小为 $M \times N$。算法利用 $\{Y_k\}_1^4$ 重建高分辨率图像 X，大小为 $2M \times 2N$，重建过程如下。

(1) 设定 Y_1 为参考帧，将 Y_1 点 (k,l) 的像元值赋给高分辨率图像 X 的 $(2k,2l)$ 位置，其中 $k=1,2,\cdots,M$，$l=1,2,\cdots,N$。

(2) 寻找同性区域，计算插值阶数，对图像 X 进行自适应拉格朗日插值，获得 X 中位置 $(2k+1,2l)$、$(2k,2l+1)$、$(2k+1,2l+1)$ 的像元值。

(3) 比较 X 中像元点 $(2k+1,2l)$ 与 B 中像元点 (k,l) 的大小：若两者相差不大，说明光学扫描误差比较小，用亚像元成像 $B(k,l)$ 替代 $X(2k+1,2l)$；若两者相差较大，说明光学扫描有一定误差，可用两者均值对比误差修正。设 ε 为一个较小的正数，重建表达式为

$$\begin{cases} X(2k+1,2l) = B(k,l) & |X(2k+1,2l)-B(k,l)| \leqslant \varepsilon \\ X(2k+1,2l) = \dfrac{X(2k+1,2l)+B(k,l)}{2} & |X(2k+1,2l)-B(k,l)| > \varepsilon \end{cases} \tag{6-10}$$

(4) 根据(3)的方法，X 中像元点 $(2k,2l+1)$、$(2k+1,2l+1)$ 同理可分别由 C 和 D 中像元点 (k,l) 求得。

根据上述模型对低分辨率图像组 $\{Y_k\}_1^4$ 进行重建，得出高分辨率图像 X。

我们选取一组高分四号卫星的低分辨率红外遥感影像用拉格朗日分片插值方法进行重建,为了便于比较,我们从三幅图像中选择两处同一区域放大比较,图 6-3 显示了选取的原始高分辨率遥感影像局部区域位置,图 6-4、图 6-5 分别为区域 1 和区域 2 基于拉格朗日分片插值方法的超分辨率重建红外图像放大对比图。

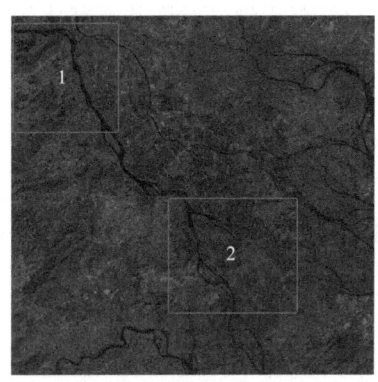

图 6-3　原始高分辨率遥感影像局部区域位置图

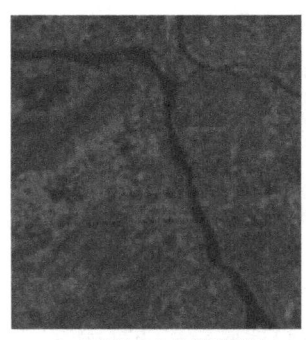 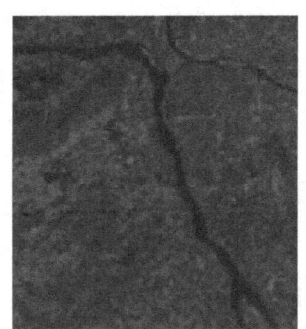 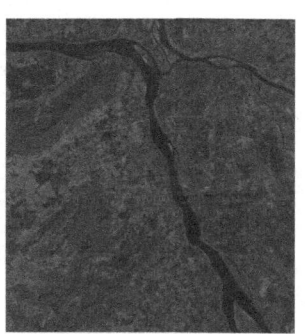

(a) 低分辨率红外遥感影像　　(b) 基于拉格朗日分片插值方法　　(c) 原始高分辨率红外遥感
　　　　　　　　　　　　　　　　的超分辨率重建红外图像　　　　　　影像放大图

图 6-4　基于拉格朗日分片插值方法的超分辨率重建红外图像放大对比图(区域 1)

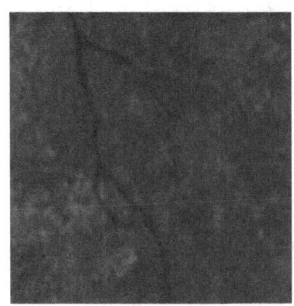  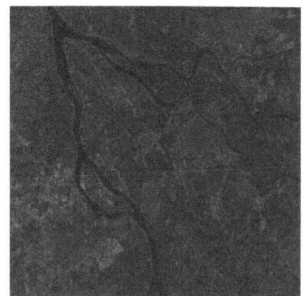

(a) 低分辨率红外遥感影像　　(b) 基于拉格朗日分片插值方法　　(c) 原始高分辨率红外遥感
　　　　　　　　　　　　　　　　的超分辨率重建红外图像　　　　　　影像放大图

图 6-5　基于拉格朗日分片插值方法的超分辨率重建红外图像放大对比图(区域 2)

兼顾考虑插值的精度和复杂度，文献[20]提出了一种集成线性插值和正弦灰度映射变换相结合的红外图像插值方法。

灰度映射变换是一种简单但却有效的空间域对比度增强方法，该方法根据红外图像灰度分布特点，寻找一种映射函数 f，把原始图像灰度 $x(i,j)$ 映射到新的图像灰度 $y(i,j)$，该映射具有低灰度(背景)压缩及高灰度(目标)增强的功能。灰度映射变换法是直接对像元灰度进行映射变换，计算量小，有利于图像的实时处理，但该方法存在确定变换函数比较困难且通用性差的缺陷。目前，常采用的映射变换函数有双曲正切、幂级数和伽马函数。这些函数均通过渐近线取得极限值，而且大部分是关于拐点对称的[21]，因此，这会导致部分灰度区域无法到达，而且不能结合图像灰度特征进行针对性的增强[22]。

文献[20]构造了一种由两段正弦曲线组合而成的非线性映射变换曲线，该曲线导数光滑，灰度伸缩性好，灰度伸缩的拐点及伸缩强度均可控，其数学表达式为

$$g(x,y)=\begin{cases} [f(x,y)-a]\times\left[\sin\left(\dfrac{f(x,y)-a}{q-a}\times\dfrac{\pi}{2}\right)\right]^k+a, & a\leqslant f(x,y)\leqslant q \\ [f(x,y)-b]\times\left[\cos\left(\dfrac{f(x,y)-q}{b-q}\times\dfrac{\pi}{2}\right)\right]^k+b, & q\leqslant f(x,y)\leqslant b \end{cases} \quad (6\text{-}11)$$

整个映射变换曲线呈 S 形，q 为拐点，其参数独立可调；指数因子 k 改变映射变换曲线各部分的斜率，$k\geqslant 0$。$k=0$ 时，$g(x,y)=f(x,y)$，无增强作用；k 值增大时，对灰度的伸缩强度增大，增强效果增加。结合图像灰度特征选择 q 和 k 的参数，可获取较好的增强效果，并且正弦函数易于实现，运算简单(图 6-6)。

拐点 q 值的选择是该方法的一个关键。通过直方图分析可以把图像灰度分为目标和背景。对红外图像来说，一般情况下背景区域温度较低，相应的图像灰度值相对较小，而目标区域温度较高，图像灰度相对较大。因此，可将红外图像的目标与背景分离的阈值作为拐点 q 值，这样利用式(6-11)就可以实现低灰度(背景)压缩及高灰度(目标)增强的功能。红外图像分割阈值的方法有许多[23,24]，这些方法虽然准确，但计算量大。这里采用简单的平均灰度方法，即

$$t(x,y)=\dfrac{1}{m}\sum_{x,y\in W_i}f(x,y) \quad (6\text{-}12)$$

式中，W_i 为点 (x,y) 的邻域，邻域中像元的数目为 m。

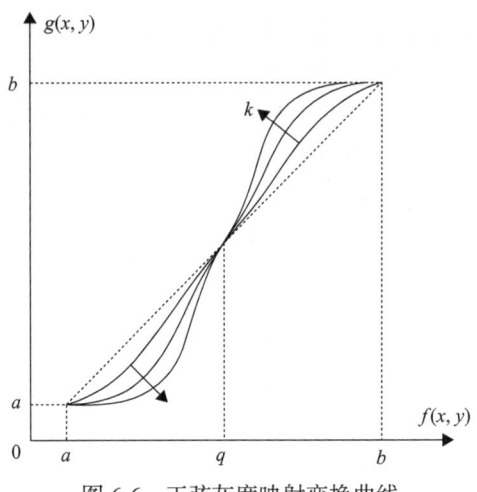

图 6-6 正弦灰度映射变换曲线

由于线性插值运算量较少,又能在一定程度上保证图像质量。因此可将线性插值与正弦灰度映射相结合,实现高质量且快速的红外图像插值放大,具体方法如下。

(1) 对于任一插值点 (x,y),先采用双线性插值法计算该点的初步插值 $f(x,y)$。

(2) 在插值点附近取一邻域 W,计算 W 内像元的平均灰度值 t,并搜索 W 内最大灰度值 $f_{\max}$ 和最小灰度值 $f_{\min}$。

(3) 将平均灰度值 t 作为式(6-11)中的拐点 q 值,最大灰度值 $f_{\max}$ 和最小灰度值 $f_{\min}$ 分别作为式(6-11)中的 b 和 a 的值,选择合适的 k 值,按照式(6-11)对初步插值 $f(x,y)$ 进行正弦处理,将变换值 $g(x,y)$ 作为最终的插值。

(4) 对所有插值点按以上三个步骤处理,即可获得最终插值图像。

该方法以插值点邻域平均灰度值作为拐点 q 值,对于初步插值 $f(x,y)$ 进行伸缩增强处理,其目的是对低于邻域平均灰度值的插值视为背景进行压缩,对高于邻域平均灰度值视为目标进行扩展来达到增强插值图像目的,并克服线性插值带来的边缘模糊缺陷。

该方法将线性插值与正弦灰度映射二者有机结合,具有两个优点:①由于运用了原始图像的插值点对邻域局部信息进行增强,所以插值后的图像不仅清晰度高且失真小;②只需对原始图像像元进行一次扫描处理,运算量少。若将线性插值与正弦灰度映射二者分开独立处理,则各需一次对图像进行扫描处理,运算量大。

选取图 6-4(a)、图 6-5(a)所示的高分四号卫星的低分辨率红外影像进行实验,图 6-7(a)、(b)分别为改进的线性插值方法的超分辨率重建图像及原始高分辨率红外遥感影像。

 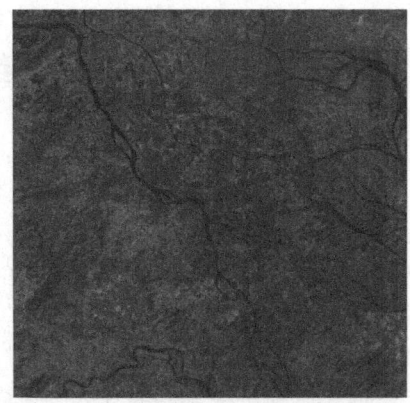

(a) 改进的线性插值方法的超分辨率重建图像　　　　(b) 原始高分辨率红外遥感影像

图 6-7　基于线性插值和正弦灰度映射相结合的插值方法的超分辨率重建红外图像

在图 6-7 中选择子图进行局部区域放大对比，图 6-8 和图 6-9 分别为区域 1 和区域 2 基于线性插值和正弦灰度映射相结合的插值方法放大对比图。

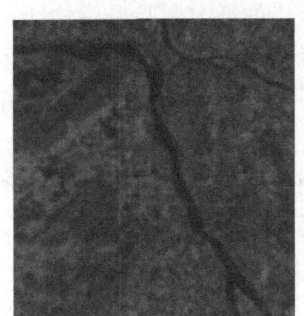 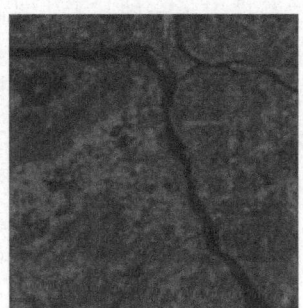 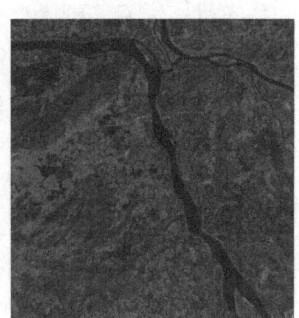

(a) 低分辨率红外遥感影像　　　(b) 改进的线性插值方法　　　(c) 原始高分辨率红外遥感影像

图 6-8　基于线性插值和正弦灰度映射相结合的插值方法的超分辨率重建红外图像放大对比图（区域 1）

  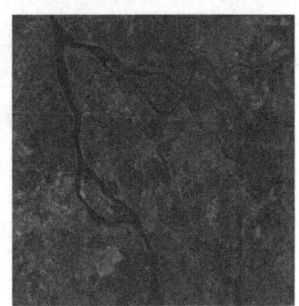

(a) 低分辨率红外遥感影像　　　(b) 改进的线性插值方法的超分辨率重建红外图像　　　(c) 原始高分辨率红外遥感影像

图 6-9　基于线性插值和正弦灰度映射相结合的插值方法的超分辨率重建红外图像放大对比图（区域 2）

6.5 基于退化模型的红外图像超分辨率重建

与可见光图像的超分辨率重建相同,基于退化模型的红外图像超分辨率重建,也可以建立退化模型的基础上,因此许多相关的工作是将可见光图像超分辨率重建方法直接引入到红外图像超分辨率重建中,其中包括基于最大后验概率方法、基于凸集投影方法以及其他正则化方法的超分辨率重建方法。

6.5.1 基于最大后验概率方法的红外图像超分辨率重建

基于最大后验概率方法的红外图像超分辨率重建是把超分辨率重建看成是一个统计估计问题。Schultz 和 Stevenson 提出了基于块匹配运动估计方法的最大后验概率方法的超分辨率重建,通过引入胡伯尔-马尔可夫随机场模型对图像噪声抑制,且使重建结果包含更多的图像高频细节信息[25,26];Nguyen 和 Milanfar 引入 Tikhonov-Arsenin 正则化方法来解决基于最大后验概率方法的超分辨率重建问题中的病态性[27];张新明和沈兰荪提出了一种基于边缘保持的最大后验概率估计算法[28];Shen 等针对场景中存在多个独立运动目标的复杂问题,提出了一种结合运动估计、图像分割和超分辨率重建的最大后验概率方法[29];Chantas 等提出了一种频率域快速迭代方法,求解最大后验概率估计问题[30]。

最大后验概率的含义就是在已知低分辨率图像序列的前提下,使出现高分辨率图像的后验概率达到最大。根据贝叶斯原理,高分辨率图像的后验概率等于以下两项之积:①已知理想高分辨率图像的前提下,低分辨率图像序列的条件概率;②理想高分辨率图像的先验概率。条件概率项采用高斯模型,先验概率项在不同的方法中采用不同的模型。通常采用的先验模型应该具有下面三个特点:①是一个局部平滑函数;②具有边缘保持能力;③是一个凸函数。大多数最大后验概率估计方法的差别就在对先验模型的选择上。

假设低分辨率红外序列图像 g 含有 p 幅图像,每幅图像的大小为 $N_1 \times N_2$,g_l 表示其第 l 帧。重建高分辨率图像 f 的大小为 $pN_1 \times pN_2$。记 D 为下降采样矩阵,B 为模糊矩阵,M 为形变矩阵,n 为加性噪声,那么观测模型为

$$g_l = DBMf + n \tag{6-13}$$

在给定观测模型下,首先进行运动估计,获取序列图像的相关位移信息;其次通过建立投影模型,对低分辨率序列图像和高分辨率图像进行匹配;最后考虑附加噪声对低分辨率序列图像的影响。

梯度法是一种常用的运动估计方法,若仅考虑图像的水平和垂直方向运动,假设图像 g_1 和 g_2 之间的水平位移和垂直位移分别为 a 和 b,则 g_1 和 g_2 的位移关

系如下：

$$g_2(x,y) = g_1(x+a, y+b) \tag{6-14}$$

取 g_1 的泰勒级数，其一阶展开式为

$$g_2(x,y) \approx g_1(x,y) + a\frac{\partial g_1}{\partial x} + b\frac{\partial g_1}{\partial y} \tag{6-15}$$

结合式(6-14)、式(6-15)得到 g_1 和 g_2 之间的偏差函数表达式为

$$E(a,b) = \sum \left[g_1(x,y) + a\frac{\partial g_1}{\partial x} + b\frac{\partial g_1}{\partial y} - g_2(x,y) \right]^2 \tag{6-16}$$

计算 $\partial E(a,b)/\partial a = 0$ 和 $\partial E(a,b)/\partial b = 0$，得

$$\begin{cases} \sum g_x^2 a + \sum g_x g_y b = \sum g_x(g_2 - g_1) \\ \sum g_x g_y a + \sum g_y^2 b = \sum g_y(g_2 - g_1) \end{cases} \tag{6-17}$$

式中，$g_x = \partial g_1/\partial x$；$g_y = \partial g_1/\partial y$。通过最小化 $E(a,b)$ 求解式(6-17)，得到图像的水平和垂直运动参数 a 和 b。

用高分辨率图像像元模块平均值作为图像降采样模型，其表达式为

$$g(m,n) = \frac{1}{\eta^2} \sum_{x=1-\eta-\eta i}^{\eta i} \sum_{y=1-\eta-\eta j}^{\eta j} f(x,y) \tag{6-18}$$

式中，$i = 1,2,\cdots,N_1$；$j = 1,2,\cdots,N_2$，N_1 和 N_2 分别为图像长和宽；η 为图像降采样因子(图 6-10)。

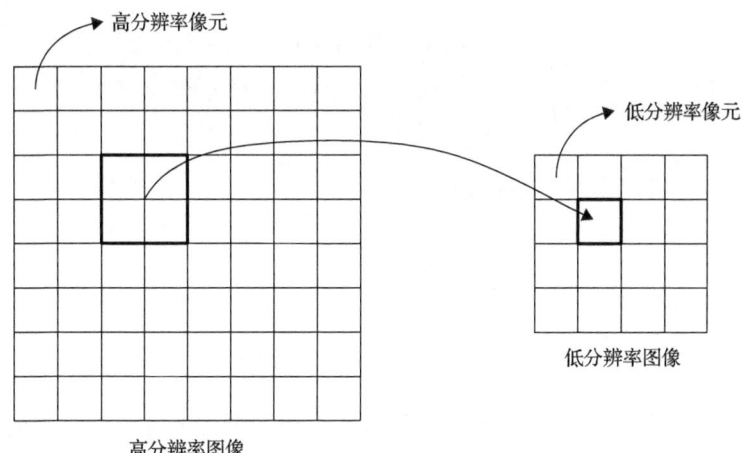

图 6-10 降采样模型

投影模型实现低分辨率序列图像中每一个像元与高分辨率图像中每一个像元的匹配。

令 g_1 表示低分辨率序列图像的第 1 幅图像,将 g_1 为运动估计的起始图像,用预滤波梯度法计算低分辨率序列图像 $g_1, g_2, \cdots, g_k$ 之间的运动位移,则图像之间的水平位移和垂直位移分别为 $a_1, a_2, \cdots, a_k$ 和 $b_1, b_2, \cdots, b_k$。高分辨率图像 f 与低分辨率序列图像 g_l 之间的投影模型如图 6-11 所示。结合降采样模型式(6-18),二者之间的关系为

$$g_l(m,n) = \frac{1}{\eta^2} \sum_{x=1-\eta-\eta i}^{1+\eta i} \sum_{y=1-\eta-\eta j}^{1+\eta j} \beta(r,s) f(x,y) \quad (6\text{-}19)$$

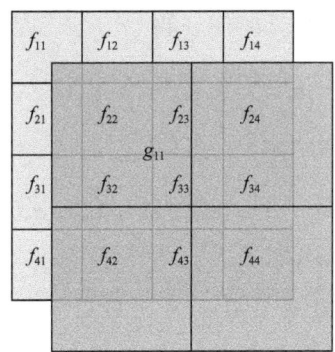

图 6-11 投影模型

式中,$r = x - (\eta+1)(i-1)$;$s = y - (\eta+1)(j-1)$;$\beta(r,s)$ 为一个参数矩阵,包含了高分辨率图像降采样过程中伴随的运动位移信息,如图 6-10 所示。若降采样因子 $\eta=2$,得到其参数矩阵为

$$\beta = \frac{1}{\eta^2} \begin{pmatrix} (1-a_l)(1-b_l) & 1-b_l & a_l(1-b_l) \\ 1-a_l & 1 & a_l \\ b_l(1-a_l) & b_l & a_l b_l \end{pmatrix} \quad (6\text{-}20)$$

综上所述,简化投影模型式(6-19)得

$$g_l = D_l f \quad (6\text{-}21)$$

再考虑附加噪声

$$g_l = D_l f + n_l \quad (6\text{-}22)$$

式中,$l = 1, 2, \cdots, k$。如图 6-12 所示,低分辨率序列图像的观测模型可简化为

$$g = Df + n \quad (6\text{-}23)$$

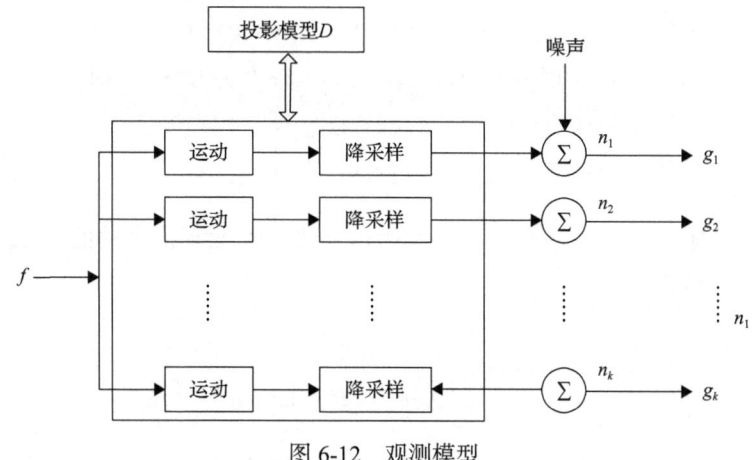

图 6-12 观测模型

最大后验概率估计的目的是通过最大化后验概率 $\Pr(f|g)$ 来估计 $\hat{f}$，其方程为

$$\hat{f} = \arg\max_{f} \Pr(f|g_1, g_2, \cdots, g_k) \tag{6-24}$$

应用贝叶斯原理，计算式(6-24)的条件概率得

$$\hat{f} = \arg\max_{f} \frac{\Pr(f|g_1, g_2, \cdots, g_k)\Pr(f)}{\Pr(g_1, g_2, \cdots, g_k)} \tag{6-25}$$

由于 $\Pr(g_1, g_2, \cdots, g_k)$ 与 $\hat{f}$ 相互独立，对式(6-25)取对数得到最优解方程：

$$\hat{f} = \arg\max_{f} \left[\log \Pr(g_1, g_2, \cdots, g_k|f) + \log \Pr(f) \right] \tag{6-26}$$

式中，$\Pr(f)$ 为先验概率模型或正则项；$\Pr(g_1, g_2, \cdots, g_k|f)$ 为条件密度模型。

引入马尔可夫随机场模型和吉布斯随机场模型，概率密度函数 $\Pr(f)$ 可表示为

$$\Pr(f) = \frac{1}{Z} \exp\left[-U(f)\right] = \frac{1}{Z} \exp\left[-\frac{1}{2\beta} \sum_{c \subset C} \rho_\alpha(d_c^l f)\right] \tag{6-27}$$

式中，Z 为归一化系数；$U(f)$ 为能量函数；参数 β 用来控制吉布斯随机场模型的变化；c 为一个邻域系统的簇；C 为簇 c 的全体；$d_c^l f$ 为高分辨率图像 f 中每一个像元的二阶微分，为简便计算，略去下标 c，即

$$\begin{cases} d^1(x,y) = 0.5f(x-1,y-1) - f(x,y) + 0.5f(x+1,y+1) \\ d^2(x,y) = 0.5f(x+1,y-1) - f(x,y) + 0.5f(x-1,y+1) \\ d^3(x,y) = f(x,y-1) - 2f(x,y) + f(x,y+1) \\ d^4(x,y) = f(x-1,y) - 2f(x,y) + f(x+1,y) \end{cases} \quad (6\text{-}28)$$

式(6-28)在图像的平滑区域有很小的数值，在边缘像元有很大的值。$\rho_\alpha(x)$ 是边缘罚函数，公式为

$$\rho_\alpha(x) = \begin{cases} x^2, & |x| \leqslant \alpha \\ 2\alpha|x| - \alpha^2, & |x| > \alpha \end{cases} \quad (6\text{-}29)$$

式中，α 为一个阈值参数，用来控制最优模型的连续性。

引入观测模型式(6-23)及高斯模型，假设图像噪声为零均值的高斯噪声，条件密度函数 $\Pr(g_l|f)$ 表示为

$$\Pr(g_l|f) = \frac{1}{\left(\sqrt{2\pi}\sigma_l\right)^{N_1 N_2}} \exp\left[-\frac{1}{2\sigma_l^2}\|g_l - Df\|^2\right] \quad (6\text{-}30)$$

式中，$l = 1, 2, \cdots, k$。再结合式(6-26)、式(6-27)和式(6-30)，得到目标函数表达式

$$\hat{f} = \arg\max_f \left[\|g - Df\|^2 + \sum_{c \subset C} \sum_{l=1}^{4} \rho_\alpha\left(d_c^l f\right)\right] \quad (6\text{-}31)$$

上式可通过梯度下降法来计算最优解：

$$f^{n+1} = f^n + \left[\sum_{l=1}^{k} D_l^{\mathrm{T}}\left(g_l - D_l f^n\right) - \sum_{c \subset C} \sum_{l=1}^{4} \left(d_c^l\right)^{\mathrm{T}} \rho_\alpha\left(d_c^l f^n\right)\right] \quad (6\text{-}32)$$

其中

$$\rho_\alpha(x) = \begin{cases} x, & |x| \leqslant \alpha \\ \mathrm{sign}(x)\alpha, & |x| > \alpha \end{cases} \quad (6\text{-}33)$$

式中，当 $x > 0$ 时，$\mathrm{sign}(x) = 1$；当 $x = 0$ 时，$\mathrm{sign}(x) = 0$；当 $x < 0$ 时，$\mathrm{sign}(x) = -1$。由式(6-32)和式(6-33)可以看出，不同的阈值 α 会得到不同的收敛解，有以下三种形式。

(1) 当 $\alpha = 0$ 时，规整项的所有数值为 0，此时目标方程不存在最优模型，最大后验概率方法成为图像投影定位方法。

(2) 当 $\alpha \to \infty$ 时,此时最优模型为高斯-马尔可夫随机场模型,规整项严格惩罚图像边缘像元,而对图像平滑像元影响很小。

(3) 当 α 等于其他值时,最优模型为胡伯尔-马尔可夫随机场模型,通过阈值 α 的变化,调整规整化因子,产生不同收敛解,能更好地保存图像的边缘信息。

由于红外图像的大部分信号是低频信号,在超分辨率重建过程中,保存图像边缘部分的细节信息十分重要。对于红外图像阈值 α 最好的选择是胡伯尔-马尔可夫随机场模型[25,26]。基于投影最大后验概率方法的超分辨率重建的迭代终止方程为

$$\frac{\|f^{n+1} - f^n\|}{\|f^n\|} \leq \varepsilon \tag{6-34}$$

式中,ε 为预置的迭代终止系数。

基于投影最大后验概率方法的超分辨率重建方法的具体迭代步骤如下。

(1) 对低分辨率序列图像进行运动估计。

(2) 对低分辨率序列图像初始图像 g_l 三次样条插值,获得最初估计的高分辨率图像 $f^n (n=0)$。

(3) 用背景投影方法投影匹配 f^n 与低分辨率序列图像 g_l,获得序列降采样图像 $D_l f^n$,并计算投影残差 $g_l - D_l f^n$。

(4) 再用背景投影方法匹配投影残差 $g_l - D_l f^n$ 与 f^n,计算 $\sum_{l=1}^{k} D_l^T (g_l - D_l f^n)$,并计算规整项 $\sum_{c \subset C} \sum_{l=1}^{4} (d_c^l)^T \rho_\alpha (d_c^l f^n)$。

(5) 计算式(6-32),获得估计高分辨率图像 f^{n+1}。

(6) 如果满足终止判据式(6-34),结束迭代,否则返回(3)。

6.5.2 基于凸集投影方法的红外图像超分辨率重建

凸集投影方法是一种重要的低分辨率红外序列图像的超分辨率重建方法。凸集投影方法根据输入的序列图像的冗余信息进行图像超分辨率重建,图像之间的冗余信息对图像重建有着重要作用。凸集投影方法原理简单,易于实现,在空域中的图像观测模型灵活,以及具有很强的图像先验性条件包含能力,使得凸集投影方法发展成为图像复原领域的一个重要方法。Stark 和 Oskoui 基于凸集投影方法研究多帧线阵的红外图像重建[31]。Patti 等对基于凸集投影方法的超分辨率重建方法进行了改进,在两个方面有所提高:对任意连续的图像模型能够允许高阶的插值方式;修改图像约束条件以降低在图像重建过程中的振铃效应[32]。Pati 等考虑了传感器物理尺寸引起的模糊和传感器噪声对凸集投影方法进行改进[33,34]。

Eren 等将凸集投影方法进一步推广应用到多运动目标场景上,通过引入验证图和分割图的概念,有效地减小了不可靠运动估计产生的影响,并能较好的保持运动边缘信息[35]。

原始高分辨率红外图像经过几何形变、模糊、降采样以及引入噪声得到退化之后的低分辨率图像,低分辨率图像序列的观测模型可用下式表示:

$$g_i(m_1,m_2) = \sum_{(n_1,n_2)} f(n_1,n_2) h_i(m_1,m_2;n_1,n_2) + \eta_i(m_1,m_2) \qquad (6\text{-}35)$$

式中,$g_i(m_1,m_2)$ 为第 i 个退化之后的低分辨率图像;$f(n_1,n_2)$ 为原始的高分辨率图像;$h_i(m_1,m_2;n_1,n_2)$ 为获得第 i 个低分辨率图像的点扩散函数即为图像降质函数;η_i 为图像退化过程中所引入的噪声。

待重建的高分辨率红外图像 $f(n_1,n_2)$ 被约束在一个希尔伯特空间中,根据高分辨率图像的特性将其限定在一个凸集之内,可以根据图像的 l 个特性,得到 l 个凸集 C_i ($i=1,2,3,\cdots,l$),因为 $f(n_1,n_2)$ 具有所有凸集的特性,因此高分辨率图像 f 需满足 $f \in C_0 \triangleq \bigcap_{i=1}^{l} C_i$。利用凸集投影方法进行图像超分辨率重建,首先选择一个合适的初始图像;然后根据高分辨率图像应该具有的特性,逐次进行迭代;最后使得图像满足所有的约束条件,即获得重建图像。在重建过程中,对图像进行更新依据的是图像所满足特性的凸集集合,当待重建的高分辨率图像 f 在所有凸集的中心时,则可以输出重建的高分辨率图像。将上述过程通过公式进行简单描述,即

$$\begin{aligned}&\min\ \mathrm{infimum} \|f - f_i\|_2^2 \\ &\text{s.t.}\ f_i \in C_i\end{aligned} \qquad (6\text{-}36)$$

通过求解上式,可以得到高分辨率图像。对上式每进行一次求解,相当于对输入的初始图像进行了一次运算操作,可以用 $f_i = P_i f$ 进行表示,P_i 称为投影算子。通过多次迭代,将所求的解逐步收敛至满足凸集集合条件且离给定初始值 f^0 的最近点,其迭代过程为

$$f^{k+1} = P_l P_{l-1} P_{l-2} \cdots P_1 f^k, \quad k=0,1,2,\cdots \qquad (6\text{-}37)$$

其中为了加快迭代的更新速度,即减少迭代次数,可采用如下方式:

$$f^{k+1} = T_l T_{l-1} T_{l-2} \cdots T_1 f^k, \quad k=0,1,2,\cdots \qquad (6\text{-}38)$$

式中，$T_i \triangleq (1-\lambda_i)I + \lambda_i P_i, i=1,2,\cdots,l$，$\lambda_i$ 为松弛因子，取值范围为 $0 < \lambda_i < 2$，用于加速方法的收敛速率。在每一次迭代过程中，$P_{m_1,m_2}\left[f(n_1,n_2,k)\right]$ 的构造过程如下：

$$P_{m_1,m_2}\left[f(n_1,n_2,k)\right] = f(n_1,n_2,k) +$$
$$\begin{cases} \dfrac{r^f(m_1,m_2,l) - \delta_0(m_1,m_2,l)}{\sum_{o_1}\sum_{o_2} h^2(m_1,m_2;o_1,o_2,l)} h(m_1,m_2;n_1,n_2,l), & r^f(m_1,m_2,l) > \delta_0(m_1,m_2,l) \\ 0, & -\delta_0(m_1,m_2,l) \leqslant r^f(m_1,m_2,l) \leqslant \delta_0(m_1,m_2,l) \\ \dfrac{r^f(m_1,m_2,l) + \delta_0(m_1,m_2,l)}{\sum_{o_1}\sum_{o_2} h^2(m_1,m_2;o_1,o_2,l)} h(m_1,m_2;n_1,n_2,l), & r^f(m_1,m_2,l) < -\delta_0(m_1,m_2,l) \end{cases}$$

(6-39)

式中，P_{m_1,m_2} 为投影过程；$f(n_1,n_2,k)$ 为第 k 次迭代重建的高分辨率红外图像；r^f 为约束高分辨率有关的残差；$\delta_0(m_1,m_2,l)$ 为图像先验性条件；$h(m_1,m_2;n_1,n_2,l)$ 和 $h(m_1,m_2;o_1,o_2,l)$ 均为第 l 次迭代输出图像的点扩散函数。

通过凸集投影方法进行图像超分辨率重建，其超分辨率解空间需要满足多个限制条件，即上述的凸集集合。为了求解得到较为理想的超分辨率图像，就需要相应的凸集集合条件，如图像正定性、能量有界性、支撑域有界性等。

考虑到图像幅值条件的限制，则信号幅值约束集 C_A 可以进行如下表示：

$$C_A = \left\{f_A(n_1,n_2) \mid \alpha \leqslant f_A(n_1,n_2) \leqslant \beta\right\}$$ (6-40)

式中，α、β 分别为信号幅值的上下边界。

其对应的投影算子 P_A 为

$$f_A = P_A f = \begin{cases} \alpha, & f(n_1,n_2) < \alpha \\ f(n_1,n_2), & \alpha \leqslant f(n_1,n_2) \leqslant \beta \\ \beta, & \beta < f(n_1,n_2) \end{cases}$$ (6-41)

能量约束集为

$$C_E = \left\{f_E(n_1,n_2) \mid \|f_E(n_1,n_2)\|^2 \leqslant E\right\}$$ (6-42)

式中，E 为约束图像的最大能量值。

其对应的投影算子为

$$f_E(n_1,n_2) = P_E f = \begin{cases} f(n_1,n_2), & \|f(n_1,n_2)\|^2 < E \\ (E/E_f)^{1/2} f(n_1,n_2), & \|f(n_1,n_2)\|^2 \geq E \end{cases} \quad (6\text{-}43)$$

由低分辨率图像序列重建一幅高分辨率图像,用其约束可用如下凸集表示:

$$C_{(m_1,m_2,l)} = \left[f(n_1,n_2,k) \Big| \|r^f(m_1,m_2,l)\|^2 \leq \delta_0(m_1,m_2,l) \right] \quad (6\text{-}44)$$

式中,r^f 为约束集中于 f 有关的残差,其表达式为

$$r^f(m_1,m_2,l) \triangleq g(m_1,m_2,l) - \sum_{(n_1,n_2)} f(n_1,n_2,k) \cdot h(m_1,m_2;n_1,n_2,l) \quad (6\text{-}45)$$

$\delta_0(m_1,m_2,l)$ 为图像先验性条件,根据噪声的统计特征,反映了统计的置信水平,所重建出来的图像满足上述不等式集合 $C_{(m_1,m_2,l)}$ 条件。残差 $r^f(m_1,m_2,l)$ 的统计特征与噪声的统计特征相对应,即可以通过设定设置残差条件的参数 δ_0 的值来对图像的噪声进行修正。

对重建高分辨率进行求解时,需要在迭代过程中对每个像元进行更新。在每一个像元 (m_1,m_2,l) 处,将低分辨率观测图像 $g(m_1,m_2,l)$ 和模拟成像过程中的 (m_1,m_2,l) 处的估计像元值之间的差值限定在一定的范围之内。

当所加入的先验性条件越多,建立的图像先验性模型越符合实际情况,则图像重建效果会更好。合适的先验性条件有利于图像重建,凸集投影方法的难点就是确定凸集约束集。

红外序列图像之间具有像元位移,为了更加有效地利用图像的冗余信息,需要对序列图像进行运动估计,运动估计出的结果对最后重建得到的高分辨率图像具有很大影响。另外传统的凸集投影方法在处理红外图像时,对噪声敏感,不能较好地保护图像特征。文献[36]在传统凸集投影方法基础上,引入 K-SVD 字典去噪的方法对红外图像进行去噪处理并利用边缘检测算子加强对边缘的保护。

在红外图像的获取过程中,由于受点扩散函数的影响,图像会变得模糊,在利用凸集投影方法对图像进行超分辨率重建过程中需要对图像进行修正。在图像像元修正过程中,通过选择点扩展函数的合适尺寸,对窗口内的像元点逐点更新修正,以达到提高图像质量的目的。

在对图像修正时,点扩展函数一般采用高斯函数,像元值按照高斯分布进行修正更新。但是对于图像的边缘区域,对图像进行直接修正一般达不到满意的结

果，因此需要对图像首先进行边缘检测，以改善图像窗口平滑核。这里以 Sobel 算子为例来阐述上面的过程。

Sobel 算子是包含两组 3×3 的矩阵，其中分为水平方向和垂直方向，两个模板如下：

$$G_x = \begin{bmatrix} -1 & 0 & 1 \\ -2 & 0 & 2 \\ -1 & 0 & 1 \end{bmatrix} \quad G_y = \begin{bmatrix} 1 & 2 & 1 \\ 0 & 0 & 0 \\ -1 & -2 & -1 \end{bmatrix} \quad (6\text{-}46)$$

图像的每一个像元的横向及纵向梯度近似值可用下式给出

$$G = \sqrt{G_x^2 + G_y^2} \quad (6\text{-}47)$$

其中梯度方向为

$$\theta = \arctan\left(\frac{G_y}{G_x}\right) \quad (6\text{-}48)$$

通过 Sobel 算子找到图像的边缘，然后根据图像像元点到图像边缘的空间距离，构造一个窗口加权函数：

$$\rho = e^{-\lambda d} \quad (6\text{-}49)$$

式中，λ 为权重系数；d 为图像像元点到图像边缘的空间距离。

则图像窗口的点扩散函数权重函数可以修改为

$$\text{PSF} = \rho \cdot e^{-\frac{(x-X_0)^2 + (y-Y_0)^2}{2}} \quad (6\text{-}50)$$

对构造的点扩散函数权重函数首先进行归一化处理，然后再对图像的像元值进行修正更新。当输入带噪的红外图像时，通过上述的基于点扩散函数图像像元修正的方法，能在一定程度上达到图像去噪目的。为了在图像去噪的同时能较好地保护图像的细节信息，可采用 K-SVD 字典学习的方法对图像去噪。

对图像进行去噪，建立如下去噪模型：

$$\min_X \|Y - X\|_2^2 \leqslant \varepsilon \quad (6\text{-}51)$$

式中，Y 为输入噪声图像；X 为待去噪后的图像；ε 为设置的噪声阈值。X 可以由过完备字典的稀疏表示给出，即

$$X = D\alpha \tag{6-52}$$

图像的过完备字典包含了图像基本特征，通过过完备字典和稀疏表示对图像进行重建不仅有去噪的作用，而且还能较好地保持图像的细节信息。联合式(6-51)和式(6-52)，可将图像去噪转化为如下形式：

$$\min\|Y - D\alpha\|_2^2 \leqslant \varepsilon \tag{6-53}$$

为了求解上式，需要首先对字典 D 和稀疏表示 α 进行求解。参数 ε 的设置可以通过峰值信噪比的估计给出。基于 K-SVD 的凸集投影方法的超分辨率重建步骤如下。

(1) 输入带噪声的低分辨率序列图像，设置迭代终止条件次数 M。
(2) 选定一幅低分辨率图像进行双线性插值得到图像重建过程中的参考图像。
(3) 根据参考图像，对序列中的低分辨率图像进行插值后进行运动估计。
(4) 根据运动估计和所建立的点扩散函数权重系数对图像的每个像元进行更新，更新后的图像作为下一次迭代使用的初始参考图像，重复(3)(4)，直到满足迭代终止条件。
(5) 利用 K-SVD 字典学习方法对重建的高分辨率图像进行去噪处理，得到最终的高分辨率图像。

6.5.3 基于正则化方法的红外图像超分辨率重建

基于正则化方法的红外图像超分辨率重建的基本思想就是通过附加解的先验知识构造正则化模型[37]，利用和原不适定性问题近似的适定性问题的解去逼近真实解，以恢复问题的适定性，尤其是稳定性。正则化方法主要利用正则项估计误差，以此作为先验知识对估计值进行迭代修正，补充图像中缺失的信息。可以将不适定性问题的数值逼近问题看成是包含扰动误差(包括算子扰动和数据扰动)所求得的解。

由于噪声的影响，低分辨率序列图像 y 可能存在误差，假设误差数据 y^δ 满足下式：

$$\|y^\delta - y\| \leqslant \delta \tag{6-54}$$

假设高分辨率图像 x 的近似解为 x^δ，则有

$$Hx^\delta = y^\delta \tag{6-55}$$

一般来说，不能直接通过式(6-55)直接来求解 x^δ。设 y 是不含有误差的低分

辨率图像的精确数据，y^δ 是满足式(6-54)的误差数据。定义 R_α 是 H^{-1} 的正则化算子，定义为

$$x^\delta = R_\alpha y^\delta \tag{6-56}$$

则近似解和精确解之间的误差为

$$\|x^\delta - x\| \leq \|x^\delta - R_\alpha y\| + \|R_\alpha y - x\| \leq \|R_\alpha\| \|y^\delta - y\| + \|R_\alpha H x - x\| \leq \delta\|R_\alpha\| + \|R_\alpha H x - x\| \tag{6-57}$$

从上式可以看出，解的误差由两部分构成：一部分是输入数据的不精确产生的误差 δ 导致的解的误差，该误差被正则化算子放大了 $\|R_\alpha\|$ 倍，当 $\alpha \to 0$ 时，$\delta\|R_\alpha\| \to \infty$；另一部分是正则化算子 R_α 逼近不连续算子 H^{-1} 在精确右端数据 y 处产生的误差 $\|(R_\alpha - H^{-1})y\|$，当 $\alpha \to 0$ 时，该项趋近于 0。

一方面，为保证近似解的稳定性，需要正则化算子的模 $\|R_\alpha\|$ 很小(即 α 不能太小)；另一方面，正则化算子 R_α 对 H^{-1} 的逼近，要求 $\|(R_\alpha - H^{-1})y\|$ 越小越好(即 α 越小越好)。因此，求解不适定方程的正则化方法的基本问题是，寻找 α 使得

$$\alpha = \arg\min\{\delta\|R_\alpha\| + \|R_\alpha H x - x\|\} \tag{6-58}$$

且需要满足当 $\delta \to 0$ 时，有 $\delta\|R_\alpha\| + \|R_\alpha H x - x\| \to 0$

解决该问题的方法是：用 α 来估计 $\|R_\alpha\|$ 和 $\|R_\alpha H x - x\|$ 以得到误差的界 $\delta c_1(\alpha) + c_2(\alpha)$，再以 α 为自变量，极小化函数 $\delta c_1(\alpha) + c_2(\alpha)$ 确定 $\alpha = \alpha(\delta)$，并且该极小化函数在 $\delta \to 0$ 时也是趋近于 0 的。

通用的正则化方法的代价函数框架为

$$L(x,\alpha) = \sum_{n=1}^{N} \rho(y_n, H_n x) + \alpha\gamma(x) \tag{6-59}$$

因此，目标方程的框架是

$$\hat{x} = \arg\min L(x,\alpha) \tag{6-60}$$

在通用的正则化代价函数式(6-59)中，$\rho(y_n, H_n x)$ 为数据一致项，表示高分辨率图像和低分辨率图像之间的相似性程度，用于保证解的逼近程度。$\rho(y_n, H_n x)$ 常取 L_p 范数形式(使用较多的有 L_1 和 L_2 范数)。文献[38]中研究分析了 L_1 和 L_2 范数的重建方法，对二者的重建性能进行了比较，在配准方法足够精确时，L_1 和 L_2 范数的重建的效果相差不大；当配准存在误差时，基于 L_1 范数的重建方法能够在

存在配准误差时保证重建的效果。

式(6-59)中的 $\gamma(x)$ 称为正则项,该项是根据问题本身的物理特性而引入的先验知识。正则项的选择直接影响重建图像的视觉效果。常用的正则项有 Phillips 正则项、Tikhonov 正则项、全变差正则项、双边全变差(bilateral total variation, BTV)正则项等。

α 为正则化参数,用于权衡数据项和正则项的相对贡献等。目前已有很多的关于正则化方法的研究,这些工作基本上都是在通用的框架下采用不同的正则化项,不同的数据项或者不同的正则化参数,其中具有代表性的研究如下。

1. Phillips 提出的代价函数

$$L(x,\alpha) = \|y - Hx\|^2 + \alpha \|x''\|^2 \tag{6-61}$$

式中,x'' 为 x 的二阶导数。

2. Tikhonov 正则化方法

Tikhonov 正则化方法是目前解决图像重建问题最为广泛应用的方法之一[39],Tikhonov 先验函数为

$$\gamma_T = \|C_x\|^2 \tag{6-62}$$

式中,C 为正则化算子,可选用 3×3 的拉普拉斯算子。二维拉普拉斯变换的离散形式可采用如下形式的定义:

$$\begin{aligned}\nabla^2 f &= \frac{\partial^2 f(x,y)}{\partial x^2} + \frac{\partial^2 f(x,y)}{\partial y^2} \\ &= f(x+1,y) + f(x-1,y) + f(x,y-1) + f(x-1,y-1) + f(x+1,y+1) - 8f(x,y)\end{aligned} \tag{6-63}$$

式(6-63)可以用图 6-13 所示的拉普拉斯算子直观地表示。

1	1	1
1	−8	1
1	1	1

图 6-13 拉普拉斯算子

其代价函数定义为

$$L(x,\alpha) = \|y - Hx\|^2 + \alpha\|Cx\|^2 \quad (6\text{-}64)$$

Tikhonov 正则化方法是把式(6-59)的极小值作为超分辨率重建的解:

$$\hat{x} = \left(H^{\mathrm{T}}H + \alpha C^{\mathrm{T}}C\right)^{-1} H^{\mathrm{T}} y \quad (6\text{-}65)$$

该正则化解一方面使$\|y - Hx\|^2$较小,从而是$y = Hx$的近似;另一方面通过正则项$\alpha\|Cx\|^2$来保证解的稳定性。大量的实验表明,Tikhonov 正则化方法可以很好的抑制噪声,且能获得超分辨率重建的稳定解。但是在利用拉普拉斯算子去除图像噪声时,会同时滤除图像的细节信息,这会导致图像的边缘模糊,细节信息丢失,使图像过于平滑。

3. 全变差正则化和双边全变差正则化方法

文献[40]提出了全变差正则化方法。Rudin 等研究发现,含有噪声的图像的全变差大于不含有噪声的图像的全变差,他们提出了一种使最小化全变差正则化方法,该方法能有效地抑制噪声又能很好的保护图像边缘[41]。全变差的定义如下:

$$\gamma_{\mathrm{TV}}(x) = \|\nabla x\|_1 \quad (6\text{-}66)$$

式中,∇为梯度算子。全变差正则化方法适合处理具有锐利边缘的图像,因此能够很好地保持图像的边缘信息。

为进一步增强边缘信息,Farsiu 等将双边滤波和全变差正则化结合起来,提出双边全变差正则化方法[42]。该方法同时引入空域和值域上的双重约束,在抑制噪声的同时保持良好的边缘信息,体现了双边滤波的特性。双边全变差函数的定义如下:

$$\gamma_{\mathrm{BTV}}(x) = \sum_{l=-p}^{p}\sum_{m=-p}^{p} \omega^{|l|+|m|} \|x - S_x^l S_y^m x\|_1 \quad (6\text{-}67)$$

式中,S_x^l和S_y^m分别为x、y在水平方向和垂直方向平移了l个像元和m个像元;ω为权重系数$(0 < \omega < 1)$。

针对红外遥感影像的特点,这里介绍一种自适应正则化模型,对于式$y = Hx + N$,建立如下所示的求解模型:

$$\hat{x} = \arg\min\|N\|^2 = \arg\min\|y - Hx\|^2 \quad (6\text{-}68)$$

利用最小二乘法进行求解:

$$\hat{x} = (H^T H)^{-1} H^T y \tag{6-69}$$

最小二乘法求解模型简单易行，但当式(6-69)中的法矩阵 $H^T H$ 的条件数很大时，其逆很不稳定，不能直接求解得到较好的重建图像。为克服求解模型的病态性，可引入正则项，建立如下的正则化求解模型：

$$\hat{x} = \arg\min\left\{\|y - Hx\|^2 + \alpha\|Cx\|^2\right\} \tag{6-70}$$

式中，α 为正则化参数；$\|Cx\|^2$ 为正则化项；C 为正则化算子。

根据式(6-64)，记第 i 幅图像的代价函数为

$$L_i\left[x, \alpha_i(x)\right] = \|y - Hx\|^2 + \alpha_i(x)\|Cx\|^2 \tag{6-71}$$

对于红外图像多帧图像的超分辨率重建，假设有 N 幅低分辨率图像，则重建后的高分辨率图像的代价函数可以写成单幅图像代价函数加权和的形式：

$$L(x) = \sum_{i=1}^{N} w_i L_i\left[x, \alpha_i(x)\right] = \sum_{i=1}^{N} w_i \left[\|y_i - H_i x\|^2 + \alpha_i(x)\|Cx\|^2\right] \tag{6-72}$$

式中，w_i 为权重系数，表征每帧图像的贡献率，满足如下的条件：

(1) w_i 应大于 0；

(2) $\sum_{i=1}^{N} w_i = 1$，N 为低分辨率图像的帧数；

(3) w_i 与 $\|y_i - H_i x\|^2$ 成反比。

满足以上三个条件的权重系数可按下式给出：

$$w_i = \frac{S}{L} \tag{6-73}$$

式中，$S = 1 \Big/ \sqrt{\sum_{i=1}^{N} \frac{\|y_i^2\|}{\|y_i - H_i x\|^2}}$；$L = \frac{\|y_i - H_i x\|^2}{\|y_i^2\|}$。

为了加快算法的收敛，对式(6-73)进行对数处理可得

$$w_i = \frac{L_1}{S_1} \tag{6-74}$$

式中，$L_1 = \ln\left(\dfrac{\|y_i^2\|}{\|y_i - H_i x\|^2} + 1\right)$；$S_1 = \ln\prod_{i=1}^{N}\left(\dfrac{\|y_i - H_i x\|^2}{\|y_i^2\|} + 1\right)$。

使式(6-73)达到最小值的必要条件是标函数 $L(x)$ 的梯度为 0，即 $\frac{\partial L(x)}{\partial x} = 0$。

$$\nabla_x L(x) = \sum_{i=1}^{N} w_i \left[\nabla_x \|y_i - H_i x\|^2 + H_i^T (H_i^T - y_i) + \nabla_x \alpha_i(x) \|Cx\|^2 + \alpha_i(x) C^T C x \right] \quad (6\text{-}75)$$

简化后有

$$\nabla_x L(x) = \sum_{i=1}^{N} w_i \left[H_i^T \left(H_i^T x - y_i \right) + \alpha_i(x) C^T C x \right] = 0 \quad (6\text{-}76)$$

即

$$\sum_{i=1}^{N} w_i \left[H_i^T H_i^T x + \alpha_i(x) C^T C x \right] = \sum_{i=1}^{N} w_i H_i^T y_i \quad (6\text{-}77)$$

上式的直接求解十分复杂，可利用迭代法求解问题，在迭代过程中引入松弛迭代因子以增加迭代的灵活性，不仅可以避免对算子求逆，而且可以在迭代运算过程中观察解的变化情况。迭代过程如下：

$$x_{n+1} = x_n - e \sum_{i=1}^{N} w_i \left[H_i^T \left(H_i x_n - y_i \right) + \alpha_i(x_n) C^T C x_n \right] \quad (6\text{-}78)$$

式中，e 为迭代步长；α_i 为正则化参数；w_i 为第 i 帧的图像的权重，用来衡量每帧低分辨率图像对重建图像的相对贡献量。

式(6-78)是基于 L_2 范数推导出的迭代公式，当数据一致项 $\rho(y, Hx)$ 取 L_1 范数时，有：

$$\rho(y_n, H_n x) = \|H_n x - y_n\|_1 \quad (6\text{-}79)$$

其梯度函数为 $\varphi(y_n, H_n x) = \text{sgn}(H_n x - y_n)$。

L_1 范数的迭代过程为

$$x_{n+1} = x_n - e \sum_{i=1}^{N} w_i \left[H_i^T \text{sgn}(H_i x_n - y_k) + \alpha_i(x_n) \phi(x_n) \right] \quad (6\text{-}80)$$

式中，$\phi(x_n)$ 为拉普拉斯先验模型的梯度函数，亦可采用全变差先验模型或者双边全变差先验模型的梯度函数，其中双边全变差先验模型的梯度函数可以表示为

$$\phi_{\text{BTV}}(x^n) = \sum_{l=-p}^{p} \sum_{m=-p}^{p} w^{|l|+|m|} \left(I - S_y^{-m} S_x^{-l} \right) \times \text{sgn}\left(x^n - S_y^{-m} S_x^{-l} x^n \right) \quad (6\text{-}81)$$

式中，S_x^{-l} 为将图像沿 x 方向平移 $-l$ 的像元；S_y^{-m} 为将图像沿 y 方向平移 $-m$ 的像元。

迭代过程的终止条件为

$$\|x_{n-1} - x_n\|^2 / \|x_n\|^2 < \eta$$

式中，η 为一设定的阈值。

测试数据为高分四号卫星红外影像，分别采用投影最大后验概率方法，基于 K-SVD 的凸集投影方法和正则化方法进行实验。图 6-14 为基于退化模型的像超分辨率重建红外图像。

(a) 原始低分辨率红外影像

(b) 基于投影最大后验概率方法的超分辨率重建图像

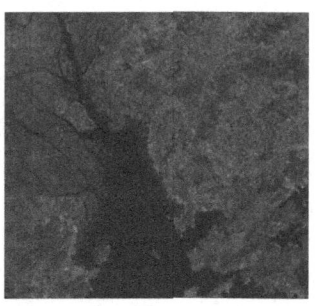
(c) 基于 K-SVD 的凸集投影方法的超分辨率重建图像

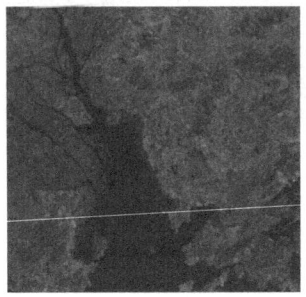
(d) 基于正则化方法的超分辨率重建图像

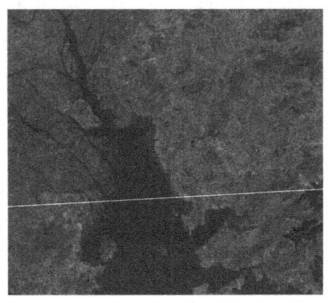
(e) 高分四号卫星高分辨率红外影像

图 6-14 基于退化模型的超分辨率重建红外图像

为了更清楚地观察上述实验结果，在上面五幅遥感影像中选择若干同一局部区域做放大比较，图 6-15 为选取的局部区域在原图中的位置，图 6-16 和图 6-17 分别为区域 1 和区域 2 基于退化模型的超分辨率重建红外图像放大对比图。

从放大局部区域的对比图可以看出，基于投影最大后验概率方法的超分辨率重建方法虽然在计算和速度上占优势，但是其重建图像效果不如基于改进的凸集投影方法和基于正则化方法的超分辨率重建方法。

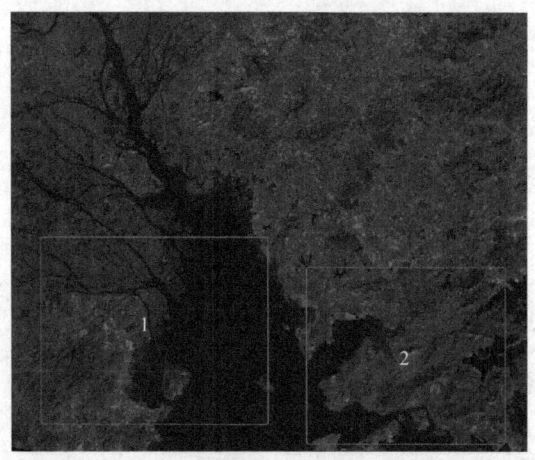

图 6-15　原始高分辨率遥感影像局部位置图

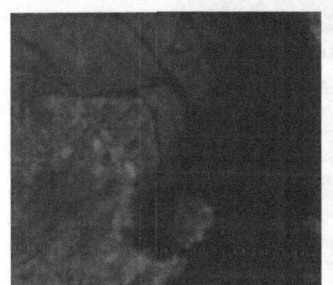
(a) 低分辨率红外影像

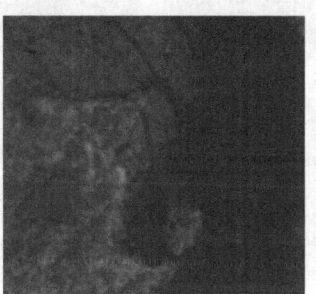
(b) 基于投影最大后验概率方法的超分辨率重建图像

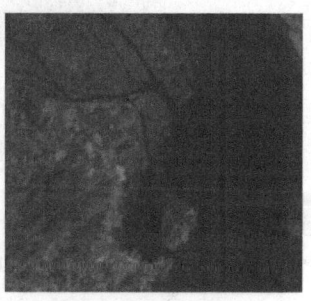
(c) 基于 K-SVD 的凸集投影方法的超分辨率重建图像

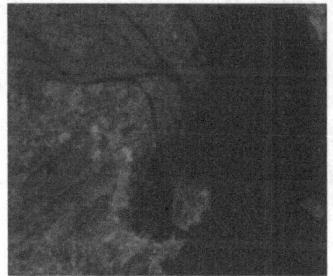
(d) 基于正则化方法的超分辨率重建图像

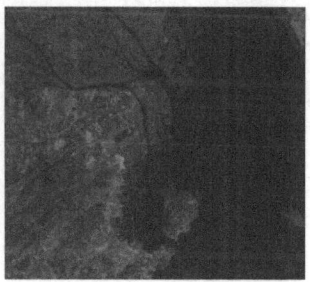
(e) 原始高分辨率红外影像

图 6-16　基于退化模型的超分辨率重建红外图像放大对比图（区域 1）

(a) 低分辨率红外影像

(b) 基于投影最大后验概率方法的超分辨率重建图像

(c) 基于K-SVD的凸集投影方法的超分辨率重建图像

(d) 基于正则化方法的超分辨率重建图像

(e) 原始高分辨率红外影像

图 6-17　基于退化模型的超分辨率重建红外图像放大对比图(区域 2)

6.6　基于流形学习的红外图像超分辨率重建

　　基于学习的红外图像超分辨率重建方法目前已引起广泛关注，基本的思路是沿用可见光超分辨率重建的方法。这里仅介绍一种基于流形学习的红外图像超分辨率重建方法。

　　数学上的流形概念是对一般的几何对象的总称，包括各种维数的曲线和曲面。假定所处理的数据采样于一个潜在的流形上，流形学习的方法即是将一组高维空间中的数据在低维空间中重新表示，而图像超分辨率重建的目的则是由低分辨率图像估计高分辨率图像。若是将低分辨率图像(或图像块)和高分辨率图像(或图像块)分别看作低维空间和高维空间中的点，则图像超分辨率重建可以看作流形学习的逆过程。因而可以将流形学习的方法引入图像超分辨率重建问题中。局部线性嵌入是一种非监督的流形学习方法[43]，该方法是一种非线性信号特征矢量维数的优化方法，即在保持原始数据性质不变的情况下，将高维空间的信号映射到低维空间上。LLE 的基本思想是一个流形在很小的局部邻域内可以近似看成是局部线性的,因此,一个点可以用它邻域的点进行最小二乘意义下的最优线性表示。通过开发线性结构的局部对称性,LLE 能够学习非线性流形的全局结构,如人脸图像、文本文档产生的非线性流形等。

Chang 等最早提出基于 LLE 的图像超分辨率重建方法[44]。假设低分辨率图像块与对应的高分辨率图像块形成具有局部相似几何结构的流形,借助训练高-低分辨率图像块对来估计未知的高分辨率图像。该方法只需要较少的训练样本就可以得到较好的重建结果。然而,由于低分辨率到高分辨率是一种一对多的映射,高-低分辨率图像块对的近邻关系并不能很好地保持;另外若是近邻数目选择不恰当,容易由于过拟合或欠拟合而产生模糊效应。Su 等对近邻问题进行了探讨,研究了不同的降采样因子、降采样方法对邻域保持的影响[45]。Chan 和 Zhang 通过直方图匹配选择相近的训练图像[46]。Park 和 Savvides 对基于 LLE 的超分辨率重建方法提出迭代补偿的策略,在高、低分辨率两个空间迭代更新近邻,用于改进人脸图像的重建效果[47]。Chan 等对基于 LLE 的超分辨率重建方法进行扩展,提出一种新的特征选择方法,该特征联合一阶梯度和归一化亮度值(即亮度值减去平均值)组成特征向量,分别捕捉图像的低频、高频信息,以达到更好地保持边缘并平滑亮度区域的目的[48]。

在基于 LLE 的超分辨率重建方法中,需要将每个图像块表示为一个特征向量,并以此为依据,在训练集中寻找距离最相近的 k 个近邻。因此,提取的特征向量合适与否,关系到选择的 k 个近邻是否为"真正"的近邻,这对超分辨率重建的效果有着重要的影响。Chang 等使用像元亮度值的一阶、二阶梯度作为低分辨率图像块的特征,但是二阶梯度对噪声和双边缘敏感,容易影响重建结果[44]。Chan 等提出的特征向量中,一阶梯度只能捕捉水平、垂直方向的高频细节[48]。因此,需要更合适的特征来改进超分辨率重建的性能。

下面讨论一种特征选择方法来改进基于流形学习的超分辨率性能。由于归一化亮度较之于一阶、二阶梯度能更好的保持邻域关系,因此可将归一化亮度作为候选特征之一,用来表示图像的低频信息或者全局结构。图像块的归一化亮度计算如下:

$$L_{ij} = y_{ij} - \frac{1}{S^2}\sum_{r=1}^{S}\sum_{c=1}^{S}y_{rc} \tag{6-82}$$

式中,S 为图像块的尺寸;y_{ij} 和 L_{ij} 分别为像元 (i,j) 的亮度值和归一化度。

仅利用低频信息(归一化亮度)预测高分辨率细节是不够的,可以通过引入平稳小波变换(stationary wavelet transform, SWT)来捕捉高频信息[49]。平稳小波变换是一种非降采样且冗余的小波变换,具有时移不变性,其基本思想是对数据在每一级应用合适的高通和低通滤波器,并对每一级的滤波器进行补零插值产生下一级的两个序列。由于不进行降采样,两个新序列与原来的序列长度相同。若正交小波变换的低通、高通滤波器对应的系数分别为 h_j、g_j,则平稳小波变换滤波器 $H^{[r]}$、$G^{[r]}$ 的系数分别为 $h_{2^r j}^{[r]} = h_j, h_k^{[r]} = 0$、$g_{2^r j}^{[r]} = g_j, g_k^{[r]} = 0$(当 k 不等于 2^r 的整数倍)。对滤波器 $H^{[r-1]}$ 的元素两两之间补零,得到滤波器 $H^{[r]}$,$G^{[r]}$ 同理可得。

令 a^J 为原始序列,对于 $j = J, J-1, \cdots, 1$,平稳小波变换递归定义如下:

$$a^{j-1} = H^{[J-j]} a^j, \quad b^{j-1} = H^{[J-j]} b^j \tag{6-83}$$

式中,若 a^J 的长度为 2^J,则所有向量 a^j、b^j 的长度均为 2^J。

图像的二维平稳小波变换如图 6-18 所示,其中 Y 为原始图像,Y_{LL} 为低频逼近系数,Y_{HL}、Y_{LH}、Y_{HH} 为高频细节子带系数,分别表示水平、垂直及对角方向的高频信息。对 Y_{LL} 继续分解,即可得到多级平稳小波变换。

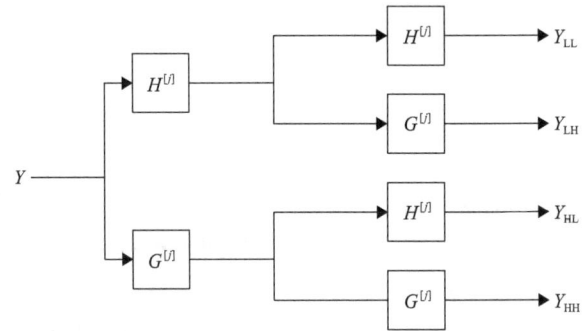

图 6-18 图像的二维平稳小波变换

廖秀秀引入平稳小波变换的细节子带系数表示图像的高频信息[50]。将图像块的归一化亮度与平稳小波变换的细节子带系数串接起来,并赋予权值 α、β、γ,得到新的特征向量,即 $(L, y_{LH} \times \alpha, y_{HL} \times \beta, y_{HH} \times \gamma)$。

现在的任务是给定低分辨率图像 y,在训练图像集的帮助下估计目标高分辨率图像 x。基于特征选择的超分辨率重建方法可分为两个部分:训练集预处理和测试图像超分辨率重建。

1. 训练集预处理

将高分辨率训练图像集中的图像划分为 $(R \times n) \times (R \times n)$ 大小的图像块 $\{X_s^p\}$,$p = 1, 2, \cdots, P_s$,其中 R 表示超分辨率放大倍数,下标 s 表示图像块,P_s 表示图像块的个数。对每一个高分辨率图像块进行零均值处理。

根据图像退化模型，对高分辨率训练图像集中的图像进行模糊和降采样，得到对应的低分辨率训练图像集。

将低分辨率训练图像集中的图像划分为 $n\times n$ 大小的图像块，对每一个低分辨率图像块提取归一化特征值 L。对图像进行平稳小波变换，每幅低分辨率图像得到三个细节子带系数图，分别划分为 $n\times n$ 大小的图像块，得到每个块的平稳小波变换系数特征。将各特征按权重串接，得到 $(L, y_{\text{LH}}\times\alpha, y_{\text{HL}}\times\beta, y_{\text{HH}}\times\gamma)$。所有低分辨率训练块的特征向量组成集合 $\{y_s^p\}, p=1,2,\cdots,P_s$。

2. 测试图像超分辨率重建

将低分辨率测试图像划分为重叠的 $n\times n$ 大小的图像块，对每一个图像块进行如下操作。

(1) 提取特征 $(L, y_{\text{LH}}\times\alpha, y_{\text{HL}}\times\beta, y_{\text{HH}}\times\gamma)$，组成特征向量 y^q，计算块均值 M_q 并保存。

(2) 在训练集的低分辨率图像块特征向量 $\{y_s^p\}, p=1,2,\cdots,P_s$ 中寻找与 $y^p(p=1,2,\cdots,q_s, q_s=n\times n)$ 距离最近的 k 个特征向量，即 k 个低分辨率近邻 $\{y_s^p\in N_q\}$，N_q 表示 k 个近邻的集合。

(3) 根据 LLE 方法，计算重构权值 w_{qp}，使重构误差 ε^q 最小，即

$$\varepsilon^q = \left\| y^q - \Sigma_{y_s^p\in N_q} w_{qp} y_s^p \right\|^2 \tag{6-84}$$

并要求满足约束 $\Sigma_{y_s^p\in N_q} w_{qp}=1$。

(4) 保持权值 w_{qp} 不变，使用与 $\{y_s^p\in N_q\}$ 对应的 k 个高分辨率近邻块 $\{x_s^p\}$，重构高分辨率图像块 x^q。

$$x^q = \Sigma_{y_s^p\in N_q} w_{qp} x_s^p \tag{6-85}$$

(5) 将重构的高分辨率图像块 x^q 加上均值 M_q。由上述步骤得到所有的高分辨率图像块 $\{x^q\}, q=1,2,\cdots,Q_s (Q_s=Rn\times Rn)$ 后，通过在重叠像元处取均值，对相邻块强加局部一致性和平滑性约束，就得到目标高分辨率图像 x。

选取一组高分四号卫星的低分辨率红外图像进行测试上述超分辨率重建方法，图 6-19 为基于流形学习的超分辨率重建红外图像。

对比图 6-19 中的(a)~(c)，通过观察图像中的边缘部分可以发现，经过基于流形学习的超分辨率重建结果较之于原始图像，图像的细节有了明显的改善。比较图中的(b)和(c)，几乎很难发现二者的差别，这说明了基于流形学习的图像超

分辨率重建具有良好的性能表现。

  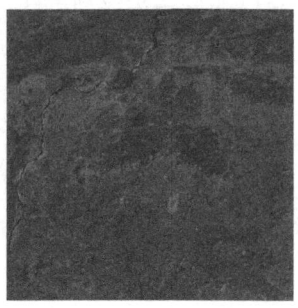

(a) 原始低分辨率红外影像　　(b) 基于流形学习的超分辨率重建图像　　(c) 高分四号卫星高分辨率红外影像

图 6-19　基于流形学习的超分辨率重建红外图像

参 考 文 献

[1] 朱述龙, 张占睦. 遥感图像获取与分析. 北京: 科学出版社, 2000.

[2] 梁俊文. 多光谱飞行目标仿真系统研究. 杭州: 浙江大学, 2007.

[3] Clark J R. A new classification system for radiation detectors. Journal of the Optical of Society American, 1949, 39(5): 327-343.

[4] Clark J R. Factors of merit for radiation detectors. Journal of the Optical of Society American, 1949, 39(5): 344-356.

[5] Williams O M. Imaging infrared fundamentals: An alternative perspective. Proceedings of SPIE on Infrared Imaging Systems: Design, Analysis, Modeling, and Testing III. Orlando, 1992.

[6] Hearn D, Baker M P, Baker M P. Computer graphics with OpenGL (Third Edition). Upper Saddle River: Prentice Hall, 2004.

[7] 张海涛, 赵达尊. 微扫描较少光电成像系统频谱混淆的数学原理及实现. 光学学报, 1999, 19(9): 1263-1268.

[8] 朱建. 红外图像超分辨率重建的仿真研究. 南京: 南京理工大学, 2005.

[9] D'Agostino J A, Webb C M. Three-dimensional analysis framework and measurement methodlogy for imaging system noise. Infrared Imaging Systems: Design, Analysis, Modeling, and Testing II, Orlando, 1991.

[10] 王晓蕊. 红外成像系统性能模型及现场性能预测. 西安: 西安电子科技大学, 2003.

[11] Sadi J, Crastes A. High resolution images obtained with uncooled microbolometer. Proceedings of SPIE on Infrared Imaging Systems: Design, Analysis, Modeling, and Testing, Orlando, 2008.

[12] Wiltse J M, Miller J L. Imagery improvements in staring infrared imagers by employing subpixel microscan. Optical Engineering, 2005, 44(5): 1-9.

[13] Fortin J, Chevrette P C. Evaluation of the microscanning process. SPIE's 1994 International Symposium on Optics, Imaging, and Instrumentation, San Diego, 1994.

[14] Awamoto K, Ito Y, Ishizaki H, et al. Resolution improvement for HgCdTe IRCCD. Proceedings of SPIE on Infrared Detectors and Focal Plane Arrays II, Orlando, 1992.

[15] Armstrong G R, Packard P D. CMT and PtSi FLIR systems for EUCLID RTP 8.1. Proceedings of SPIE Design and Engineering of Optical Systems, Glasgow, 1996.

[16] Cabanski W A, Breiter R, Mauk K H, et al. Miniaturized high-performance starring thermal imaging system. Proceedings of SPIE on Infrared Detectors and Focal Plane Arrays VI, Orlando, 2000.

[17] Sui X B, Chen Q, Gu G H. Algorithm for eliminating stripe noise in infrared image. Journal of Infrared and Millimeter Waves, 2012, 31(2): 106-112.

[18] Guizar-Sicairos M, Thurman S T, Fienup J R. Efficient subpixel image registration algorithms. Optics Letters, 2008, 33(2): 156-158.

[19] 白俊奇, 陈钱, 王娴雅. 一种改进的凝视红外图像高分辨率重建算法. 光学学报, 2010, 30(1): 86-90.

[20] 龚昌来, 罗聪, 杨冬涛, 等. 基于线性插值和正弦灰度变换的红外图像放大. 光电工程, 2013, 40(2): 110-114.

[21] 雷小丽, 党群. 一种新的非线性变换法实现图像增强的方法. 光子学报, 2007, 36(6): 346-348.

[22] 寇小明, 刘上乾, 洪鸣, 等. 一种自适应红外图像增强技术. 西安电子科技大学学报: 自然科学版, 2009, 36(6): 1070-1074.

[23] 黎育红, 周建中, 丁威. 基于自适应阈值的红外图像增强. 科学技术与工程, 2010, 10(4): 922-927.

[24] 李佐勇, 刘传才, 程勇, 等. 红外图像统计阈值分割方法. 计算机科学, 2010, 37(1): 282-286, 298.

[25] Schultz R R, Stevenson R L. Extraction of high-resolution frames from video sequences. IEEE Transactions on Image Processing, 1996, 5(6): 996-1011.

[26] Schultz R R, Stevenson R L. A Bayesian approach to image expansion for improved definition. IEEE Transactions on Image Processing, 1994, 3(3): 233-242.

[27] Nguyen N, Milanfar P. A computationally efficient super resolution image reconstruction algorithm. IEEE Transactions on Image Processing, 2001, 4(8): 573-583.

[28] 张新明, 沈兰荪. 基于多尺度边缘保持正则化的超分辨率复原. 软件学报, 2003, 14(6): 1075-1081.

[29] Shen H, Zhang L, Huang B, et al. A MAP approach for joint motion estimation, segmentation, and super resolution. IEEE Transactions on Image Processing, 2007, 16(2): 479-489.

[30] Chantas G K, Galatsanos N P, Woods N A. Super-resolution based on fast registration and maximum a posteriori reconstruction. IEEE Transactions on Image Processing, 2007,16(7): 1821-1829.

[31] Stark H, Oskoui P. High resolution image recovery from image-plane arrays, using convex projections. Journal of the Optical Society of America a Optics and Image Science, 1989, 6(11): 1715-1726.

[32] Patti A J, Altunbasak Y, et al. Artifact reduction for set theoretic super resolution image reconstruction with edge adaptive constraints and higher-order interpolants. IEEE Transactions on Image Processing, 2001, 10(1):179-186.

[33] Patti A J, Sezan M I, Tekalp A M. High resolution standards conversion of low resolution video. Proceedings of the IEEE International Conference on Acousics, Speech and Signal Processing, Detroit, 1995.

[34] Patti A J, Sezan M I, Tekalp A M. Superresolution video reconstruction with arbitrary sampling lattices and nonzero aperture time. IEEE Transactions Image Processing, 1997, 6(8): 1064-1076.

[35] Eren P E, Sezan M I, Tekalp A M. Robust, object-based high-resolution image reconstruction from low-resolution video. IEEE Transactions Image Processing, 1997, 6(10): 1446-1451.

[36] 何阳. 红外成像超分辨率图像重建算法研究. 长春: 中国科学院长春光学精密机械与物理研究所, 2015.

[37] 徐启飞, 张怀国, 王厚军, 等. 自适应正则化超分辨率 MR 图像重建.中国组织工程研究与临床, 2010, 39: 46.

[38] 肖亮, 韦志辉. 图像超分辨率重建的非局部正则化模型与算法研究. 计算机学报, 2011, 34(5): 931-942.

[39] 张路寅, 张玉海, 钱坤明, 等. 关于不适定问题的迭代 Ttkhonov 正则化方法. 山东大学学报(理学版), 2011, 46(4): 29-33.

[40] Marquina A, Osher S. Image super-resolution by TV regularization and Bregman iteration. Journal of Scientific Computing, 2008, 37(3): 367-382.

[41] Rudin L I, Osher S, Fatemi E. Nonlinear total variation based noise removal algorithms. Physica D Nonlinear Phenomena, 1992, 60: 259-268.

[42] Farsiu S, Robinson M D, Elad M, et al. Fast and robust multiframe super resolution. IEEE Transactions on Image Processing, 2004, 13(10): 1327-1344.

[43] Roweis S T, Saul L K. Nonlinear dimensionality reduction by locally linear embedding. Science, 2000, 290(5500): 2323-2326.

[44] Chang H, Yeung D Y, Xiong Y. Super-resolution through neighbor embedding. IEEE Computer Society Conference on Computer Vision and Pattern Recognition, Washington D. C., 2004.

[45] Su K, Tian Q, Xue Q, et al. Neighborhood issue in single-frame image super-resolution. IEEE International Conference on Multimedia and Expo, Amsterdam, 2005.

[46] Chan T M, Zhang J. An improved super-resolution with manifold learning and histogram matching.Proceeding of IAPR International Conference on Biometrics, Heidelberg, 2006.

[47] Park S W, Savvides M. Robust super-resolution of face images by iterative compensating neighborhood relationships. Biometrics Symposium, Baltimore, 2007.

[48] Chan T M, Zhang J, Pu J, et al. Neighbor embedding based super-resolution algorithm through edge detection and feature selection. Pattern Recognition Letters, 2009, 30(5): 94-502.

[49] Demirel H, Anbarjafari G. Image resolution enhancement by using discrete and stationary wavelet decomposition. IEEE Transactions on Image Processing, 2011, 20(5): 1458-1460.

[50] 廖秀秀. 基于学习的图像超分辨率重建算法研究. 广州: 华南理工大学, 2013.

第7章 光学影像辅助的异源图像超分辨率重建

卫星平台一般搭载有多个成像传感器，这些传感器能同时获取同一场景不同的信息，获得的影像往往也具有不同的空间分辨率。一般情况下，可见光的空间分辨率要高于红外及其他传感器获得的图像。借助具有高分辨率的图像来辅助其他低分辨率图像的超分辨率重建，可以凸显低分辨率图像的场景细节。本章主要介绍基于可见光影像辅助的红外和深度图像的超分辨率重建。

7.1 概 述

传感器技术的快速发展，为各种应用提供了大量的数据源，乃至形成了数据"矿山"。不同的成像传感器由于其成像机理不同，获得的图像所承载的目标场景信息也有所差异，数据的形式也各不相同。针对某一具体的应用，单一类型的图像所携带的目标场景信息往往难以满足实际应用的需要。

在光学遥感领域，高/多光谱成像仪可以同时获得多个波段的图像，波段数高达数百个，如美国的航天高光谱成像系统(hyperspectral imaging systems, HIS)在 0.4~2.5μm 光谱范围内，提供 384 个光谱段的图像数据；美国的机载可见光红外成像光谱仪(airborne visible/infrared imaging spectrometer, AVIRIS)采用线阵列推扫成像，其成像光谱范围为 0.4~2.5μm，共有 224 个成像波段。这些高光谱影像蕴含有丰富的地物光谱信息，但是其空间分辨率往往较低，导致几何信息贫乏。对于全色波段而言，其空间分辨率较高，达到了米级甚至是亚米级，能够刻画地物场景的细节，但是缺乏光谱信息，也难以实现目标的精准识别[1,2]。这种光谱信息和空间几何结构信息难以两者兼得的现状对目标的精准探测带来了困难。

在雷达探测应用领域，雷达对目标的几何特性(包括微观的粗糙度与表面效应及宏观的朝向与多次反射)非常敏感，在图像上表现为暗或亮的点或区域；可见光图像对目标的物理和化学属性(如反射率、反照率和颜色等)则更为敏感，所获得的图像携带有不同地物的轮廓与光谱信息，但对于目标的自然属性(如金属特性)和目标所处的环境状态(土壤的温度和植被的干燥度等)则无法直接感知，这显然不利于地物本质特征的获取[3]。

在医学成像领域，目前用于医学临床的图像基本上可以分为解剖结构图像与功能图像两类：前者主要包括 X 射线、CT、MRI 及超声图像等，用于描述人体的生理解剖结构；后者主要包括 PET、SPECT 及 fMRI 等，主要体现了人体在不同状态下组织器官的功能活动情况。不同的图像模态提供了不同的信息，CT 和

MRI 图像能提供人体头部精确的解剖结构信息，但缺乏相应的功能信息；PET 和 SPECT 图像能提供大量的功能信息，但对解剖结构却无能为力。因此，医生需要将这两种图像相结合才能够进行病情的准确诊断[1]。

  为了全面地描述和度量目标场景的信息，当下比较常见的方法是图像融合。按照 Pohl 和 Genderen 的理解，所谓图像融合就是通过一种特定算法将两幅或多幅图像合成为一幅新图像[4]。图像融合的主要思想就是采用一定的算法，把工作于不同波长范围、具有不同成像机理的各种图像传感器对同一个场景获取的多个图像融合成一个新的图像，从而使融合的图像具有更高的可信度、较少的模糊和更好的可理解性，更适合人的视觉或者计算机检测、分类、识别，以及理解等。

  关于图像融合，目前已有大量的相关研究。图像融合的前提是不同的源图像承载的目标信息具有互补性和冗余性。如果将图像融合操作过程视作一个黑盒子，其输入是不同的图像（分辨率、时相、波段等），基于像元级的融合输出的是含有各个数据源的综合图像，基于特征级融合输出的是含有不同目标特性的特征图，这些融合结果含有所有源图像的信息。融合方法尽管对于图像的人工判读或机器解译带来了一定的便利，但通过融合后获得的"新数据"带有明显的人为加工或臆造的痕迹，并没有物理意义，在客观世界上并不存在。如对于可见光图像和红外图像的融合，姑且不论融合的效果如何，单论其融合后输出的图像既非红外光亦非可见光，因此这种"非驴非马"的融合结果缺乏物理上的解释。

  对于图像超分辨率重建问题而言，如何在某一高分辨率影像的支持或辅助下，获得另一低分辨率影像分辨率的提升，且并不改变低分辨率数据的原有属性（即低分辨率红外演变为高分辨率红外，低分辨率深度图像重建后仍为深度图像），这是一个极具研究价值的问题。基于异源高分辨率影像辅助的超分辨率重建，是利用高分辨率影像的空间几何信息实现低分辨率图像的分辨率提升，输出的结果是增补出低分辨率影像在原有波段处的高频成分，这与图像融合的目的有一定的相同之处，但从波段属性的改变与否层面来看，二者又截然不同。传统的单幅图像或图像序列的超分辨率重建，是通过输入图像（序列）建立超分辨率重建模型，获得的高分辨率影像含有源图像的灰度信息，因此这种图像超分辨率重建方法又有别于传统的超分辨率重建（表 7-1）。

表 7-1 图像融合、传统超分辨率重建和异源图像辅助的超分辨率重建的异同

比较项	图像融合	传统超分辨率重建	异源图像辅助的超分辨率重建
输入	多幅异源影像	单幅或图像序列（同源）	异源的高分辨率影像和待重建的低分辨率影像
输出	融合影像（与输入图像不同源）	高分辨率影像（与低分辨率影像同源）	高分辨率影像（与低分辨率影像同源）
方法	采用灰度级、特征级或决策级融合方法	在图像退化模型的基础上进行重建	在图像退化模型的基础上利用高分辨率影像的空间信息进行约束或辅助

7.2 基于可见光影像辅助的红外图像超分辨率重建

红外图像可为监测和遥感等许多应用提供有价值的信息，目前已经得到了广泛的应用。然而与可见光图像相比，红外图像的质量通常较差(表现为信噪比较低)，同时由于非理想光学效果的模糊和探测器尺寸有限的原因，其空间分辨率也相对有限。因此，开展红外图像超分辨率重建对于提高红外图像的应用水平具有明显的意义。

7.2.1 基于边缘相关性分析的红外图像超分辨率重建

早期的红外图像超分辨率重建是将传统的重建方法(如最大后验概率方法和凸集投影方法等)施加于低分辨率的红外图像上[5,6]。与基于退化模型的可见光超分辨率重建方法相类似，这类方法是通过考察红外图像的成像过程，分析红外图像退化的因素，并构建相应的图像退化模型，继而通过反问题的求解来获得高分辨率红外图像。因此其重建的效果取决于两个方面：①高精度红外图像退化模型的构建，由于成像过程的复杂性，一般情况下很难得到准确度很高的数学模型[5]；②模型的求解，在重建过程中，即使利用不同的正则约束，红外图像中一些高频部分也难以完全准确的恢复，并且重建后的图像在一些强边缘处往往具有明显的振铃效应。

与传统同一传感器获取的多幅低分辨率图像的红外图像超分辨率不同，红外图像超分辨率重建也可以利用同一场景的高分辨率可见光影像来辅助进行。这种方法突破了传统超分辨率中对图像同源的限制，因此具有更大的灵活性和适用性。

由于可见光波段毗邻红外波段，因此可见光图像与红外图像具有较强的相关性。高分辨率可见光图像高频信息丰富，表现为边缘等细节清晰，利用高分辨率可见光图像的高频信息辅助或规划低分辨率红外图像超分辨率重建，可以丰富红外图像的信息量，强化其边缘等高频成分。基于这种思想，利用可见光影像，文献[7]提出了一种针对红外图像的高频和低频分别独立进行超分辨率重建后合成的方法。其基本过程为：首先，利用可见光图像信息提升相应红外图像强边缘区的分辨率；然后，其他区域则利用传统的超分辨率重建方法提升其分辨率。重建流程如图 7-1 所示。

图 7-1 所示的流程可以分为如下几个主要步骤：①红外图像边缘提取；②边缘相关性分析；③相关边缘重建；④非相关边缘重建；⑤边缘优化重建；⑥非边缘区域重建等。其中非边缘区域的重建采取传统的插值方法，在此不再赘述。

第7章 光学影像辅助的异源图像超分辨率重建

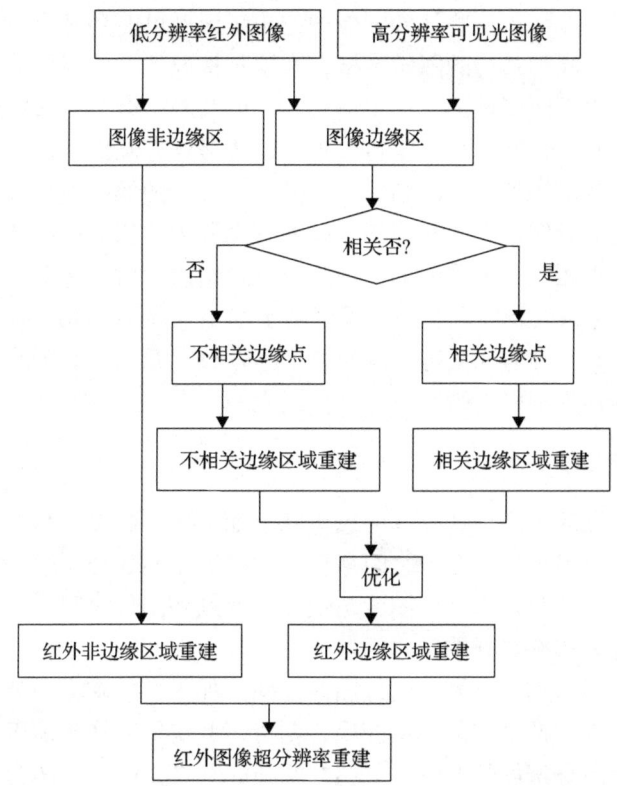

图 7-1 基于边缘相关性分析的红外图像超分辨率重建框架图

1. 红外图像边缘提取

边缘像元点存在于图像边缘区域中，为了将图像边缘区域与图像纹理、平坦区域区分开来，定义如下边缘值[8]，即

$$e(k,l) = \left[1 - e^{\frac{\lambda_1 + \lambda_2}{\sigma_1}}\right]\left[1 - e^{\frac{(\lambda_1+\varepsilon)(\lambda_2+\varepsilon)}{\sigma_2}}\right] \tag{7-1}$$

式中，λ_1 和 λ_2 为像元点(k,l)结构张量的特征值，其中 $\lambda_1 \geq \lambda_2 \geq 0$，它们反映了该像元点处边缘结构的强度；$\sigma_1$ 和 σ_2 为预定义参量；参量 ε 为一较小的正数，用来防止除数为零。将每个像元的边缘值设定阈值 T_e，以此提取出红外图像和可见光图像相应的边缘像元点。

2. 边缘相关性分析

利用可见光图像，估计红外图像边缘像元的图像区域，以此提高红外图像边缘区域的分辨率。然而，一些红外图像中的边缘区域可能会对应于可见光图像中的平坦区域或者不同类结构的图像区域，在这种情况下，使用可见光图像边缘信息辅助红外图像边缘区域重建会产生适得其反的效果，即会导致重建结果产生模糊或者形变。因此，合理的做法是将可见光的边缘信息施加于与红外图像相关性强的边缘上，才有望得到期望的结果。红外与可见光图像中具有相关性的边缘像元，称之为相关边缘像元点，其他的边缘像元点称为不相关边缘像元点。为了区分边缘像元点是否相关，可采取如下的简单方式给出：对于每个可见光图像边缘像元，如果它对应的红外像元点的边缘值高于T_e并且两者的相似性高于T_s，那么就将对应的红外像元称为相关边缘像元，并记为Ω_C。反之，对于剩余的不满足上述条件的边缘点称为不相关边缘像元点，记为Ω_R。

3. 相关边缘重建

对于相关边缘的重建，其基本的思想基于如下两种假设：其一，高分辨率可见光图像和低分辨率可见光图像之间存在着一种退化函数（或称为模糊函数），该退化函数亦存在于高分辨率红外图像与低分辨率红外图像之间；其二，高分辨率可见光图像和高分辨率红外图像之间存在着一种仿射变换，该仿射变换亦存在于低分辨率可见光图像和低分辨率红外图像之间。如果可以求得低分辨率可见光图像与低分辨率红外图像之间的仿射变换，则可将此仿射变换施加于高分辨可见光图像，即可获得高分辨红外图像。上述的阐释如图7-2所示。H为同类高、低分辨率图像之间的退化函数，f为同分辨率下的可见光图像和红外图像之间的仿射变换。因此其关键问题是仿射变换f和退化函数H的求取。

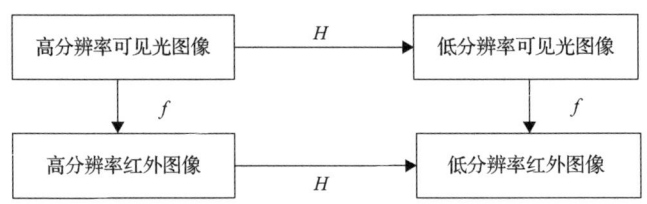

图7-2　高、低分辨率红外图像与可见光图像关系示意图

文献[9]将图7-2中的过程表示为如下的局部仿射变换：

$$R_{k,l}(x_{\text{IR}}) = \left[aH_\sigma R_{k,l}(X_{\text{VIS}}) + bl\right], \quad \forall (k,l) \in \Omega_C \tag{7-2}$$

式中，$R_{k,l}(x_{\text{IR}})$和$R_{k,l}(X_{\text{VIS}})$分别为以点(k,l)为中心的低分辨红外图像块和高分辨率可见光图像块；H_σ为以σ为标准差的高斯模糊核的卷积矩阵；l为元素全为1的向量；参数a和b分别为局部仿射模型的缩放和偏移参数。对边缘点(k,l)，参数a、b和σ可以通过最小化如下平方误差估算出：

$$E(a,b,\sigma) = \left\| aH_\sigma R_{k,l} x_{\text{VIS}} + bl \right\|_2^2 + \lambda \cdot |a|^2$$
$$= \sum_{(i,j)} \left[a p_{\text{VIS},\sigma}(i,j) + b - p_{\text{IR}}(i,j) \right]^2 + \lambda \cdot |a|^2 \tag{7-3}$$

式中，p_{IR} 为红外图像块；$p_{\text{VIS},\sigma}$ 为以 σ 为标准差高斯模糊后可见光图像块。上式中的正则项 $\lambda \cdot |a|^2$ 用来惩罚缩放参数 a，防止过拟合。

为了求解式(7-3)，首先设定方差 σ 为一个较小的数值 σ_c，参数 a 和 b 可以通过下面计算得到一个封闭解：

$$\partial E/\partial a \big|_{\sigma=\sigma_c} = 0 \text{ and } \partial E/\partial b \big|_{\sigma=\sigma_c} = 0$$

$$\Rightarrow \begin{pmatrix} a \\ b \end{pmatrix} = \begin{bmatrix} \sum_{(i,j)} p_{\text{VIS},\sigma_c}^2 + \lambda & \sum_{(i,j)} p_{\text{VIS},\sigma_c} \\ \sum_{(i,j)} p_{\text{VIS},\sigma_c} & \sum_{(i,j)} 1 \end{bmatrix}^{-1} \times \begin{pmatrix} \sum_{(i,j)} p_{\text{VIS},\sigma_c} p_{\text{IR}} \\ \sum_{(i,j)} p_{\text{IR}} \end{pmatrix} \tag{7-4}$$

利用上式求得参数 a，b 的初始值，进而通过一定的步长递增方差 σ_c，重复式(7-4)的过程，即可估计出一系列的参数 a 和 b。对每一组参数 a、b 和 σ，均可利用式(7-3)获得相应的 $E(a,b,\sigma)$，选择最小的 $E(a,b,\sigma)$ 所对应的参数作为最终参数，记为 $\hat{a}$ 和 $\hat{b}$。那么红外相关边缘图像块的高分辨率图像相关边缘可表示为

$$P_{k,l}(X_{\text{IR}}) = \hat{a} R_{k,l}(X_{\text{VIS}}) + \hat{b} - R_{k,l}(x_{\text{IR}}) \tag{7-5}$$

4. 非相关边缘重建

对非相关边缘像元点区域的重建，采取如下过程：根据相似的低分辨率图像块具有相似的高频图像块[10]，利用 L_1 范数找出此边缘像元 M 个近邻的相关边缘像元点，将这 M 个相关边缘像元点所对应的高频图像块 $\left[P_{k,l,j}(X_{\text{IR}})\right](j=1,2,\cdots,M)$ 作为不相关边缘像元备选高频图像块。

5. 边缘优化重建

通过上述过程实现红外图像边缘的初重建后，需要对之进一步优化。我们虽然可以简单地将高频图像块通过重叠和平均来确定红外高频图像，但是由于上面估计的高频图像块可能包含离群值，这种简单的平均会使得红外高频图像产生失真。这些离群值的产生主要源于以下两个因素：①可见光图像中的弱纹理或弱细节可以转移到估计的红外边缘图像块；②不相关边缘像元的多个备选边缘图像块可能彼此差别很大。

为了减少离群值的影响，定义优化的目标函数为

$$E(h) = E_c(h) + E_R(h) + \alpha \cdot E_s(h) \tag{7-6}$$

式中，h 为低分辨率图像重建后的高频图像；参数 α 用来平衡正则项；E_c 和 E_R 分别为相关与不相关边缘点的数据保真项；E_s 为平滑约束项，分别表示为

$$E_c(h) = \sum_{(k,l)\in\Omega_C} \rho\left[R_{k,l}(h) - P_{k,l}(X_{\mathrm{IR}})\right] \tag{7-7}$$

$$E_R(h) = \sum_{(k,l)\in\Omega_R} 1/M \cdot \sum_{m=1}^{M} \rho\left[R_{k,l}(h) - P_{k,l,m}(X_{\mathrm{IR}})\right] \tag{7-8}$$

式(7-7)和式(7-8)分别度量了块 $R_{k,l}(h)$、高频块 $P_{k,l}(X_{\mathrm{IR}})$ 和高频块 $P_{k,l,m}(X_{\mathrm{IR}})$ 差异性。参数 ρ 为洛伦兹误差范数，它取代常规的 L_2 范数来防止所估像元值与离群值接近，即

$$\rho(x|\sigma) = \log\left[1 + 0.5(x/\sigma)^2\right] \tag{7-9}$$

基于相似结构的低分辨率图像块具有相似的高频图像的认识，对于式(7-6)中的 E_s 采用基于块的平滑正则方法，即

$$E_s(h) = \sum_{(k,l)\in\Omega} \sum_{(i,j)\in N(k,l)} \omega(k,l,i,j) \left\|R_{k,l}(h) - R_{i,j}(h)\right\|_2^2 \tag{7-10}$$

式中，权重 ω 为低分辨率边缘块是否相似，相似为 1，不相似为 0，即

$$\omega(k,l,i,j) = \begin{cases} 1, R_{i,j}x_{\mathrm{IR}} \in N_K\left[R_{k,l}(x_{\mathrm{IR}})\right] \\ 0, R_{i,j}x_{\mathrm{IR}} \notin N_K\left[R_{k,l}(x_{\mathrm{IR}})\right] \end{cases} \tag{7-11}$$

式中，$N_K\left[R_{k,l}(x_{\mathrm{IR}})\right]$ 为 $R_{k,l}(x_{\mathrm{IR}})$ 的 K 近邻。

7.2.2 基于总广义变差正则化的红外图像超分辨率重建

在红外图像的超分辨率实现过程中，为了有效且充分利用可见光图像与红外图像的相关性，文献[11]借用文献[12]、[13]阐述的相位一致性算法提取高分辨率可见光图像的边缘。这里之所以采用相位一致性算法，是因为该方法能在不同的光照条件下(在实际情形中，可见光成像系统工作的光照条件并不可控，因此会导致图像对比度的变化)获取较为鲁棒的边缘检测结果。在获取图像边缘的基础上，为了克服超分辨率问题的病态性，一般采用正则化方法进行求解。

由于总广义变差正则化方法可以较好地保持超分辨率重建的图像边缘并可缓解重建图像边缘的阶梯效应，文献[11]提出将总广义变差正则化纳入超分辨率模型中。一般情形下，红外传感器获得的红外图像往往存在对比度低、边缘不够清

晰的缺点，这主要源于两方面的原因：其一，红外成像系统在成像过程中会混入包括系统噪声、热噪声和随机噪声等多种噪声；其二，成像景物之间时刻存在热交换，物体热辐射程度相对均衡。在此基础上的总广义变差正则化方法重建的红外图像不能有效压制噪声和改善对比度。由于一阶梯度锐化算子可抑制随机噪声并锐化图像边缘，因此文献[11]提出利用一阶梯度锐化算子进一步改进全变差正则化模型，以期获得良好的高分辨率红外图像。

1. 相位一致性算法

已有研究发现，人类并不是通过图像的长度差或者高度差等因素，而是通过图像信号的相位大小来感知图像的。例如，人们往往能够敏锐地察觉到方波的边缘处，并不是因为此处有明显的高度差。再者，即使方波在阶跃处的高度差极小，人眼仍然能敏锐地察觉到边缘。相反，在某些情形下，在方波高度差较大的地方，人眼却很难分辨出来。研究人员曾做过相关实验：对信号在频率域空间进行分析，将一幅图像进行傅里叶变换之后再将频谱图中所有频率分量的幅度大小调整为一样，结果发现，图像改变前后视觉上并没有多大的区别；而当对相位进行调整时，得到的图像与原始图像差异较大。由此，科学家们得出一个重要结论：人眼能够敏锐地察觉到信号中那些相位一致的内容，于是提出了相位一致性理论。此后，图像处理工程师们根据这一原理，将相位一致性应用到角点和边缘检测等图像处理任务中。

相位一致性是将图像傅里叶分量中那些相位一致的点作为特征点。例如，将方波展开成傅里叶级数时，所有的傅里叶分量都是正弦波，在阶跃点处具有相同的相位，为 90°或者 270°；在方波中的其他位置，单个相位值都在变化，相位一致的程度较低。类似的，在三角波中，相位一致程度在顶点处达到最大[14]，即 0°或者 180°。图 7-3 展示了方波的傅里叶展开式中各次谐波的叠加。

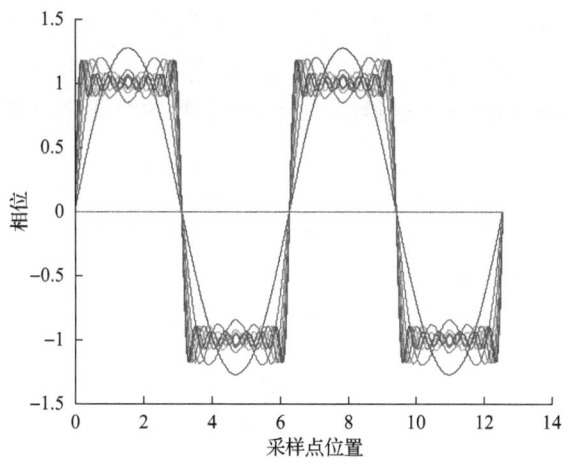

图 7-3　方波的傅里叶展开式中各次谐波的叠加

图 7-3 中，横轴代表采样点位置，纵轴代表相位，可以看出，在阶跃点处，各谐波相位一致。

相位一致性是一个取值范围为 0～1 无量纲量，其值越大，代表一致性程度越高。应用于图像处理中时，它不受图像亮度或者光照变化的影响，因此具有较强的鲁棒性。使用相位一致性的优势在于无须对波形做任何假设，只是在傅里叶变换域中简单地按相位一致性寻找特征点。

对于一个信号 $f(t)$，如果该信号满足狄利克雷条件，那么就可以展成收敛的傅里叶级数形式[13]：

$$f(t) = A_0 + \sum_{i=1}^{\infty} A_n \cos(n\omega t + \phi_n) \tag{7-12}$$

式中，常数 A_0 为信号的直流分量；$A_1\cos(\omega t + \phi_1)$，$A_2\cos(2\omega t + \phi_2)$，…，$A_n\cos(n\omega t + \phi_n)$ 依次是一次、二次、…、n 次谐波分量；相位 ϕ_n 为 n 次谐波的初始相位角。这说明对于信号 $f(t)$，可以在周期内由一系列不同的单一频率三角函数叠加而成，而这些三角函数的频率都是基波频率的整数倍，各自拥有自身的初始相位角 ϕ_n。

研究表明，信号的特征表现在其相位一致性最大的部分[13]，在 x 点处，相位一致性值 $\mathrm{PC}(x)$ 可以表示为

$$\mathrm{PC}(x) = \frac{\sum_n A_n \cos\left[\phi(x) - \bar{\phi}(x)\right]}{\sum_n A_n(x)} \tag{7-13}$$

信号是一个傅里叶序列，不同的谐波拥有不同的幅值和相位角，式(7-13)中的 $\bar{\phi}(x)$ 即为这些谐波的加权平均相位角。

当相位一致性 $\mathrm{PC}(x)$ 的最大值为 1(如在矩形波的上下阶跃点处及锯齿波的顶点处)时，表明此处存在非常明显的信号变化；当 $\mathrm{PC}(x)$ 的值从 1 逐渐减小时，表明该信号的各个谐波相位开始变得不一致，即信号的变化开始变得缓和，甚至没有特征变化。

如果采用式(7-13)计算相位一致性，首先需要对信号进行傅里叶分解，然后再对每一个谐波逐个进行处理，计算较烦琐。文献[12]证明了局部能量与相位一致性呈正相关性，也就是说，局部能量等于傅里叶变换各分量幅度之和与相位一致性的乘积，即

$$\mathrm{PC}(x) = \frac{|E(x)|}{\sum_n A_n(x)} \tag{7-14}$$

当局部能量达到峰值时,相位一致性也达到最大。因此,相位一致性的计算便可以转化为局部能量的计算。选取相位一致性最大的位置,就转化成选取局部能量的峰值位置。相位一致性的局部能量模型如图 7-4 所示。

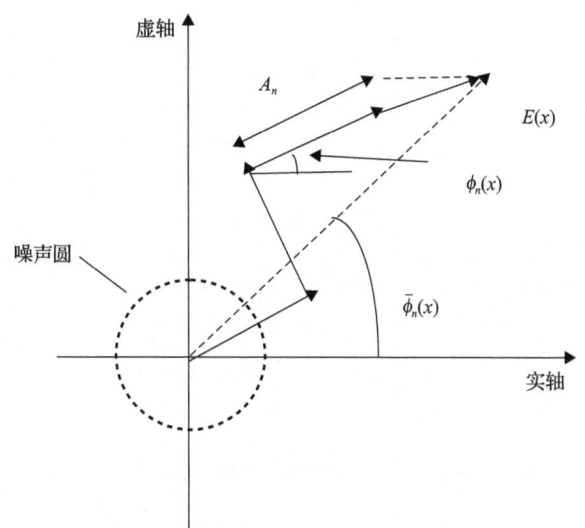

图 7-4 相位一致性的局部能量模型图

图 7-4 中,A_n 为一维信号在 x 处的傅里叶分量幅值;$\phi_n(x)$ 为其对应的相位角。通过信号噪声估计得到噪声能量期望值,并采用噪声圆表示该期望值。将局部傅里叶分量按照复向量的形式首尾相连,得到的复向量幅值大小称为局部能量,记为 $E(x)$。相位一致性即为局部能量与 n 个傅里叶分量振幅之和的比值。但是,这种相位一致性的计算方法不能很好地完成定位,同时,对噪声也比较敏感。为了解决这些问题,Kovesi 提出了一种改进的方法[15],如式(7.15)所示:

$$\mathrm{PC}(x) = \frac{\sum_n W(x) \lfloor A_n(x) \{ \cos[\phi_n(x) - \bar{\phi}(x)] - |\sin[\phi_n(x) - \bar{\phi}(x)]| \} - T \rfloor}{\sum_n A_n(x) + \varepsilon} \quad (7\text{-}15)$$

式中,$W(x)$ 为频率扩大权重给因子;ε 为一个极小的常数,用来避免分母为 0。只有当能量值超过阈值 T 时,对噪声影响的估计才被计算在结果中,而噪声阈值 T 可以通过滤波器对图像的响应统计得到。$\lfloor a \rfloor$ 是一种运算符,当 a 大于 0 时,运算结果为其本身;否则,运算结果为 0。该方法具有更好的定位性能,同时对噪声也进行了补偿[15]。

前文提到,相位一致性最常见的应用就是用来求取图像中的角点和边缘。在二维图像中,可分别沿多个方向计算每个像元点的相位一致性并求和。实际中,既要保证提取出的特征尽可能地完整，又要尽量减少计算量，因此一般设定为 6 个方向。通过计算矩分析方程得到相位一致性的矩，记最大矩和最小矩分别为 M 和 m，则最小矩 m 的方向 θ 代表特征的方向，最大矩 M 的幅值代表特征的强度。引入符号 a、b、c，令

$$a = \sum [PC(\theta)\cos\theta]^2 \tag{7-16}$$

$$b = 2\sum [PC(\theta)\cos\theta] \cdot [PC(\theta)\sin\theta] \tag{7-17}$$

$$c = \sum [PC(\theta)\sin\theta]^2 \tag{7-18}$$

式中，$PC(\theta)$ 为方向 θ 处的相位一致性值，则有

$$M = \frac{1}{2}\left[c + a + \sqrt{b^2 + (a-c)^2}\right] \tag{7-19}$$

$$m = \frac{1}{2}\left[c + a - \sqrt{b^2 + (a-c)^2}\right] \tag{7-20}$$

主方向的角度记为 ϕ，则有

$$\phi = \frac{1}{2}a\tan 2\left[\frac{b}{\sqrt{b^2 + (a-c)^2}}, \frac{a-c}{\sqrt{b^2 + (a-c)^2}}\right] \tag{7-21}$$

最后，根据方向角 θ 和最大矩 M 得到图像的角点和边缘。

2. 总广义变差正则化模型

变差法已被广泛应用于包括图像去噪和图像复原等在内的多种图像处理任务。变差法通过将研究问题转化为泛函极小化问题，根据得出的偏微分方程进行数值求解，获得最优的结果。

变差极小化就是通过在图像的能量泛函中寻求平衡态，以实现能量泛函极小化。为了得到最优解，常利用最优化理论来求模型的极值。常用的方法有半光滑牛顿法[16]、偏微分方程法[17]、对偶法[18]等。

全变差方法计算量少，实现起来较为简单，但是该方法的鲁棒性较差，对噪声较为敏感。采用该方法进行图像去噪时，常常会导致阶梯效应。为了解决这一问题，许多改进方法被相继提出。Paul 和 Brendt 提出了一种全变差泛函最小化法，该方法采用 L^1 数据保真项代替标准全变差的 L^2 数据保真项[19]，实验验证了该方法在实际中有良好的性能表现；Lysaker 等提出采用高阶偏微分方程来克服阶梯效应，但该方法容易在图像的边缘处产生模糊[20]。此外，Bredies 等提出了总广义变

差(total generalized variation, TGV)的概念[21]。不同于全变差，总广义变差能够有效地逼近任意阶的多项式函数，采用总广义变差进行图像去噪不仅不会产生阶梯效应，还能保护边缘不受模糊，这些优良特性得到了实验验证。

在图像处理领域，对于大多数的逆问题，其数学公式可以表示为

$$\min_u [F(u)+R(u)] \tag{7-22}$$

式中，F 为数据保真项；R 为正则化项。记 G 为正演算子，数据保真项最常见的形式如式(7-23)所示：

$$F(u)=\frac{1}{2}\|G(u)-z\|^2 \tag{7-23}$$

式中，z 为观测图像；$\|\cdot\|$ 为希尔伯特范数。类似的，最常用的正则化项如式(7-24)所示：

$$R(u)=\frac{\alpha}{2}|u|^2 \tag{7-24}$$

式中，α 为正则化参数；$|\cdot|$ 为希尔伯特范数或者半范数。早期的工作主要集中在如何选取正则化项 R，Rudin 等提出了一种所谓的 ROF 方法，该方法采用如下的有界变差半范数[22]：

$$R(u)=\alpha\int|Du| \tag{7-25}$$

式中，函数 u 定义在一个开区域 $\aleph\in R^d$ 上；α 为正则化参数；D 为有界变差，采用这种约束，能够在一定程度上保护角点和边缘不受模糊，但是该方法容易产生阶梯效应，为此，文献[21]提出了总广义变差正则化以解决此问题。

令 $\aleph\in R^d$ 表示一个开区域，d 表示空间维度，$n\geq 1$，$\alpha_i>0(i=0,1,\cdots,n-1)$。$L^p(\aleph)$ 为 $\aleph$ 上的 p 次可积函数空间。对于任意的 $u\in L^1(\aleph)$，n 阶总广义变差定义为

$$\mathrm{TGV}_\alpha^n(u)=\sup\left\{\int u\ \mathrm{div}^n v\ \mathrm{d}x : v\in C_c^n\left[\aleph,\mathrm{Sym}^n(R^d)\right], \left\|\mathrm{div}^l v\right\|_\infty \leq \alpha_l, l=0,\cdots,n-1\right\} \tag{7-26}$$

式中，$C_c^n\left[\aleph,\mathrm{Sym}^n(R^d)\right]$ 为 $\aleph$ 上连续可微的 n 阶对称张量空间；$\mathrm{Sym}^n(R^d)$ 为 n 阶对称张量。当 $n=1$ 且 $\alpha_0=1$ 时，式(7-26)即为标准的全变差。因此，总广义变差实际上是全变差的一种推广。当 $n=2$ 时，即对应于二阶总广义变差模型：

$$\text{TGV}_\alpha^2(u) = \sup\left\{\int u\,\text{div}^2 v\,\mathrm{d}x : v \in C_c^2\left[\aleph, \text{Sym}^2(R^d)\right], \|v\|_\infty \leqslant \alpha_0, \|\text{div}^1 v\|_\infty \leqslant \alpha_1\right\} \quad (7\text{-}27)$$

式中，$\text{Sym}^2(R^d) = S^{d\times d}$ 为对称矩阵空间，对 $\text{div}^1 v \in C_c^1(\aleph, R^d)$ 和 $\text{div}^2 v \in C_c(\aleph)$ 的定义如式(7-28)所示：

$$(\text{div}^1 v)_i = \sum_{j=1}^d \frac{\partial v_{ij}}{\partial x_j}, \quad \text{div}^2 v = \sum_{i=1}^d \frac{\partial^2 v_{ii}}{\partial x_i^2} + 2\sum_{i<j} \frac{\partial^2 v_{ij}}{\partial x_i \partial x_j} \quad (7\text{-}28)$$

式中，$v \in C_c(\aleph, S^{d\times d})$ 和 $\omega \in C_c(\aleph, R^d)$ 的范数定义为

$$\|v\|_\infty = \sup_{x\in\aleph}\left[\sum_{i=1}^d |v_{ii}(x)|^2 + 2\sum_{i<j}|v_{ij}(x)|^2\right]^{1/2} \quad (7\text{-}29)$$

$$\|\omega\|_\infty = \sup_{x\in\aleph}\left(\sum_{i=1}^d |\omega_i(x)|^2\right)^{1/2} \quad (7\text{-}30)$$

通过运用对偶法[18]，二阶总广义变差模型的对偶形式为

$$\text{TGV}_\alpha^2(u) = \min_{\omega \in \text{BD}(\aleph)} \alpha_1 \int |\nabla u - \omega|\mathrm{d}x + \alpha_0 \int |\varepsilon(\omega)|\mathrm{d}x \quad (7\text{-}31)$$

式中，$\text{BD}(\aleph)$ 为有界扭曲的向量场空间；∇ 为梯度运算，且有

$$\varepsilon(\omega) = \frac{\nabla\omega + \nabla\omega^\text{T}}{2} \quad (7\text{-}32)$$

二阶总广义变差模型以其简单的表现形式和一些优良的性质，如去除阶梯效应、凸性和下半连续等[21]，在图像处理应用中备受青睐。

在图像去噪过程中，为了既能去除阶梯效应，又能较好地保护图像的边缘，Xu 等提出了一种自适应的二阶总广义变差模型[23]：

$$\min_u \left[\phi(u) + \frac{\beta}{2}\int (u-f)^2\,\mathrm{d}x\right] \quad (7\text{-}33)$$

式中，$\phi(u) = \min_\omega \alpha_1 \int g(x)|\nabla u - \omega|\mathrm{d}x + \alpha_0 \int |\varepsilon(\omega)|\mathrm{d}x$，$g(x) = \dfrac{1}{1 + K|\nabla G_\sigma * f|^2}$ 为边缘指示函数；$G_\sigma(x) = \dfrac{1}{2\pi\sigma^2}\exp\left(-\dfrac{|x|^2}{2\sigma^2}\right)$ 为高斯滤波，K 为对比因子且 $K \geqslant 0$，$*$ 为卷积运算。对于给定的 K 值，当 $|\nabla G_\sigma * f|$ 较大时，即对应于图像的边缘位置，此时 $g(x)$

变小，扩散较弱，因此能够很好地保护边缘。当 $|\nabla G_\sigma *f|$ 较小时，也即对应于图像的平坦位置，此时 $g(x)$ 较大，扩散较强，因而能够很好地去除噪声。总之，边缘指示函数能够根据不同的区域自适应地控制扩散强度，从而能够在去除噪声和保持边缘之间获得较好的平衡。

为了更好地保护红外图像中的各类边缘信息，钱新伟等提出了一种基于广义变差正则化的抑制图像噪声的方法[24]。不同于传统的总变差方法采用全变差范数作为正则项，该方法采用 p 范数作为正则项，在求解过程中，为了使迭代解稳定收敛，该方法还引入固定点迭代法将非线性偏微分方程进行数值化求解。实验表明，与经典的全变差模型相比，该方法无论在视觉效果上还是在信噪比上都有明显的提高。

3. 基于总广义变差正则化的红外图像超分辨率重建

基于前面介绍的相位一致性和总广义变差原理，为了利用高分辨率可见光影像的高频信息，文献[11]提出了一种基于高分辨率可见光影像辅助的红外图像超分辨率重建方法，该方法框架如图 7-5 所示。

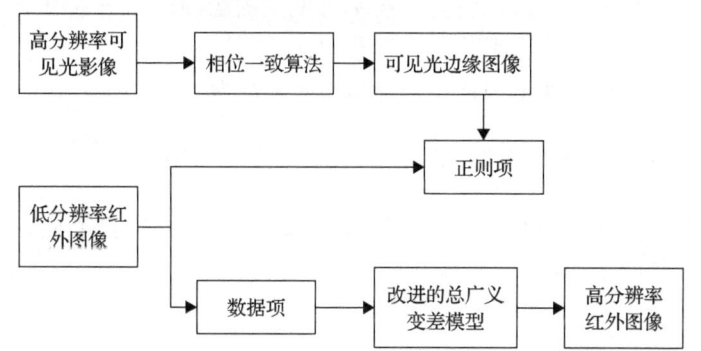

图 7-5 基于相位一致性和总广义变差模型相结合的红外图像超分辨率重建

按照图 7-5 所示的可见光影像辅助的红外图像超分辨率数学模型如下：

$$I_H = \arg\min[S(I,I_s) + \alpha R(I)] \quad (7\text{-}34)$$

式中，I 为红外图像超分辨率重建的结果；I_s 为原始的低分辨率红外图像；参数 α 为平衡正则约束项 $R(I)$ 与数据项 $S(I,I_s)$ 的权重值。数据项描述了重建后的高分辨率红外图像与原始低分辨红外图像的逼近程度，正则约束项的作用是对超分辨率的解空间进行约束，以改善图像升采样过程中存在的病态性。

数据项表示如下：

$$S(I,I_s) = |D(I) - I_s|^2 \quad (7\text{-}35)$$

式中，D 为降采样操作。

正则约束项 $R(I)$ 采用二阶全变差正则化，其表达式为

$$T = \min_{v}\left\{\alpha_1|\nabla I - v| + \alpha_0|\nabla v|\right\} \tag{7-36}$$

式中，v 为总广义变差正则化方法中的对称矩阵；参数 α_0 和 α_1 分别为一阶项和二阶项的权重。考虑到红外图像往往表现为边缘不清晰且对比度不高，为此可以引入一阶梯度锐化算子来锐化图像边缘并且改善图像的对比度。式(7-36)的正则项可以修正为

$$GT = \min_{v}\left\{\alpha_1|\nabla I - v| + \alpha_0|\nabla v| + \alpha_2|\nabla I|\right\} \tag{7-37}$$

式中，α_2 为权重参数。引入可见光图像的边缘信息，对正则约束项进一步修正为

$$PGT = P\left[\alpha_1|\nabla I - v| + \alpha_0|\nabla v| + \alpha_2\nabla I\right] \tag{7-38}$$

式中，P 为相位一致性算法提取的可见光图像边缘信息。由于可见光图像和红外图像具有较大的相关性，因此将高分辨率可见光图像的边缘信息引入重建的红外图像中，可以获得具有边缘细节更加丰富的红外图像。

至此，综合数据项和正则化项的目标约束函数为

$$I_H = P\left[\alpha_1|\nabla I - v| + \alpha_0|\nabla v| + \alpha_2\nabla I\right] + |D(I) - I_s|^2 \tag{7-39}$$

对此问题的极小值解可以采取一阶主-对偶优化方法并结合梯度下降法进行求解。此时式(7-39)转化为

$$I_H = \min_{I,v}\max_{p,q}\left\{\langle P[\alpha_2\nabla I + \alpha_1(\nabla I - v)], p\rangle + \alpha_0\langle\nabla v, q\rangle + \sum_{i=1}^{M}\sum_{j=1}^{N}(I_{i,j} - I_{S_{i,j}})^2\right\} \tag{7-40}$$

式中，$M \times N$ 为待求的高分辨率红外图像的分辨率；p、q 为主-对偶优化方法中的对偶变量，其所在的集合分别为

$$P = \left\{p : C \to R^2 \left\|p_{i,j}\right\| \leq 1, \forall i, j \in C\right\} \tag{7-41}$$

$$Q = \left\{q : C \to R^4 \left\|p_{i,j}\right\| \leq 1, \forall i, j \in C\right\} \tag{7-42}$$

式中，C 为待求的高分辨率图像空间。主-对偶优化方法的主变量 I、v 和对偶变量 p、q 通过迭代方式进行求解。第 1 次迭代时，$I = I_S$ 令 v、p、$q = 0$，θ_p、θ_q 为步长。

迭代计算的三个过程如下。

(1) 对偶变量通过梯度上升迭代更新：

$$\begin{cases} p^{n+1} = \dfrac{p^n + \theta_p P\left[\alpha_2 \nabla I_0^n + \alpha_0(\nabla I_0^n - v_0^n)\right]}{\max\left(1, \left|p^n + \theta_p P\right|\right)\left[\alpha_2 \nabla I_0^n + \alpha_0(\nabla I_0^n - v_0^n)\right]} \\ q^{n+1} = \dfrac{q^n + \theta_q \alpha_0 \nabla v_0^n}{\max\left(1, |q^n + \theta_q \alpha_0 \nabla v_0^n|\right)} \end{cases} \quad (7\text{-}43)$$

(2) 主变量通过梯度下降法迭代更新：

$$\begin{cases} I^{n+1} = \dfrac{I^n + k_I\left[(\alpha_2 + \alpha_1)\nabla^T P p^{n+1} + I_s\right]}{1 + k_I} \\ v^{n+1} = v^n + k_v(\alpha_1 P p^{n+1} + \alpha_0 \nabla^T q^{n+1}) \end{cases} \quad (7\text{-}44)$$

式中，k_I、k_v 为步长。

(3) 主变量进一步优化：

$$\begin{cases} I_0^{n+1} = I^{n+1} + \mu(I^{n+1} - I_0^n) \\ v_0^{n+1} = v^{n+1} + \mu(v^{n+1} - v_0^n) \end{cases} \quad (7\text{-}45)$$

7.2.3 实验结果及分析

本节测试数据为 Landsat-7 ETM SLC-off 卫星影像。由于缺少高分辨率红外图像，因此采用一种信噪比估计的方法评价图像质量。

图像的信噪比为信号与噪声的功率谱之比，计算公式为

$$\text{SNR} = -10 \cdot \log\left[\sigma^2 MN \Big/ \sum_{x=1}^{M}\sum_{y=1}^{N} I^2(x, y)\right] \quad (7\text{-}46)$$

式中，$I(x,y)$ 为含噪声的图像；σ^2 为估计噪声的大小，这里需要对图像噪声方差 σ^2 进行估计。因为噪声表现为高频，而图像边缘或纹理复杂区域也表现为高频，因此需要提取图像的平坦均匀区域进行噪声方差的估计。为了提取图像平坦均匀区域，可以采用 Canny 算子提取图像边缘，并将这些图像边缘复杂区剔除。因为二阶微分值在图像的结构如边缘处较大，而在图像平坦区较小，因此在平坦区，拉普拉斯算子的计算输出应该具有一致性。为了估计噪声的方差，可以采用如下的两种拉普拉斯算子模板 L_1 和 L_2，来构造新的模板 P，即

$$L_1 = \begin{bmatrix} 0 & 1 & 0 \\ 1 & -4 & 1 \\ 0 & 1 & 0 \end{bmatrix} \quad L_2 = \frac{1}{2}\begin{bmatrix} 1 & 0 & 1 \\ 0 & -4 & 0 \\ 1 & 0 & 1 \end{bmatrix} \quad P = 2*(L_2 - L_1) = \begin{bmatrix} 1 & -2 & 1 \\ -2 & 4 & -2 \\ 1 & -2 & 1 \end{bmatrix}$$

假设噪声在每点的标准差为 σ_n，则这个拉普拉斯算子的模板是零均值，方差为 $\sigma^2 = \left[4^2 + 4(-2)^2 + 4(1)^2\right]\sigma_n^2 = 36\sigma_n^2$，倘若原始图像 3×3 小块内灰度均匀，则拉普拉斯算子卷积噪声图像之后，每点就只剩下了满足 $(0, 36\sigma_n^2)$ 统计特性的随机噪声。记 $I(x,y)*P$ 为在位置 (x,y) 处用模板 P 卷积后的值，可以计算出对整个图像平坦区运用模板 N 卷积后，得到每个像元点上对 $36\sigma_n^2$ 的估计值，对卷积图像所有点求平均，可以得到噪声方差 σ_n^2 的估计值，即

$$\sigma_n^2 = \frac{1}{36(W-2)(H-2)}\sum\nolimits_{\text{image}I}[I(x,y)*N]^2 \tag{7-47}$$

因为不能保证图像的各小块完全灰度均匀，$I(x,y)*N$ 不全是噪声，有一部分图像细节包含其中某些误差，式(7-47)平方求和后误差会累积变大，因此可以利用绝对偏差对其修正。假设一个高斯分布，均值为 0，方差为 σ^2，则绝对偏差为

$$\int_{-\infty}^{\infty}|t|\frac{1}{\sqrt{2\pi}\sigma}\exp\left(\frac{-t^2}{2\sigma^2}\right)dt = \sqrt{\frac{2}{\pi}}\sigma \tag{7-48}$$

因此

$$\sigma = \sqrt{\frac{\pi}{2}}\int_{-\infty}^{\infty}|t|\frac{1}{\sqrt{2\pi}\sigma}\exp\left(\frac{-t^2}{2\sigma^2}\right)dt \tag{7-49}$$

于是有

$$\sigma_n = \sqrt{\frac{\pi}{2}}\frac{1}{6(W-2)(H-2)}\sum\nolimits_{\text{image}I}|I(x,y)*N| \tag{7-50}$$

式中，W、H 分别为图像的宽度和高度；$I(x,y)$ 为噪声图像。式(7-50)为最终的方差估计式，那么通过式(7-46)即可估计出图像的信噪比。本章中所有实验的信噪比均采用式(7-50)计算。

1. 实验 1

实验 1 数据为 113.8222°E, 30.3019°N 某地区同一场景同一时刻的可见光和红外光数据，采集时间为 2017 年 4 月 29 日，其中可见光数据的空间分辨率为 15m，图像尺寸为 286×298，红外光数据的空间分辨率为 30m，图像尺寸为 286×298。采用基于边缘相关性分析的红外图像超分辨率重建方法进行实验，如图 7-6 所示。

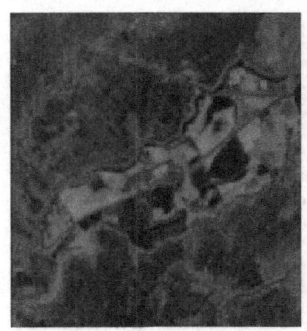 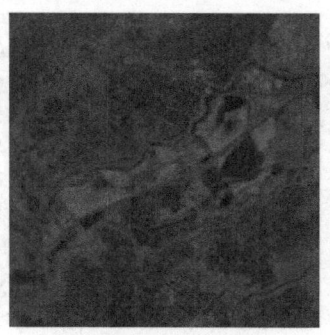 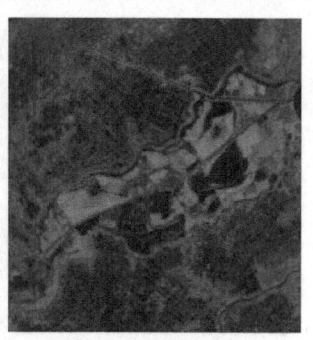

(a) 低分辨率红外图像　　　　(b) 高分辨率可见光图像　　　　(c) 超分辨率红外图像

图 7-6　基于边缘相关性分析的红外图像超分辨率重建(实验 1)

观察图 7-6 中的(a)和(c)，可以看出，后者的边缘和纹理区更加清晰，这意味着原始低分辨率红外图像的高频信息得到了极大的丰富。为了更进一步观察红外图像重建前后的差别，我们将重建前后的红外图像局部区域进行放大对比，在图 7-7 中，图 7-7(a)指示了在可见光图像中选择的局部区域 1 和 2，图 7-7(b)和(c)分别为区域 1 的低分辨率红外图像和超分辨率重建红外图像放大图，图 7-7(d)和(e)分别为区域 2 的低分辨率红外图像和超分辨率重建红外图像放大图。

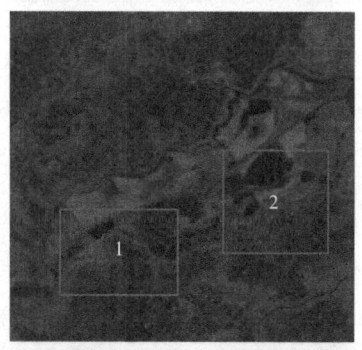

(a) 高分辨率可见光图像局部区域位置图

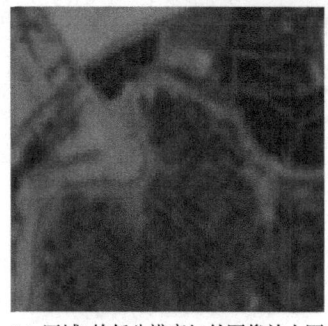 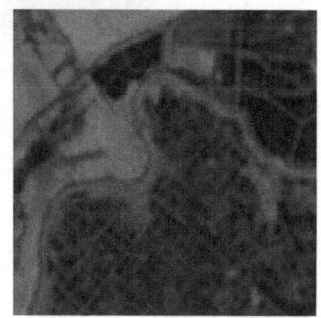

(b) 区域1的低分辨率红外图像放大图　　(c) 区域1的超分辨率红外图像放大图

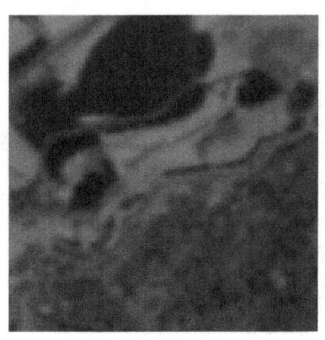 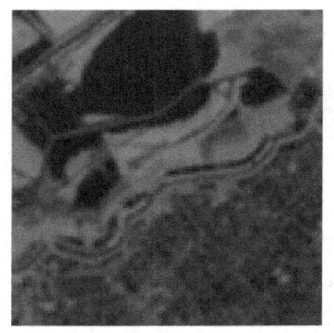

(d) 区域2的低分辨率红外图像放大图　　(e) 区域2的超分辨率红外图像放大图

图 7-7　可见光图像局部区域位置图和超分辨率红外图像局部区域放大对比图(实验 1)

对比图 7-7 中(b)和(c)，区域 1 超分重建后的图像的结构信息更加明显，图像细节更加突出，对比图 7-7(d)和(e)，也可发现同样的现象。这进一步说明了该红外超分辨率重建方法的有效性。表 7-2 为实验 1 原始低分辨率红外图像、超分辨率重建红外图像在所选区域和整幅图像上的信噪比。

表 7-2　红外图像超分辨率重建的信噪比(实验 1)

数据	区域 1	区域 2	整幅图像
原始低分辨率红外图像	32.5729	30.8225	39.8892
超分辨率重建红外图像	40.9113	39.4295	47.3029

从表 7-2 可以看出，无论是在局部区域上还是对整幅图像来说，超分辨率重建后，红外图像的信噪比都有了明显的提升。

我们知道，超分辨率重建的目的是增强图像的高频成分，从而凸显场景的细节。图像的高频或细节体现为图像边缘，因此，边缘的丰富性也反映了超分辨率的效果，自然地，我们也可以采用边缘作为超分辨率重建效果的评价因子。

图 7-8 为实验 1 原始低分辨率红外图像、超分辨率重建红外图像的 Canny 算子边缘对比图，其中 Canny 算子参数高阈值选择幅值大小前 80% 的最后一个幅值，低阈值取高阈值的 0.4 倍。

从图 7-8 中可以更加直观的发现，超分辨率重建红外图像的边缘更加密集，因此其高频信息更加丰富。

2. 实验 2

实验 2 采集于 115.0553°E,44.6030°N 某地区同一场景同一时刻的可见光和红外光数据，采集时间为 2017 年 4 月 27 日，其中可见光的空间分辨率为 15m，图像尺寸为 324×340，红外光数据的空间分辨率为 30m，图像尺寸为 324×340。采用基于总广义变差正则化的红外图像超分辨率重建方法进行实验,如图 7-9 所示。

(a) 低分辨率红外图像   (b) 超分辨率红外图像

图 7-8 遥感影像 Canny 算子边缘对比图(实验 1)

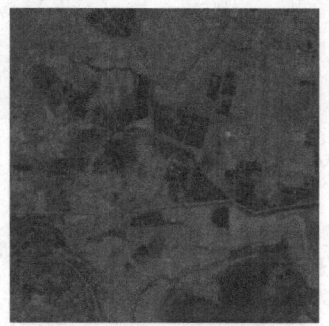

(a) 低分辨率红外图像   (b) 高分辨率可见光图像   (c) 超分辨率红外图像

图 7-9 基于总广义变差正则化的红外图像超分辨率重建(实验 2)

观察图 7-9 中的(a)和(c),可以看出,后者的边缘和纹理区得到了明显的增强。对比图 7-9(b)和(c),可以看出,超分辨率重建后的红外图像几乎具有和高分辨率可见光影像同样明显的细节清晰度。同样地,我们将重建前后的红外图像局部区域进行放大对比,图 7-10(a)指示了在可见光图像中选择的局部区域 1 和 2,图 7-10(b)和(c)分别为区域 1 的低分辨率红外图像和超分辨率重建红外图像放大图,图 7-10(d)和(e)分别为区域 2 的低分辨率红外图像和超分辨率重建红外图像放大图。

对比图 7-10 中(b)和(c),以及(d)和(e),可以发现超分辨率重建后的图像细节更加突出,图像的辨识度得到极大的提升。

表 7-3 为实验 2 原始低分辨率红外图像、超分辨率重建红外图像在所选区域和整幅图像上的信噪比。

(a) 高分辨率可见光图像

(b) 区域1的低分辨率红外图像放大图

(c) 区域1的超分辨率红外图像放大图

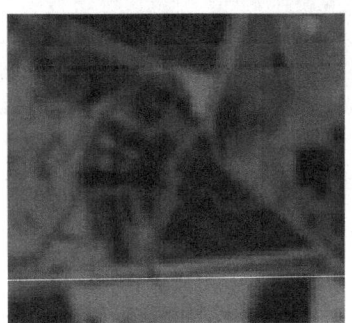

(d) 区域2的低分辨率红外图像放大图

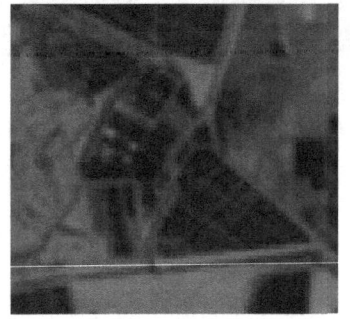

(e) 区域2的超分辨率红外图像放大图

图 7-10　局部区域放大对比图(实验 2)

表 7-3　红外图像超分辨率重建的信噪比(实验 2)

数据	区域 1	区域 2	整幅图像
原始低分辨率红外图像	34.1077	32.0918	37.1982
超分辨率重建红外图像	42.2289	41.3723	48.6149

从表 7-3 中可以看出，无论是在局部区域上还是对整幅图像来说，超分辨率重建后，红外图像的信噪比均具有 10dB 以上的提升。图 7-11 为实验 2 原始低分

辨率红外图像、超分辨率重建红外图像的 Canny 算子边缘对比图，Canny 算子参数的设定与图 7-8 中的相同。

(a) 低分辨率红外图像

(b) 超分辨率红外图像

图 7-11　遥感影像 Canny 算子边缘对比图（实验 2）

对于实验 2 的数据，从图 7-11 中可以发现同实验 1 相类似的现象，即超分辨率重建红外图像具有更加丰富的边缘和纹理信息，因此可以断言，经超分辨率重建后，红外图像极大地继承了可见光图像的高频信息。

7.3　基于可见光影像辅助的深度图像超分辨率重建

当前，各种探测技术得到了极大的发展，深度传感器获取的深度图像提供了场景的深度信息，这为三维场景中目标的分割、检测和跟踪等各种应用提供了更多的选择。深度图像的获取方式可以分为两类：被动测距传感和主动深度传感。例如，常用于深度图像增强领域的测试数据集 Middlebury Stereo Dataset 的深度图像获取方式即属于被动测距传感。被动测距传感器的基本工作原理为：被动测距传感=两个相隔一定距离的相机获得两幅图像+立体匹配+三角原理计算视差。可以看出，此类传感器的测量精度受制于所采用的立体匹配方法。飞行时间（time of flight，ToF）方法是当下较为流行的一种主动深度传感器，其基本思想是通过光的运行时间主动测量每一个像元的深度。该测量方法独立于场景纹理，在很大程度上也独立于环境照明条件[25,26]，并且不需要额外的计算。无论是哪一种深度图像获取方式，扫描仪大多数都是一次测量一个点，且仅将应用场景限制在静态环境中，视频获取的深度图像信息有限，获取深度图像的空间分辨率不高，这显然影响了深度图像应用的水平。

目前以 Swiss Ranger 和 Canesta 为代表的传感器，均可以同时获取高分辨率光学图像和低分辨率深度图像，但是所获取的深度图像的分辨率远低于光学图像分辨率。利用传感器同步获取的可见光影像为深度图像超分辨率重建提供了另一种可能的途径。

一般来说，深度图像分辨率提升方法可分为以下三类。

(1) 多深度传感器融合。将不同的传感器获取深度图像采用融合的方法来提高深度图像的分辨率是一种自然的选择。Gudmundsson 等针对立体视觉和深度传感器所获取的深度图像，研究了一种基于动态规划的深度图像分辨率提升方法[27]。Zhu 等也做了类似的工作，并使用精确的深度校准，进一步将深度观测图像融合在马尔可夫随机场模型中[28]。

(2) 时空融合。提高深度信息分辨率的另一个常见的方法是将同一深度传感器获得不同时相的深度观测数据融合成一幅深度图像。文献[29]提出了一种融合 ToF 经过微小运动所获取不同深度图像的方法，并采用马尔可夫随机场模型进行优化。Cui 等研究了一种具有较大位移深度图像的融合方法进行深度图像的分辨率提升[30]。

(3) 光学图像辅助的深度图像重建。这类方法在额外的光学图像辅助深度图像升采样。例如，Yang 等提出了一种基于深度成本函数的迭代优化方法来提升深度图像的分辨率，在此过程中，对可见光的 RGB 三通道使用了双边滤波[31]。Chan 等使用噪声模型并联合双边滤波器来提高深度图像分辨率[32]。Diebel 和 Thrun 使用马尔可夫随机场进行升采样，其中的平滑度通过纹理梯度加权来衡量[33]。Park 等提出了一种更为复杂的方法，他们使用最小二乘法将不同项进行加权组合，包括：分割、图像梯度、边缘显著性等过程[34]。

多传感器融合结果的准确性依赖于高精度配准工作，时空融合方法依赖于单个深度传感器的多次采集，图像采集时不断变化的环境将会损害最后的融合结果。基于光学影像辅助的深度图像重建由于两类图像获取的同步性，很大程度上避免了场景变化的问题，同时，光学图像可为深度图像提供更多的高频信息。基于光学图像的深度图像重建，目前已有一些有益的探索，以下各节分述之。

7.3.1 基于双边滤波的深度图像超分辨率优化重建

基于高分辨率可见光影像辅助，文献[8]提出了一种低分辨率深度图像对高分辨率图像网格的像元进行深度值估计的方法。这种方法的本质利用了深度图像和可见光图像在不连续点处的共现(co-occurrence)关系，然而这种共现关系的假设在实际情形中并不总是成立的，因为两个像元点即使有相似的颜色和结构，也可能具有不同的深度值。

文献[35]基于三通道光学影像，结合双边滤波及像元细化技术设计了一种深度图像超分辨率重建方法。该方法可以利用已知的高分辨率光学图像所提供的信息来增强原始低分辨率深度图像空间分辨率和深度信息。受立体视觉方法[36-38]的启发，文献[35]方法的关键是使用了双边滤波器实现代价函数的递归式处理。原始输入深度图像提供了深度的概率分布，据此可以构建一个三维的深度成本函数（在立体视觉中通常被称为成本函数）。然后将迭代方法应用到双边滤波器成本函数上，最后输出的高分辨率深度图像由加权后的成本函数通过"胜者为王"方法和亚像元细化产生。基于双边滤波的可见光影像辅助的深度图像超分辨率重建方法框架如图 7-12 所示。

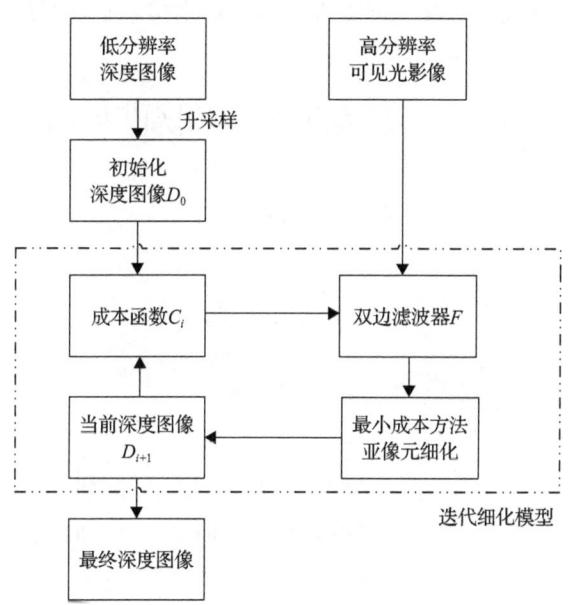

图 7-12　基于双边滤波的可见光影像辅助的深度图像超分辨率重建方法框架图

具体地，首先将低分辨率深度图像升采样到与高分辨率相机光学图像相同的大小，记为 D_0；接着是迭代细化模块，基于当前深度图像 D_i 构建成本函数 C_i；然后在成本函数的每个小块中执行双边滤波以产生新的成本函数 C_i^{cw}；最后将新的成本函数通过最小成本方法和亚像元细化得到最终深度图像 D_{i+1}。

对于成本函数的构建和细化，首先基于当前的深度图像构建粗略的成本函数，因为当前的深度图像不一定是正确的，为了允许大的深度变化，成本函数应该恒定。一个满足条件的常用函数是二次截断模型，成本随着潜在候选深度 d 和当前所选的深度 $D_i(y,x)$ 之间的距离而二次增加，即

$$C_i(y,x,d) = \min\left\{\eta * L, [d - D_i(y,x)]^2\right\} \tag{7-51}$$

式中，L 为搜索深度；η 为常数。上式中选择平方差作为成本函数，是考虑到稍后将使用二次多项式插值进行亚像元估计。这里所构造的成本函数可以保持原始

输入深度图像的亚像元精度。

基于双边滤波的立体匹配方法首先由文献[36]提出，并应用到文献[38]提出的立体视觉方法中。文献[36]、[38]的实验结果表明，双边滤波器在图像的不连续处有良好的表现。可以发现：对于图像的平滑区域进行升采样后，所有升采样区域都可以通过插值方法得到良好的填充；然而，对于图像的不连续区域仅仅通过插值往往会产生模糊。通过已配准的光学图像所提供的颜色和纹理信息作为辅助，可以使得低分辨率深度图像在不连续处的超分辨率结果有较好的表现。

这里使用的双边滤波器设计如下：

$$F(y+u, x+v) = f_c\left[W_c(y,x,u,v)\right] f_s\left[W_s(u,v)\right] \quad (7\text{-}52)$$

$$f_c(x) = \exp\left(-\frac{|x|}{\gamma_c}\right)$$

$$f_s(x) = \exp\left(-\frac{|x|}{\gamma_s}\right)$$

$$W_c(y,x,u,v) = \frac{1}{3}\left(\left|R(y+u,x+v)-R(y,x)\right|\right.$$
$$+\left|G(y+u,x+v)-G(y,x)\right|$$
$$\left.+\left|B(y+u,x+v)-B(y,x)\right|\right)$$

$$W_s(u,v) = \sqrt{u^2+v^2}$$

式中，(y, x) 为光学图像中像元；u 和 v 为两个变量；R、G、B 为彩色图像的 RGB 通道；γ_c 和 γ_s 为颜色变化大小和滤波器大小的两个权重。双边滤波器在超分辨率框架中可看似一种颜色分割方法，其作用是利用中心像元及其周围像元颜色的相似度来选取每个区域像元的候选深度。

双边滤波器在平滑当前成本函数的同时还可以较好的保持图像的边缘。对于双边滤波后的结果搜索所有深度值，选择最小成本对应的一个深度值。继而，对最小成本对应的深度值进行亚像元估计。

在亚像元估计阶段，为了减少深度选择过程中量化引起的不连续性，可以采用一种基于二次多项式插值的亚像元估计方法。如果成本函数是连续的，可以直接找到具有最小匹配成本的深度。然而，事实上成本函数往往是离散的，又由于搜索范围的限制，因此深度图像不连续。为了消除这种影响，使用二次多项式插值用三个离散的深度候选值 d、d_- 和 d_+ 来近似成本函数。记 d 是具有最小成本的深度值，$d_-=d-1$，$d_+=d+1$。

$$f(x) = ax^2 + bx + c \tag{7-53}$$

$$x_{\min} = \frac{-b}{2a} \tag{7-54}$$

式中，$f(x_{\min})$ 为函数 $f(x)$ 的最小值。因此，给定 d、$f(d)$、$f(d_+)$ 和 $f(d_-)$，可以计算连续成本函数的参数 a 和 b。从而

$$x_{\min} = d - \frac{f(d_+) - f(d_-)}{2[f(d_+) + f(d_-) - 2f(d)]} \tag{7-55}$$

从上述过程中可以看出，最终深度图像超分辨率重建的结果极大地依赖于成本函数的构建，所谓的成本函数事实上就是对超分辨率输出结果的约束，或者讲是给出了超分辨率输出结果的搜索依据。单一的成本函数可能会产生不理想的超分辨结果，为此需要增加多个成本函数对超分辨率结果进一步约束。以两个成本函数约束为例，每一个成本函数对应的超分辨率结果称之为一个深度视图。第一深度视图的成本函数采用前述的方法给出，第二深度视图的成本函数可以采用如下步骤进行：首先，为每个像元的深度图像设定三个深度候选值，即 d、d_-、d_+。d 从第一深度视图(参考视图)中获取，$d_-=d-1$ 和 $d_+=d+1$。对于这三个深度候选值，利用式(7-54)分别计算出三个对应的初始成本函数；其次，在图 7-12 所示的双边滤波部分，放弃前述的双边滤波器，而采用对称双边滤波器，并将之作用于初始成本函数。所谓的对称双边滤波器，其构造方式如下[38]：

$$F_{\text{symm}}(y+u, x+v) = F(y+u, x+v)F(y'+u, x'+v) \tag{7-56}$$

式中，$F(y+u, x+v)$ 为式(7-52)中定义的滤波器；(x, y) 为第一深度视图中当前像元点；(x', y') 为第二深度视图中相应像元点，(x', y') 由 (x, y) 投影得到。

对每一个深度候选值，重复图 7-12 中的其他过程，直至得到最终的三个超分辨深度图像，选择成本函数最小时对应的深度值作为输出，方法的最后一步是将前一步的结果应用自适应滤镜 G 进行进一步的平滑，即

$$G(y+u, x+v) = \begin{cases} 1, & \text{if } |D_0(x, y) - D_0(u, v)| < 1 \\ 0, & \text{其他} \end{cases} \tag{7-57}$$

式中，D_0 为输入深度图像。

7.3.2 基于马尔可夫随机场模型的深度图像超分辨率重建

很多情形下，光学图像颜色或亮度的突变常常对应于场景深度的不连续性，基于这种认识，文献[33]研究了一种光学图像驱动的基于马尔可夫随机场模型的

深度图像超分辨率重建方法。其基本思想是由马尔可夫随机场定义的概率分布模型提供一个高分辨率深度图像,采取快速优化方法(如共轭梯度法)对之优化,即可提高深度图像的空间分辨率和深度分辨率。

图 7-13 为本节所使用的马尔可夫随机场模型。该模型由五种节点类型组成,即深度观测节点 z、图像像元 x(图像像元的密度大于深度观测值的密度)、重建的深度节点 y(这些深度节点虽然是不可观察的,但它们的密度与图像像元的密度相匹配)、不连续深度 w 和梯度 u(用来调整光学图像和深度图像中的信息)。马尔可夫随机场模型的输入有两层,分别标记为 x_i 和 z_i,其中变量 x_i 对应于图像像元,它们的值是每个像元的三维 RGB 值,变量 z_i 是深度观测值。如图 7-13 所示,深度观测值的采样密度远低于图像像元点的密度。

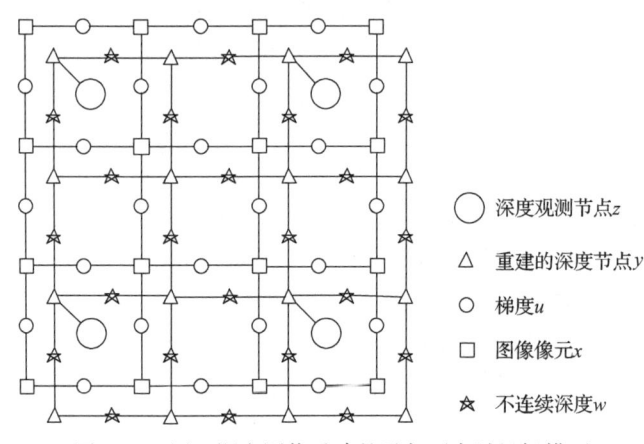

图 7-13 用于深度图像重建的马尔可夫随机场模型

马尔可夫随机场模型中的关键变量是重建的深度节点 y,这些节点重建后,即可使深度图像具有与光学图像一致的分辨率。重建的深度节点 y 的估计可由标记为 u 和 w 的辅助节点作用于光学图像和深度图像的信息给出。

具体来说,马尔可夫随机场模型中涉及的关键量定义如下。

(1) 衡量深度观测值潜在性的表达式如下:

$$\Psi = \sum_{i \in L} k(y_i - z_i)^2 \tag{7-58}$$

式中,L 为深度节点的集合;k 为深度观测值上的常数权重。深度观测值潜在性可用高分辨率图像网格所估深度节点 y 和深度观测节点 z 平方距离来度量。

(2) 深度平滑先验:

$$\Phi = \sum_i \sum_{j \in N(i)} w_{ij}(y_i - y_j)^2 \tag{7-59}$$

式中，$N(i)$ 为与节点 i 相邻的节点集合；Φ 为相邻节点之间加权平方的距离。

(3) 加权因子 w_{ij} 提供了马尔可夫随机场模型中的图像层之间的链接。每个 w_{ij} 是对应的两个相邻图像像元的确定性函数，其计算如下：

$$w_{ij} = \exp(-cu_{ij}) \tag{7-60}$$

$$u_{ij} = \| x_i - x_j \|_2^2 \tag{7-61}$$

式中，c 为一个常数，表征了图像边缘进行平滑处理的程度。

根据上述 Ψ 和 Φ 的定义，基于马尔可夫随机场模型的目标节点 y 的条件分布可以表示为

$$p(y|x,z) = \frac{1}{z} \exp\left[-\frac{1}{2}(\Psi + \Phi)\right] \tag{7-62}$$

式中，z 为归一化。

对于式 (7-62) 定义的马尔可夫随机场，可能会产生数百万个节点，环绕置信传输需要巨大的收敛时间[39]，因此直接计算该后验概率并不现实。一个可行的做法是将该后验概率模型对数化，进而对之采用最小二乘优化或共轭梯度 (conjugate gradient，CG) 方法来解决[40]。典型的 2×10^5 个节点的单幅图像在普通计算机上优化仅需要花费 1s 左右。基于上述思想的深度图像重建可以归纳为：①采用 z 的双线性插值设置 y^0；②基于如式 (7-58) 和式 (7-59) 所示的 Ψ 和 Φ 的定义，构建式 (7-62) 所示的深度分布后验概率；③将上述后验概率对数化并进行迭代更新，即可重建得到与光学图像具有相同分辨率的深度图像。

7.3.3 基于总广义变差正则化的深度图像超分辨率重建

对于光学影像辅助的深度图像超分辨率重建问题，其关键在于如何利用光学影像高频信息来辅助深度图像的升采样。注意到光学图像的纹理边缘更可能出现在深度图像中深度不连续处，而均匀纹理区域则对应于深度图像均匀的表面部分[31]，文献[41]研究了一种基于总广义变差正则化的深度图像超分重建。该方法将升采样定义为凸优化问题，分为两个方面：①数据一致性，要求最终的深度图像输出结果和最初输入的深度观测图像类似；②采用分段仿射变换实现高阶正则化。第二个问题可建模为二阶总广义变差正则化，根据各向异性扩散张量将光学图像纹理进行加权。该张量的优点在于不仅可对优化过程中的深度梯度进行加权，还可以定位梯度的方向[42,43]。

上述的升采样方法提供了一种从高分辨率光学图像 I_H 和低分辨率含噪深度图像 D_L 生成高分辨率深度图像 D_H 的过程，其中，$\Omega_H \subseteq R^2$ 和 $\Omega_L \subseteq R^2$ 分别为高分

辨率光学图像空间和低分辨率深度图像空间。其流程图如图 7-14 所示。

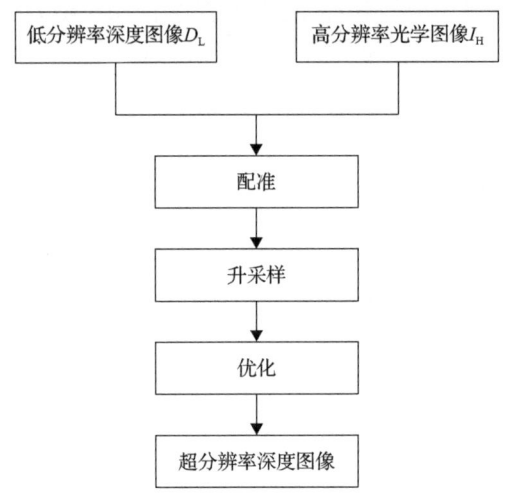

图 7-14　基于总广义变差正则化的深度图像超分辨率重建流程图

图 7-14 中分为以下三个主要步骤：首先，对高分辨率光学图像和低分辨率含噪深度图像进行配准；其次，将深度升采样问题转化为凸优化问题；最后，求解凸优化问题，实现深度图像的分辨率提升。

(1)配准阶段。由于低分辨率深度图像 D_L 和高分辨率光学图像 I_H 来自不同类型的成像系统，所以只有当成像系统的内参数和外参数都已知时才能建立相互映射关系。以光学相机为坐标系中心，将每个位置为 $x_{i,j}=(i,j,1)^T$ 像元点对应的深度观测值 $d_{i,j}$ 映射到高分辨率光学图像空间 Ω_H。该映射为

$$X_{i,j} = C_L + d_{i,j}\frac{P_L^\dagger x_{i,j}}{\|P_L^\dagger x_{i,j}\|}$$

$$\tilde{x}_{i,j} = P_H X_{i,j}, \quad \forall i,j \in \Omega_L \tag{7-63}$$

式中，$P_L^\dagger$ 为深度相机投影矩阵的伪逆；C_L 为相机中心；$X_{i,j}$ 为一个三维点。将每个 $X_{i,j}$ 通过与光学相机 P_H 的投影矩阵相乘进行反投影，投影后的深度图像 D_S 是光学图像空间 Ω_H 中像元点 $\tilde{x}_{i,j}$ 处的深度点的稀疏组合，每一深度点的深度值由该点与点 $X_{i,j}$ 的距离来度量。其示意图如图 7-15 所示。

由于低分辨率深度图像中位于 (i,j) 处的深度值 $D_L(i,j)$ 对应于高分辨率空间中 $\tilde{x}_{i,j}$ 邻域中的多个深度值的平均，所以将 $D_L(i,j)$ 投影到以 $\tilde{x}_{i,j}$ 为中心的不同像元上，将此像元记为 $D_H(i,j)$，将会产生不同的投影误差。真正像元的选择对应于最小的误差，于是通过最小化这种由高分辨率空间中的深度平均而产生的误差，

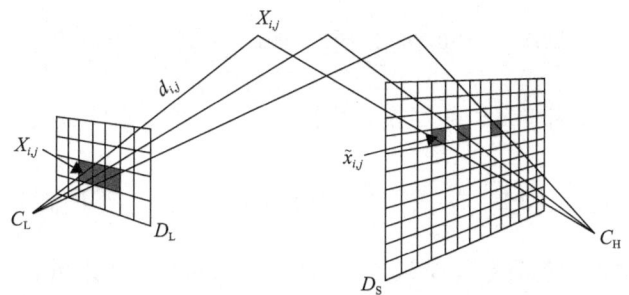

图 7-15 光学相机坐标系中从低分辨率深度图像 D_L 投影到高分辨率深度图像 D_H 的过程

即可实现高分辨率光学强度图像和低分辨率深度图像的配准。

(2) 升采样阶段。这个阶段是利用高分辨率光学图像中的边缘纹理信息辅助低分辨率深度图像生成高分辨率深度图像的过程。为了能够充分使用低分辨率深度图像的深度信息和高分辨率光学图的纹理边缘信息，需要将低分辨率深度观测数据映射到高分辨率光学强度坐标系中（这在配准过程已经实现），通过该映射，即可得到深度图像 D_S。高分辨率深度图像 D_H 由下式给出：

$$D_H = \arg\min_u [G(u, D_S) + \alpha F(u)] \tag{7-64}$$

式中，数据项 $G(u, D_S)$ 度量了输入深度观测值 D_S 和保真度参数 u 之间的关系；正则化项 $F(u)$ 反映了问题平滑项的先验知识；F 和 G 的组合是下半连续凸函数；标量 α 用于平衡数据项和正则化项之间的相对权重。

式 (7-64) 所示模型中的数据项是为了保证输出与输入深度观测值保持一致性。为了惩罚估计深度与测量深度的偏差，这里采用加权算子 $w = [0,1] \in R^2$，在未映射到的图像点处设为 0，在映射到的深度点上选取 0~1 之间的数。因此，数据项可以定义为

$$G(u, D_S) = \int_{\Omega_H} w |(u - D_S)|^2 \, dx \tag{7-65}$$

当前使用的正则化项大多是基于一阶平滑的假设[44]，如采用全变差半范数，对应的正则化项为 $F(u) = \|\nabla u\|_1$。尽管这种 L_1 范数对光学图像有较好的去噪效果，但由于深度图像表面并不总是具有分段光滑的表现，因此对于深度图像可能并不适用。

总广义变差正则化模型[45]由任意阶多项式组成，可以重构分段多项式函数。对于深度图像升采样而言，实验证明二阶总广义变差模型已经足够，因为大多数物体表面在分段仿射后具有很好的相似性。二阶总广义变差模型的原始定义表示为

$$\mathrm{TGV}_\alpha^2 = \min_v \left\{ \alpha_1 \int_\Omega |\nabla_u - v| \mathrm{d}x + \alpha_0 \int_\Omega |\nabla_v| \mathrm{d}x \right\} \quad (7\text{-}66)$$

式中，标量 α_0 和 α_1 用于每阶的加权。由于总广义变差正则项是凸函数，因此可以获得全局最优解。

假设光学图像的纹理对应于深度图像的不连续处，为了使高分辨率光学图像产生更准确的深度图像升采样结果，这里选用各向异性扩散张量 $T^{\frac{1}{2}}$ 对上述的总广义变差模型进一步改造，各向异性扩散张量 $T^{\frac{1}{2}}$ 的表达如下：

$$T^{\frac{1}{2}} = \exp\left(-\beta |\nabla I_\mathrm{H}|^\gamma\right) nn^\mathrm{T} + n^\perp n^{\perp \mathrm{T}} \quad (7\text{-}67)$$

式中，n 为图像梯度的标准化方向，$n = \dfrac{\nabla I_\mathrm{H}}{|\nabla I_\mathrm{H}|}$；$n^\perp$ 为梯度的法向矢量；标量 β 和 γ 用来调节张量的大小和锐度。各向异性扩散张量不仅对一阶深度梯度进行加权，同时在优化的过程中会指明梯度方向。基于这种思想，Ranftl 等通过对总广义变差模型加入边缘张量信息，用于立体视觉重建，以保障优化后的深度图像具有更好的边缘[46]。

最后，式(7-64)的模型可以表示为

$$\min_{u,v} \left\{ \alpha_1 \int_{\Omega_\mathrm{H}} \left| T^{\frac{1}{2}}(\nabla_u - v) \right| \mathrm{d}x + \alpha_0 \int_{\Omega_\mathrm{H}} \nabla_v \mathrm{d}x + \int_{\Omega_\mathrm{H}} w |(u - D_\mathrm{S})|^2 \mathrm{d}x \right\} \quad (7\text{-}68)$$

(3) 优化阶段：式(7-68)给出的模型虽然仍保持其凸性，但并不具有平滑性(权重 w 中存在零值)。为此，这里采用文献[42]、[43]中提出的能量初对偶(primal-dual energy)的最小化方法以获得一个全局最优解。利用 Legendre-Fenchel(LF)变换将式(7-68)形变为

$$\min_{u \in MN, v \in 2MN} \max_{p \in P, q \in Q} \alpha_1 \left\langle T^{\frac{1}{2}}(\nabla u - u), p \right\rangle + \alpha_0 \langle \nabla v, q \rangle + \sum_{i,j \in \Omega} w_{i,j} (u_{i,j} - D_{Si,j})^2 \quad (7\text{-}69)$$

引入了双变量 p 和 q 后，这些变量的可行集合定义为

$$P = \left\{ p: \Omega_\mathrm{H} \to R^2 \quad \|p_{i,j}\| \leq 1, \forall i,j \in \Omega_\mathrm{H} \right\} \quad (7\text{-}70)$$

$$Q = \left\{ q: \Omega_\mathrm{H} \to R^2 \quad \|q_{i,j}\| \leq 1, \forall i,j \in \Omega_\mathrm{H} \right\} \quad (7\text{-}71)$$

该公式用于能量初对偶方法，对于每一个独立的像元，其原始和对偶变量迭代优化过程可分为三个阶段：首先，使用梯度上升法来更新对偶变量 p 和 q；其次，使用梯度下降法更新原始变量；最后，通过松弛方法改进原始变量。步长选择为 $u^0 = D_S$，v^0、p^0、$q^0 = 0$，$\sigma_p > 0$，$\sigma_q > 0$，$\tau_u > 0$ 和 $\tau_v > 0$。对于任意迭代次数 $n \geqslant 0$，根据如下计算步骤：

$$\begin{cases} p^{n+1} = p_p \left\{ p^n + \sigma_p \sigma_1 \left[T^{1/2} (\nabla \bar{u}^n - \bar{v}^n) \right] \right\} \\ q^{n+1} = p_q (q^n + \sigma_q \sigma_0 \nabla \bar{v}^n) \\ u^{n+1} = \dfrac{u^n + \tau_u (\alpha_1 \nabla^T q^{n+1} + w D_S)}{1 + \tau_u w} \\ v^{n+1} = v^n + \tau_u (\alpha_0 \nabla^T q^{n+1} + \alpha_1 T^{1/2} p^{n+1}) \\ \bar{u}^{n+1} = u^{n+1} + \theta (u^{n+1} - \bar{u}^n) \\ \bar{v}^{n+1} = v^{n+1} + \theta (v^{n+1} - \bar{v}^n) \end{cases} \quad (7\text{-}72)$$

直到达到停止标准。为了实现对偶变量更新时的凸优化条件，p 和 q 的投影算子 p_p 和 p_q 定义为

$$\begin{aligned} p_p \{\tilde{p}_{i,j}\} &= \frac{\tilde{p}_{i,j}}{\max(1, |\tilde{p}_{i,j}|)} \\ p_q \{\tilde{q}_{i,j}\} &= \frac{\tilde{q}_{i,j}}{\max(1, |\tilde{q}_{i,j}|)} \end{aligned} \quad (7\text{-}73)$$

在每次迭代中，式(7-72)中参数 θ 的设定可参照文献[42]，最佳步长可根据文献[47]来确定。

7.3.4 实验结果及分析

本节对以上三种深度图像重建方法的性能进行实验，测试数据中的低分辨率深度图像和同一场景高分辨率光学图像均来源于 ISPRS 网站，拍摄地点在德国温宁根市的某区域。

1. 基于双边滤波的深度图像超分辨率优化重建

图 7-16(a)是地区 A 的低分辨率深度图像，图 7-16(b)是地区 A 的高分辨率光学图像，图 7-16(c)是基于双边滤波的深度图像超分辨率优化重建结果。

对比图 7-16 中的(a)和(c)，可以发现重建后的图像具有更加丰富的边缘信息，这验证了基于双边滤波的深度图像超分辨率优化重建的有效性。

(a) 低分辨率深度图像　　(b) 高分辨率光学图像　　(c) 超分辨率深度图像

图 7-16　基于双边滤波的深度图像超分辨率优化重建(地区 A)

为了进一步对比重建前后的效果，我们将重建前后的深度图像局部区域进行放大对比。图 7-17(a)指示了在可见光图像中选择的局部区域 1 和 2，图 7-17(b)和(c)

(a) 高分辨率光学图像(地区A)

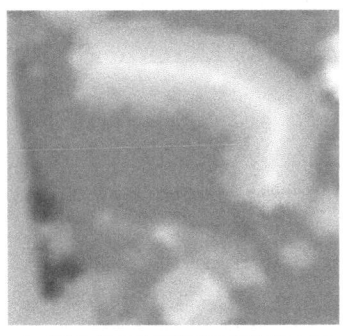
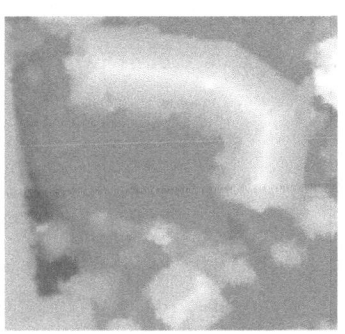

(b) 区域1的低分辨率深度图像放大图　　(c) 区域1的超分辨率重建深度图像放大图

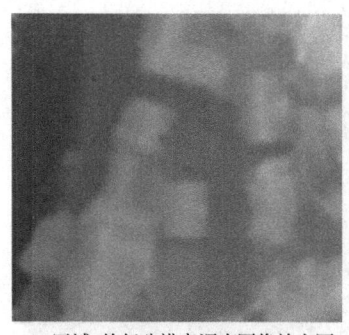 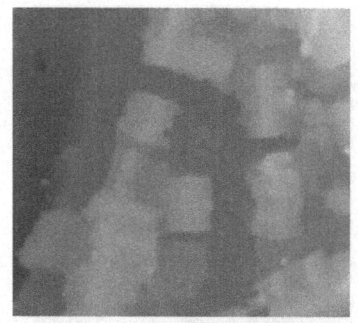

(d) 区域2的低分辨率深度图像放大图　　(e) 区域2的超分辨率重建深度图像放大图

图 7-17　局部区域放大对比图（地区 A）

分别为区域 1 的低分辨率深度图像和超分辨率重建深度图像放大图，图 7-17(d) 和 (e) 分别为区域 2 的低分辨率深度图像和超分辨率重建深度图像放大图。

对比图 7-17 中的 (b) 和 (c)、(d) 和 (e)，可以发现，重建后的深度图像更加清晰，原始边缘处模糊现象得到了极大的抑制。表 7-4 为地区 A 原始低分辨率深度图像、超分辨率重建深度图像在两个局部区域及整幅图像上的信噪比。从表 7-4 可以发现，基于双边滤波的深度图像超分辨率优化重建方法可以显著提升图像的信噪比，平均约有 10dB 的提升。

表 7-4　红外图像超分辨率重建的信噪比（地区 A）

数据	区域 1	区域 2	整幅图像
原始低分辨率深度图像	50.8679	47.8154	52.9933
超分辨率重建深度图像	59.775	55.7382	63.3151

图 7-18 为利用 Canny 算子对地区 A 低分辨率深度图像、超分辨率重建深度图像边缘检测结果，其中参数的高阈值为幅值大小前 90% 的最后一个幅值，低阈值取高阈值的 0.4 倍。

在图 7-18 中，(b) 图相较于 (a) 图，其边缘更加细密，这再次验证了基于双边滤波的深度图像超分辨率优化重建后含有更加丰富的高频成分。

2. 基于总广义变差正则化的深度图像超分辨率重建

为了测试基于总广义变差正则化的深度图像超分重建的效果，选取的测试数据如图 7-19 所示。其中，图 7-19(a) 是地区 B 的低分辨率深度图像，图 7-19(b) 是地区 B 的高分辨率可见光图像，图 7-19(c) 是基于总广义变差正则化的深度图像超分辨率重建结果。

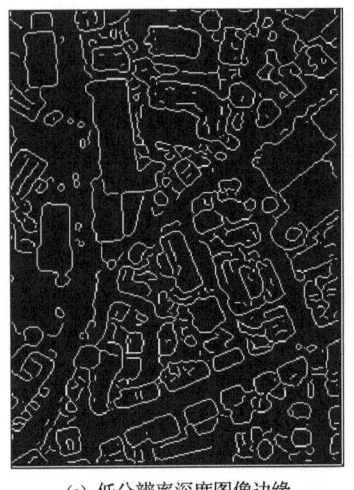

(a) 低分辨率深度图像边缘　　　　(b) 基于双边滤波的超分辨率深度图像边缘

图 7-18　深度图像 Canny 算子边缘对比图（地区 A）

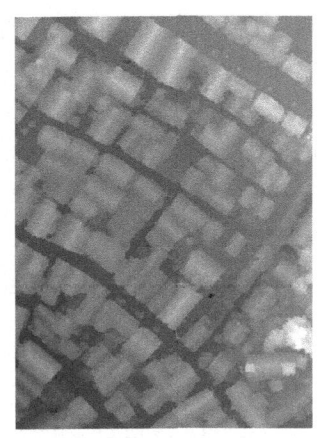

(a) 低分辨率深度图像　　　　(b) 高分辨率可见光图像　　　　(c) 超分辨率深度图像

图 7-19　基于总广义变差正则化的深度图像超分辨率重建（地区 B）

对比图 7-19 中的(a)和(c)，不难发现利用基于总广义变差正则化的超分辨率重建可以得到具有更加清晰化的边缘。同样地，为了进一步比较重建前后的效果，现将重建前后的深度图像局部区域进行放大对比。图 7-20(a)指示了在地区 B 的可见光图像中选择的局部区域 1 和 2，图 7-20(b)和(c)分别为区域 1 的低分辨率深度图像和超分辨率重建深度图像放大图，图 7-20(d)和(e)分别为区域 2 的低分辨率深度图像和超分辨率重建深度图像放大图。

对比图 7-20 中的(b)和(c)、(d)和(e)，可以发现，重建后的深度图像的边缘更加显著。表 7-5 为地区 B 原始低分辨率深度图像、超分辨率重建深度图像在两个局部区域及整幅图像上的信噪比。从表 7-5 可以发现，经基于总广义变差正则化

第 7 章 光学影像辅助的异源图像超分辨率重建

(a) 高分辨率可见光图像(地区 B)

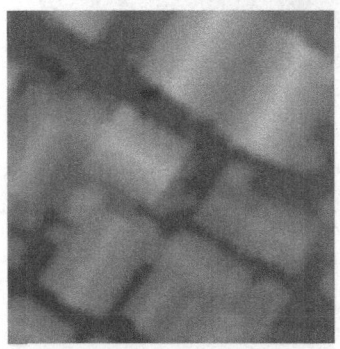 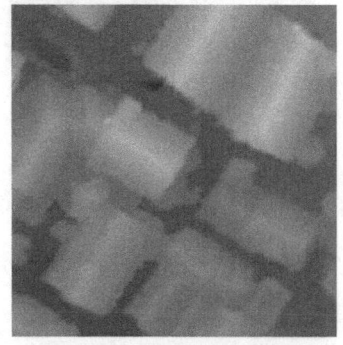

(b) 区域1的低分辨率深度图像放大图　　(c) 区域1的超分辨率重建深度图像放大图

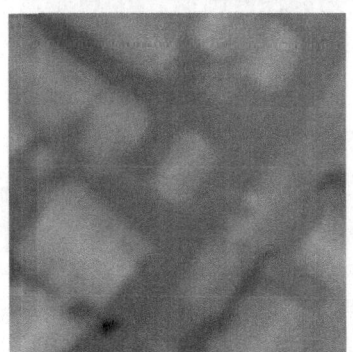 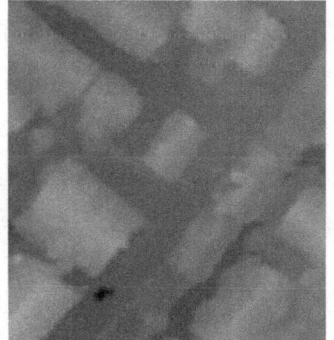

(d) 区域2的低分辨率深度图像放大图　　(e) 区域2的超分辨率重建深度图像放大图

图 7-20　局部区域放大对比图(地区 B)

表 7-5　红外图像超分辨率重建的信噪比(地区 B)

数据	区域 1	区域 2	整幅图像
原始低分辨率深度图像	46.6627	44.8402	50.1068
超分辨率重建深度图像	54.8403	50.5214	59.8439

的深度图像超分辨率重建方法后,图像的信噪比提升约10dB。

图 7-21 为利用 Canny 算子对地区 B 原始低分辨率深度图像、超分辨率重建深度图像边缘检测结果(算子参数的设置同图 7-18)。

(a) 低分辨率深度图像边缘   (b) 基于总广义变分的超分辨率深度图像边缘

图 7-21　深度图像 Canny 算子的边缘对比图(地区 B)

从图 7-21 可以看出,经基于总广义变差正则化的深度图像超分辨率重建后,深度图像的边缘信息得到了明显的加强。

3. 基于马尔可夫随机场模型的深度图像超分辨率重建

在图 7-22 中,图(a)是地区 C 的低分辨率深度图像,图(b)是地区 C 的高分辨率可见光图像,图(c)是基于马尔可夫随机场模型的深度图像超分辨率重建结果。

(a) 低分辨率深度图像　　　(b) 高分辨率可见光图像　　　(c) 超分辨率深度图像

图 7-22　基于马尔可夫随机场模型的深度图像超分辨率重建(地区 C)

在图 7-22 中选择局部区域 1 和 2 并对其重建前后的深度图像进行放大对比,如图 7-23 所示。图 7-23(a)指示了局部区域 1 和 2,图 7-23(b)和(c)分别为区域 1 的低分辨率深度图像和超分辨率重建深度图像放大图,图 7-23(d)和(e)分别为区域 2 的低分辨率深度图像和超分辨率重建深度图像放大图。

(a) 高分辨率可见光图像(地区 C)

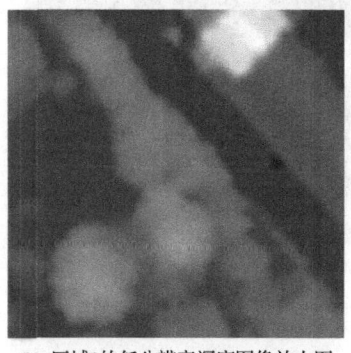

(b) 区域1的低分辨率深度图像放大图

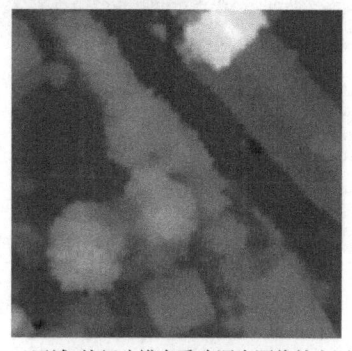

(c) 区域1的超分辨率重建深度图像放大图

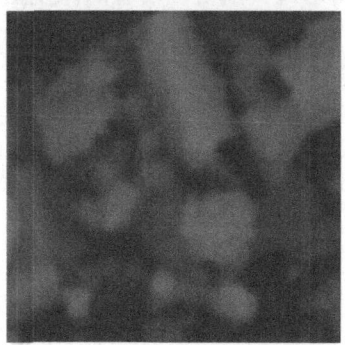

(d) 区域2的低分辨率深度图像放大图

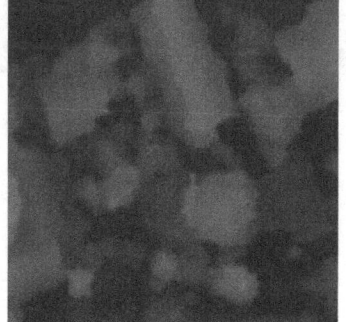

(e) 区域2的超分辨率重建深度图像放大图

图 7-23　局部区域放大对比图(地区 C)

表 7-6 为地区 C 原始低分辨率深度图像、超分辨率重建深度图像在两个局部区域及整幅图像上的信噪比。

表 7-6　红外图像超分辨率重建的信噪比（地区 C）

数据	区域 1	区域 2	整幅图像
原始低分辨率红外图像	53.4928	52.2189	57.7591
超分辨率重建红外图像	60.8539	62.2973	66.1617

图 7-24 为利用 Canny 算子对地区 C 原始低分辨率深度图像、马尔可夫随机场模型的深度图像超分辨率重建边缘检测结果（算子参数的设置同图 7-18）。

(a) 低分辨率深度图像边缘　　(b) MRF 超分辨率重建的深度图像边缘

图 7-24　基于马尔可夫随机场模型的深度图像 Canny 算子边缘对比图（地区 C）

从图 7-24 中的(a)和(b)可发现，基于马尔可夫随机场模型的深度图像超分辨率重建后，深度图像的边缘细节更加明显，这意味着超分辨率重建后的深度图像极大地继承了高分辨率光学影像的高频信息。

参 考 文 献

[1] 刘羽. 像素级多源图像融合方法研究. 合肥：中国科学技术大学，2016.

[2] 宋智礼. 图像配准技术及其应用的研究. 上海：复旦大学，2010.

[3] 李晖晖. 多传感器图像融合算法研究. 西安：西北工业大学，2006.

[4] Pohl C, van Genderen J L. Multisensor image fusion in remote sensing: Concepts, methods and applications. International Journal of Remote Sensing, 1998, 19(5): 823-854.

[5] Datcu S, Ibos L, Candau Y, et al. Focal plane array infrared camera transfer function calculation

and image restoration. Optical Engineering, 2004, 43(3): 648-657.

[6] Hardie R C, Barnard K J, Armstrong E E. Joint MAP registration and high-resolution image estimation using a sequence of undersampled image. IEEE Transactions on Image Processing, 1997, 6(12): 1621-1633.

[7] Choi K, Kim C, Kang M H, et al. Resolution improvement of infrared images using visible image information. IEEE Signal Processing Letters, 2011, 18(10): 611-614.

[8] Diebel J, Thrun S. An application of Markov random fields to range sensing. Advances in Neural Information Processing Systems, Vancouver, 2005.

[9] Irani M, Anandan P. Robust multi-sensor image alignment. The 6th International Conference on Computer Visio, Bombay, 1998.

[10] Freeman W T, Jones T R, Pasztor E C. Example-based superresolution. IEEE Computer Graphics and Applications, 2002, 22(2): 56-65.

[11] 苏冰山, 吴炜, 杨晓敏, 等. 一种基于多传感器的红外图像正则化超分辨率算法. 光电子·激光, 2015, 26(2): 368-377.

[12] Kovesi P. Phase congruency detects corners and edges. The Australian Pattern Recognition Society Conference, Sydney, 2003.

[13] Kovesi P. Edges are not just steps. Proceeding of the 5th Asian Conference on Computer Vision, Melbourne, 2002.

[14] 石扬. 基于相位信息的图像边缘检测算法研究. 大连: 大连理工大学, 2007.

[15] Kovesi P. Image features from phase congruency. Journal of Computer Vision Research, 1999, 1(3): 1-26.

[16] Ng M K, Qi L, Yang Y F. On semismooth Newton's methods for total variation minimization. Journal of Mathematical Imaging and Vision, 2007, 27(3): 265-276.

[17] Strauss W A. Partial Differential Equations. New York: Wiley, 1992.

[18] Sakurai M, kiriyama S, Goto T. Fast algorithm for total variation minimization. The 18th IEEE International Conference on Image Processing, Brussels, 2011.

[19] Paul R, Brendt W. Efficient minimization method for a generalized total variation functional. IEEE Transactions on Image Processing, 2009, 18(2): 322-332.

[20] Lysaker M, Lundervold A, Tai X C. Noise removal using fourth-order partial differential equation with applications to medical magnetic resonance images in space and time. IEEE Tranctions on Image Processing, 2003, 12(12): 1579-1590.

[21] Bredies K, Kunisch K, Pock T. Total generalized variation. SIAM Journal on Imaging Sciences, 2010, 3(3): 492-526.

[22] Rudin L, Osher S, Fatemi E. Nonlinear total variation based noise removal algorithms. Physical D: Nonlinear Phenmena, 1992, 60(1-4): 259-268.

[23] Xu J L, Feng X C, Hao Y. Image restoration method with adaptive second order total generalized variation. Journal of Optoelectronics Laser, 2013, 24(2): 378-383.

[24] 钱新伟, 王婉丽, 祁双喜, 等. 基于广义变分正则化的红外图像噪声抑制方法. 红外与激光工程, 2014, 43(1): 67-71.

[25] Lange R. 3D Time-of-Flight distance measurement with custom solid-state image sensors in CMOS/CCD technology. Siegen: University of Siegen, Siegen, 2000.

[26] Schmidt M. Analysis, modeling and dynamic optimization of 3D time-of-flight imaging systems. Heidelberg: Heidelberg University, 2011.

[27] Gudmundsson S A, Aanaes H, Larsen R. Fusion of stereo vision and time-of-flight imaging for improved 3D estimation. International Journal of Intelligent Systems Technologies and Applications, 2008, 5(3/4): 425-433.

[28] Zhu J, Wang L, Yang R, et al. Reliability fusion of time-of-flight depth and stereo geometry for high quality depth maps. TPAMI, 2011, 33(7): 1400-1414.

[29] Schuon S, Theobalt C, Davis J, et al. Lidarboost: Depth superresolution for tof 3D shape scanning. IEEE Conference on Computer Vision and Pattern Kecognition, Miami, 2009.

[30] Cui Y, Schuon S, Chan D, et al. 3D shape scanning with a time-of-flight camera. 2010 IEEE Computer Society Conference on Computer Vision and Pattern Recognition, San Francisco, 2010.

[31] Yang Q, Yang R, Davis J, et al. Spatial-depth super resolution for range images. IEEE Conference on Computer Vision and Pattern Recognition, Minneapolis, 2007.

[32] Chan D, Buisman H, Theobalt C, et al. A noiseAware filter for real-time depth upsampling. Workshop on Multi-camera and Multi-modal Sensor Fusion Algorithms and Applications, Marseille, 2008.

[33] Diebel J, Thrun S. An application of Markov random fields to range sensing. Advances in Neural Information Processing Systems, Vancouver, 2005.

[34] Park J, Kim H, Tai Y W, et al. High quality depth map upsampling for 3D-tof cameras. International Conference on Computer Vision, Barcelona, 2011.

[35] Yang Q, Yang R, Davis J, et al. Spatial-depth super resolution for range images. IEEE Conference Computer Vision and Pattern Recognition, Minneapolis, 2007.

[36] Yoon K J, Kween S. Adaptive support-weight approach for correspondence search. IEEE Transactions on Pattern Analysis and Machine Intelligence, 2006, 28(4): 650-656.

[37] Wang L, Liao M, Gong M, et al. High-quality real-time stereo using adaptive cost aggregation and dynamic programming. The 3rd International Symposium on 3D Processing, Visualization and Transmission, Chapel Hill, 2006.

[38] Yang Q, Wang L, Yang R, et al. Stereo matching with color-weighted correlation, hierarchical belief propagation and occlusion handling. IEEE Computer Society Conference on Computer

Vision and Pattern Recognition, New York, 2006.
[39] Weiss Y, Freeman W T. Correctness of belief propagation in Gaussian graphical models of arbitrary topology. Neural Computation, 2001, 13(10): 2173-2200.
[40] Press W H. Numerical Recipes in C: The Art of Scientific Computing. Cambridge: Cambridge University Press, 1988.
[41] Ferstl D, Reinbacher C, Ranftl R, et al. Image guided depth upsampling using anisotropic total generalized variation. Proceedings of the IEEE International Conference on Computer Vision, Sydney, 2013.
[42] Chambolle A, Pock T. A first-order primal-dual algorithm for convex problems with applications to imaging. Journal of Mathematical Imaging and Vision, 2011, 40: 120-145.
[43] Esser E, Zhang X, Chan T. A general framework for a class of first order primal-dual algorithms for convex optimization in imaging science. SIAM Journal on Imaging Sciences, 2010, 3(4): 1015-1046.
[44] Rudin L I, Osher S, Fatemi E. Nonlinear total variation based noise removal algorithms. Physica D: Nonlinear Phenomena, 1992, 60(1-4): 259-268.
[45] Bredies K, KunischK, Pock T. Total generalized variation. SIAM Journal on Imaging Sciences, 2010, 3(3): 492-526.
[46] Ranftl R, Gehrig S, Pock T, et al. Pushing the limits of stereo using variational stereo estimation. IEEE Intelligent Vehicles Symposium, Madrid, 2012.
[47] Pock T, Chambolle A. Diagonal preconditioning for first order primal-dual algorithms in convex optimization. 2011 International Conference on Computer Vision, Barcelona, 2011.

第8章　高/多光谱遥感影像空间超分辨率重建

8.1 引　　言

遥感技术最初是以单波段为主，这种方式不能体现地物的光谱信息。提高遥感探测传感器的光谱分辨率是当下遥感技术的重要发展方向之一[1]，高/多光谱遥感成像已经成为重要的探测方式。光谱影像含有地物的光谱信息，可为图像的解译提供新的手段和途径。尽管高/多光谱遥感影像能提供地面目标的光谱信息，但是由于存在同物异谱(即同种地物的光谱存在差异性)、异物同谱(即不同地物可能呈现相同的光谱)、传感器的空间分辨率，以及自然界地表的复杂性等因素，在高/多光谱遥感影像中存在着大量的包含不同地物类型的像元，即混合像元。

在高/多光谱遥感成像中，纯净像元按照某种方式组成混合像元，因此混合像元的光谱可以视作几种纯净地物光谱的组合，在进行图像分类时，无法将此类混合像元分到某一类地物中去。混合像元的存在对遥感影像的处理和解译带来了困难，成为制约遥感定量化发展的瓶颈。显然，提高高/多光谱遥感影像的空间分辨率是抑制混合像元影响的重要途径之一。

事实上，针对高/多光谱影像，其混合像元的解混和定位一直是该领域的重要研究问题，而混合像元的解混和定位恰恰是达成高/多光谱影像空间分辨率提升的有效手段。

8.2　混合像元解混和定位简述

光谱分辨率在 $10^{-1\lambda}$ 数量级范围内的光谱称为多光谱，这样的遥感器在可见光和近红外光谱区只有几个波段，如 TM 卫星和 SPOT 卫星等；光谱分辨率在 $10^{-2\lambda}$ 数量级称为高光谱；随着光谱分辨率的进一步提高，在达到 $10^{-3\lambda}$ 时，遥感即进入了超高光谱阶段[2]。多光谱遥感可以在资源调查、环境监测等方面发挥重大作用；高光谱遥感利用多而窄的波谱获取地面目标丰富的空间、辐射和光谱三重信息，并且具有比多光谱更高的光谱分辨率和空间分辨率。

遥感影像中像元很少是由单一均匀的地表覆盖类组成的，一般都是几种地物的混合体，因此影像中的光谱特征并不是单一地物的光谱特征，而是几种地物光谱特征的综合反映[3]。遥感影像空间分辨率越低，单一像元覆盖的面积越大，像元内包含数种地物的可能性越大,就越有可能形成混合像元[4]。以下三种情况容易产生混合像元:①地物本身的影响,如土壤及其湿度等因素产生混合像元;②由于空间分辨率限制引起混合像元;③背景中存在阴影等也会造成混合像元。混合像元形成示意图如图 8-1 所示。

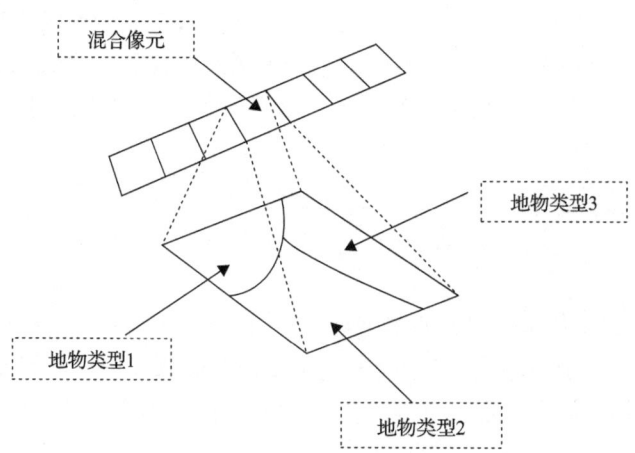

图 8-1 混合像元形成示意图

20 世纪 70~80 年代,混合像元问题开始引起相关研究者的关注,至 90 年代,混合像元的研究日渐增多,并逐渐成为遥感领域中一个重要的发展方向。目前关于混合像元分解模型,最为典型的包括线性模型、概率模型、几何光学模型、随机几何模型、模糊分析模型[5]等。这些模型按参量之间的关系又可以归结为线性和非线性模型两类[6]。

建立和求解非线性混合模型通常比线性混合模型更为困难,因此实际应用中,非线性混合模型研究较少。事实上,在忽略多次散射的情况下非线性混合模型可以退化为线性混合模型,因其简单易行且具有明确的物理意义而被广泛使用,如火星与月球地表物质分析、地质研究、气象研究、土地覆盖填图、监测城市环境变化、测量水体浑浊度、土地退化填图、雪盖填图植被覆盖等[7]。

利用混合像元分解模型得到混合像元中各端元组分的丰度后,再通过将原始混合像元划分为更小的单位——亚像元,然后利用亚像元空间分布的特点,将亚像元赋予不同的端元组分,同时使其满足不同端元组分所占亚像元的比例与该端元组分丰度相等的约束条件,最终即可得到混合像元中各端元组分的空间分布状况,以便提高遥感影像分类精度和更好地反映遥感影像的细节信息[8]。在现有的混合像元解混方法中,除了端元选取及丰度求取外,对于混合像元内各个组分在该像元中所占位置确定(即各个混合成份究竟该当如何分布)的研究也非常重要,此为亚像元定位技术,目前亚像元定位技术已广泛引起研究人员的重视。

8.3 高/多光谱混合像元线性分解模型

8.3.1 混合像元线性分解模型

混合像元线性分解模型建立的基础是基于光谱具有可加性的假设，本质上是一种基于图像处理的方法，该模型假设每一光谱波段中每一像元的反射率为各端元的反射率与它们各自比率的线性组合[9]，即第 i 波段某一像元反射率 r_i 的模型可表达如下：

$$r_i = \sum_{j=1}^{n} f_j r_{i,j} + e_i \qquad (8\text{-}1)$$

式中，f_j 为该像元中第 j 个端元的丰度（即所占百分比含量）；$r_{i,j}$ 为第 i 波段第 j 个端元的反射率；e_i 为误差。光谱解混即是给定混合光谱 r_i，在使误差 e_i 最小的情况下求取每一个端元的丰度 f_j，f_j 满足归一化和非负性约束条件，即

$$\begin{cases} \sum_{j=1}^{n} f_j = 1 \\ f_j > 0, \quad j \in \{1,2,\cdots,n\} \end{cases} \qquad (8\text{-}2)$$

对于上述问题，可以采用全约束最小二乘法或部分约束最小二乘法等求取丰度[10,11]。

从式(8-1)和式(8-2)可以看出，无论是多光谱还是高光谱，均需首先选取端元，进而估计丰度，才能实现混合像元的解混。

8.3.2 端元选取方法

端元选取的目的是尽可能准确地找到纯的像元点，提取其光谱信息，对混合像元进行分解，目前的研究中端元提取一般有以下几种途径[12]：①根据野外波谱测量或从已有的地物光谱信息库中选择端元，通过这种途径选择的端元称为"参考端元"；②直接从待分析的图像上选择端元，然后不断对其修改、调整，确定端元，通过这种途径选择的端元称为"图像端元"；③图像端元和参考端元相结合进行端元选择[12]。由于第①种方法比较费时费力，一般采用第②和第③种方法，即根据图像获取端元。

1. 基于几何体顶点的分析法

在数学模型中，端元有其对应的几何意义和关系。整个遥感空间的数据可以

视为一个数据集合,在这个高维几何体中,各个顶点位置代表端元,而被几何体包围的每个点均为混合像元,混合像元可由几何顶点(端元)组合而成。基于几何体顶点分析的方法主要有纯净像元指数(pure pixel index,PPI)和 N-FINDR,基本思路是利用散点图获取端元。图 8-2 给出了一种简单的二维散点图。

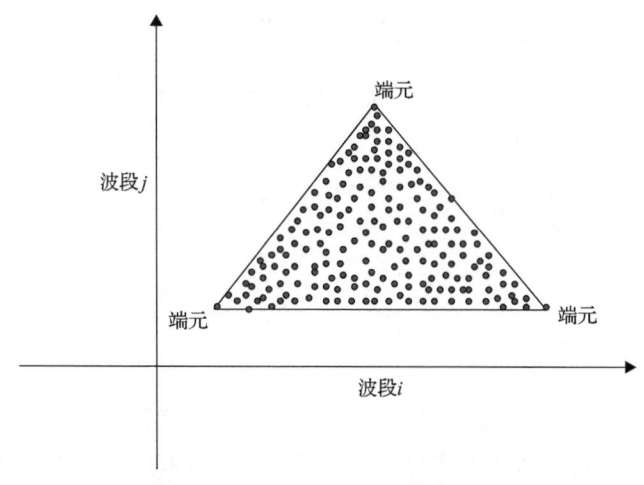

图 8-2 二维散点图

在理想情况下,散点图呈三角形状,根据线性混合模型数学描述,纯净端元几何位置分布在三角形的三个顶点,而三角形内部的点则是这三个顶点的线性组合,也就是混合像元,如图 8-2 所示。根据这个原理,我们可以在二维散点图上选择端元波谱。在实际的端元选择过程中,往往选择散点图周围凸出的部分区域,之后获取这个区域相应原图上的平均波谱作为端元波谱。

PPI 方法并不是一种纯粹的端元提取方法,而是一种端元提取方法的辅助,经过 PPI 后,并不能最终确定所有的端元向量,还需要通过散点图确定最终光谱端元[13]。PPI 方法假设高/多光谱影像的数据集合在高维空间形成一个凸集,光谱端元位于凸集的边缘,PPI 方法就是找到这些位于凸集边缘的纯净点[14-16]。PPI 方法在最小噪声分离空间中进行,每一个像元被视为一个 n(波段数)维向量,所有像元构成一个 n 维空间,边缘位置处的像元是较为纯净的像元,这些像元构成空间的基,基的线性组合表示边缘内的像元。如图 8-3 所示,利用 PPI 投影方法,找纯净像元,设 skewer 为一随机产生的 n 维单位向量,对每一个像元,设定一个计数器 c,计数器 c 的初值为 0,做如下投影运算:

$$dp = \sum_{i=1}^{n} \text{pixel}(i) \cdot \text{skewer}(i) \tag{8-3}$$

设定一个阈值 M,阈值的大小决定了最终得到的端元数目。当 $|dp| > M$ 时,计

数器值加 1，否则不变。重复上述步骤，每个像元都会对应一个 c 值，其大小表征像元的纯净度，纯像元即可从 c 值较大的像元中选取。

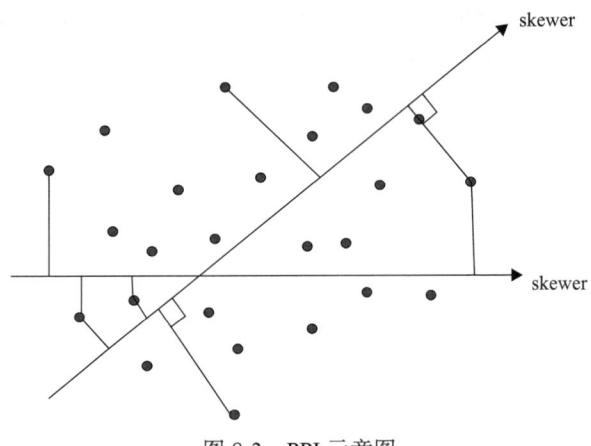

图 8-3　PPI 示意图

N_FINDR 方法是一种自动端元选取方法[17]，该方法假设在高光谱影像数据中，各地物类型都存在对应的光谱端元集合，每个像元的光谱值是由该集合中若干个端元混合而成的，根据凸几何理论，全部像元在高光谱数据空间中形成一个凸几何体，每个光谱端元则对应凸多面体的一个顶点[18]。因此，N_FINDR 方法的理论基础是凸几何理论[19]。

根据上述讨论，高光谱数据在空间中形成一个凸几何体，寻找光谱端元的问题可转换为：给定像元点数目，寻找哪些像元作为顶点时对应的凸面体体积最大，这就是 N-FINDR 方法基本思想[20,21]。该方法中涉及凸面体体积的计算式为[22]

$$\begin{cases} V(E) = \dfrac{1}{(n+1)!} \text{abs}(|E|) \\ E = \begin{bmatrix} 1 & 1 & \cdots & 1 \\ e_1 & e_2 & \cdots & e_{n+1} \end{bmatrix} \end{cases} \quad (8\text{-}4)$$

式中，e_i 为第 i 个端元在所有波段的反射率组成的列向量；n 为波段数。N_FINDR 方法的效率很大程度上依赖于初始向量的选择[17]。

2. 自动形态学光谱端元选取方法

基于几何体顶点的分析法通过散点图的几何体分析进行端元选取，这类方法仅考虑光谱信息，并没有利用到图像的空间信息。Plaza 等在 2002 年提出了一种称之为自动形态学端元提取（automatic morphological end element extraction, AMEE）的方法，AMEE 方法不仅考虑像元的光谱信息也考虑像元的空间位置信息[23]。该方法已经用于 AVIRIS 数据的测试,取得了较为准确的结果[23]。

AMEE 方法是在传统灰度图像膨胀与腐蚀运算基础上扩展而来的,但是和传统的膨胀和腐蚀运算又有区别。传统灰度图像上的膨胀和腐蚀运算分别定义为 e、d,即

$$e(x,y) = (f \otimes K)(x,y) = \min_{(s,t) \in K} \left[f(x+s, y+t) - k(s,t) \right] \quad (8\text{-}5)$$

$$d(x,y) = (f \oplus K)(x,y) = \max_{(s,t) \in K} \left[f(x-s, y-t) + k(s,t) \right] \quad (8\text{-}6)$$

将灰度图像的膨胀和腐蚀运算拓展到高/多光谱影像中后,像元膨胀和腐蚀运算不再是简单灰度值相加减,因为高光谱影像中不再有灰度值这个概念,因此,需要重新定义一种运算来代替原始的加减运算操作。高光谱/多光谱中的膨胀腐蚀运算定义为[24]

$$d(x,y) = (f \oplus K)(x,y) = \arg \max_{(s,t) \in K} \left\{ D\left[f(x+s, y+t), K \right] \right\} \quad (8\text{-}7)$$

$$e(x,y) = (f \otimes K)(x,y) = \arg \min_{(s,t) \in K} \left\{ D\left[f(x+s, y+t), K \right] \right\} \quad (8\text{-}8)$$

$$D\left[f(x+s, y+t), K \right] = \sum_s \sum_t \text{dist}\left[f(x,y), f(s,t) \right], (s,t \in K) \quad (8\text{-}9)$$

式中,K 为一个以 (x,y) 为中心的邻域;dist 为求光谱角距离。式(8-7)、式(8-8)的解释为:在结构元 K 范围内分别求取每一个像元和结构元内其他像元的光谱角距离和,取具有最大的光谱角距离和的像元作为膨胀结果 $d(x,y)$,取具有最小光谱角距离和的像元作为腐蚀结果 $e(x,y)$。由于膨胀结果对应于最大的光谱角距离,该像元和其他像元最不相近,因此最可能是纯净像元;而腐蚀结果对应于最小的光谱角距离,该像元和其他的像元最为相似,于是该像元为混合度最高像元的可能性最大。简言之,上面的分析表明:膨胀结果选取出来的是纯净像元,而腐蚀结果选取出来为混合最为严重的像元。上述定义的膨胀和腐蚀的示意图如图 8-4 所示。

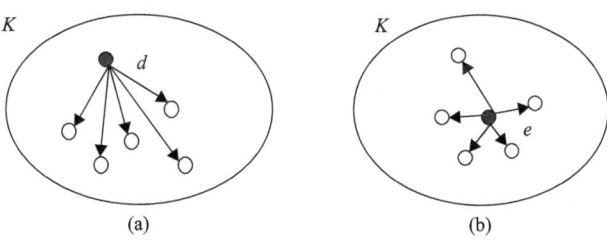

图 8-4　膨胀和腐蚀示意图

按照上面的做法，选取出来的只是一个邻域内的较为纯净和混合最为严重的像元，为了能在整个影像中得出纯净像元，需要为每一个在局部邻域内的纯净像元定义一个纯净度指数，可以用形态偏心指数(morphological eccentricity index, MEI)[23]表示，即

$$\mathrm{MEI}(x,y) = \mathrm{dist}\big[d(x,y), e(x,y)\big] \tag{8-10}$$

求取 MEI 值的过程如图 8-5 所示。

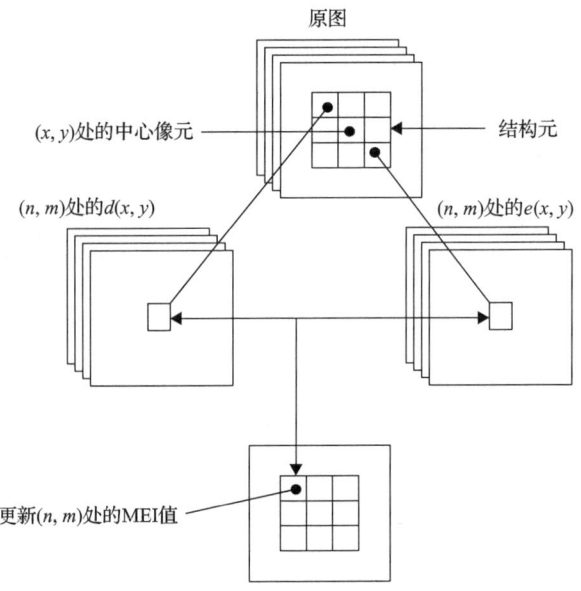

图 8-5　求取 MEI 值示意图

每一个被选为邻域内纯净端元的像元都对应一个 MEI 值，MEI 值越高该位置处的像元作为纯净像元的可能性越大，得到这组 MEI 值之后选取具有较大 MEI 值的像元作为端元。

上述方法中用到的假设——光谱角距离和越大，越有可能是纯净端元。在混合像元中该端元的丰度越大即所占比例越多，该假设是成立的，下面给出理论上的证明。针对一般的情形，假设混合像元 y 由 m 个端元组成，每一个端元 α_i 是一个 n 维向量，即

$$\begin{cases} y = \sum_{i=1}^{m} r_i \alpha_i \\ \alpha_i = (\alpha_{i1}, \alpha_{i2}, \cdots, \alpha_{in}), y = (y_1, y_2, \cdots, y_n), y_i = r_1 \alpha_{1i} + r_2 \alpha_{2i} + \cdots + r_m \alpha_{mi} \end{cases} \tag{8-11}$$

下面证明 $\mathrm{dist}(\alpha_i, y)$ 与 r_i 的关系(dist 表示光谱角距离)，即

$$\text{dist}(\alpha_i, y) = \frac{(\alpha_i, y)}{|\alpha_i||y|} = \frac{(\alpha_{i1}, \alpha_{i2}, \cdots, \alpha_{in}) \cdot (y_1, y_2, \cdots, y_n)}{\sqrt{\alpha_{i1}^2 + \alpha_{i2}^2 + \cdots + \alpha_{in}^2} \sqrt{y_1^2 + y_2^2 + \cdots + y_n^2}}$$

$$= \frac{(r_1 \alpha_{i1} \alpha_{11} + \cdots + r_i \alpha_{i1}^2 + \cdots + r_m \alpha_{i1} \alpha_{m1}) + \cdots + (r_1 \alpha_{in} \alpha_{1n} + \cdots + r_i \alpha_{in}^2 + \cdots + r_m \alpha_{in} \alpha_{mn})}{\sqrt{\alpha_{i1}^2 + \alpha_{i2}^2 + \cdots + \alpha_{in}^2} \sqrt{(r_1 \alpha_{11} + r_2 \alpha_{21} + \cdots + r_m \alpha_{m1})^2 + \cdots + (r_1 \alpha_{1n} + r_2 \alpha_{2n} + \cdots + r_m \alpha_{mn})^2}}$$

$$= \frac{r_i(\alpha_{i1}\alpha_{11} + \cdots + \alpha_{in}\alpha_{1n}) + \cdots + r_i(\alpha_{i1}^2 + \cdots + \alpha_{in}^2) + r_m(\alpha_{i1}\alpha_{m1} + \cdots + \alpha_{in}\alpha_{mn})}{\sqrt{\alpha_{i1}^2 + \alpha_{i2}^2 + \cdots + \alpha_{in}^2} \sqrt{(r_1\alpha_{11} + r_2\alpha_{21} + \cdots + r_m\alpha_{m1})^2 + \cdots + (r_1\alpha_{1n} + r_2\alpha_{2n} + \cdots + r_m\alpha_{mn})^2}}$$

$$= \frac{\sqrt{\alpha_{i1}^2 + \alpha_{i2}^2 + \cdots + \alpha_{in}^2}}{\sqrt{[(r_1/r_i)\alpha_{11} + (r_2/r_i)\alpha_{21} + \cdots + (r_m/r_i)\alpha_{m1}]^2 + \cdots + [(r_1/r_i)\alpha_{1n} + (r_2/r_i)\alpha_{2n} + \cdots + (r_m/r_i)\alpha_{mn}]^2}}$$

$$+ \frac{\sum_{j=1, j \neq i}^{m} r_j(\alpha_{i1}\alpha_{11} + \cdots + \alpha_{in}\alpha_{1n})}{\sqrt{\alpha_{i1}^2 + \alpha_{i2}^2 + \cdots + \alpha_{in}^2} \sqrt{(r_1\alpha_{11} + r_2\alpha_{21} + \cdots + r_m\alpha_{m1})^2 + \cdots + (r_1\alpha_{1n} + r_2\alpha_{2n} + \cdots + r_m\alpha_{mn})^2}}$$

(8-12)

对于第二项中展开各项后是一多项之和,分别对每一项做如下处理:

$$\frac{r_j(\alpha_{i1}\alpha_{11} + \cdots + \alpha_{in}\alpha_{1n})}{\sqrt{\alpha_{i1}^2 + \alpha_{i2}^2 + \cdots + \alpha_{in}^2} \sqrt{(r_1\alpha_{11} + r_2\alpha_{21} + \cdots + r_m\alpha_{m1})^2 + \cdots + (r_1\alpha_{1n} + r_2\alpha_{2n} + \cdots + r_m\alpha_{mn})^2}} (j \neq i)$$

$$\leqslant \frac{r_j(\alpha_{i1}\alpha_{11} + \cdots + \alpha_{in}\alpha_{1n})}{\sqrt{(r_1\alpha_{11}\alpha_{i1} + \cdots + r_i\alpha_{i1}^2 + \cdots + r_m\alpha_{m1}\alpha_{i1})^2 + \cdots + (r_1\alpha_{1n}\alpha_{in} + \cdots + r_i\alpha_{in}^2 + \cdots + r_m\alpha_{mn}\alpha_{in})^2}}$$

$$\leqslant \frac{r_j(\alpha_{i1}\alpha_{11} + \cdots + \alpha_{in}\alpha_{1n})}{\sqrt{(r_j\alpha_{11}\alpha_{i1})^2 + \cdots + (r_j\alpha_{1n}\alpha_{in})^2}} \leqslant \frac{(\alpha_{i1}\alpha_{11} + \cdots + \alpha_{in}\alpha_{1n})}{\sqrt{(\alpha_{11}\alpha_{i1})^2 + \cdots + (\alpha_{1n}\alpha_{in})^2}}$$

(8-13)

式(8-12)中仅有第一项存在 r 对于 dist 的影响,对于第一项而言,当 r_i 增大时,分母变小,即意味着当组分比例越大时,组分和混合像元的光谱角距离越大,混合像元 y 更有可能是比例最大的端元,而其他组分可以忽略,即利用求取最大邻域内光谱角距离和最大像元向量为纯净度越高的向量这个假设是成立的。

综上所述,AMEE 方法可整体描述为:首先,在最小的结构元 K 内,结构元在整个影像中运动,在每一个邻域内找出最纯的光谱端元和混合最严重的像元,并给最纯光谱端元赋一个 MEI 值,不断增大结构元 K 重复上述的操作,直到结构元大小达到 $I_{\max}$,最终得到一组 MEI 值。然后在这组 MEI 值中选取具有较大 MEI 值的像元作为纯净端元,AMEE 方法示意图如图 8-6 所示。

如图 8-6 所示,AMEE 方法的具体步骤如下。

输入:多波段影像 $f(x,y)$,结构元 K,最大迭代次数 $I_{\max}$,选取端元数 p。

输出:端元集 $\{e_j\}$ ($j=1,2,\cdots,p$)。

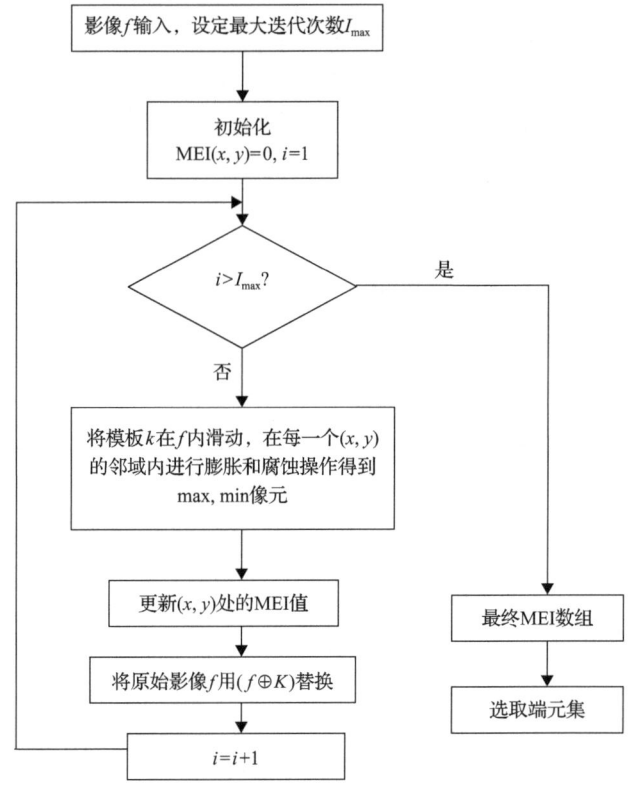

图 8-6　AMEE 方法流程图

(1) 初始化：设定 $i=1$，每一个像元向量 $f(x,y)$ 的 $\text{MEI}(x,y)=0$。

(2) 将模板 K 在影像中滑动，在每一个 (x,y) 周围定义一个邻域，进行膨胀和腐蚀[式(8-7)、式(8-8)]操作，在邻域 K 内计算得到最大和最小像元向量。

(3) 更新空间位置为 (x,y) 处的 MEI 值[式(8-10)]。

(4) 设定 $i=i+1$，如果 $i>I_{\max}$ 转至(5)，否则将原始影像 f 用 $(f\oplus K)$ 替换，然后继续执行(2)。这里用 $(f\oplus K)$ 替换 f 表示的是在邻域内仅把最纯的像元留下来进行下一次的运算输入。

(5) 得到最终的 MEI 数组，并在 MEI 数组中选取具有较高 MEI 值的 p 个像元作为端元。

3. 基于山峰聚类法的端元提取

山峰聚类法是一种依据样本密度计算聚类中心的聚类方法[25]。该方法的思想是将数据样本空间划分成有限的网格，并将所有网格的交叉点作为聚类中心的候选中心点，对每个交叉点构造山峰函数后计算山峰值；通过不断地修改山峰函数，获取山峰函数值最大的网格交叉点作为聚类中心。

山峰聚类法是基于人类视觉对一个数据集形成聚类的原理,主要由网格划分确定候选聚类中心、山峰函数构造和聚类中心选取三个步骤构成[26,27],具体如下。

(1) 网格划分确定候选聚类中心:在数据空间上构造网格,聚类中心的候选集 V 为网格线的交叉点。假设在欧几里得空间 R^m 中,$X=\{x_1,\cdots,x_n\}$ 为 n 个数据点的集合,$x_{i,j}$ 表示第 i 个数据的第 j 维,$I_j(j=1,2,\cdots,m)$,表示集合 X 在第 j 维的区间,即

$$I_j = \left[\min_i(x_{i,j}), \max_i(x_{i,j})\right] \tag{8-14}$$

X 一定分布在 m 维的立方体 $V = I_1 \times I_2 \times \cdots \times I_m$ 内,$i=1,2,\cdots,n$,$j=1,2,\cdots,m$,等分区间 I_j 为段,设网格点的数目为 n_f,则 $n_f = N_1 \times N_2 \times \cdots \times N_m$。例如,数据样本维数为 2,数据集可以约束在如图 8-7 所示的二维平面中,横轴表示数据点在第一个维度的值,纵轴表示数据点在第二个维度的值,网格线将二维空间等分成 $N_1 \times N_2$ 个区间,其交叉点即为候选聚类中心点。当数据样本由二维扩展为 m 维时,二维平面扩展为 m 维的立方体。

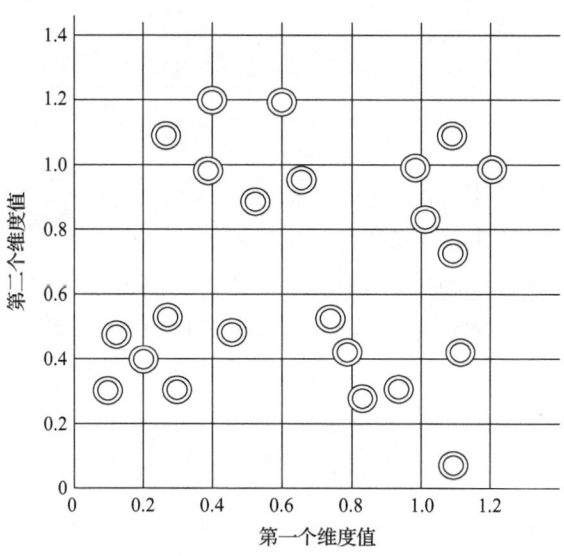

图 8-7 二维数据网格示例

其中,网格的划分越细,则 n_f 值越大,聚类中心的数目也随之增加,计算量也相应提高。

(2) 山峰函数构造:点 $v_i \in V$ 处山峰函数的高度 $m(v_i)$ 为

$$m(v_i) = \sum_{j=1}^{N} \exp\left(-\frac{\|v_i - x_j\|^2}{2\sigma^2}\right) \tag{8-15}$$

式(8-15)表示每个数据点 x_j 对山峰 v_i 处的贡献值,其大小与 x_j 和 v_i 间的距离成反比。山峰函数值越大表明聚类中心附近的数据点越多;反之,则表明聚类中心附近的数据点越少。依据每个候选聚类中心点的山峰函数值,判断其附近的数据点是否密集。山峰函数中,σ 是一个随应用场合而定的常量,表示数据的抱团特性,随着 σ 值的不断减小,聚类的抱团特性减弱;反之,聚类的抱团特性增强。比较极端的情况为:当 σ 趋于 0 时,每个数据点自成一类;当 σ 趋于无穷时,全体数据点聚成一类。

(3) 聚类中心选取:通过顺序削减山峰函数实现。第一个聚类中心 v_1^* 定义为候选中心集合 V 中具有最大山峰函数值的点,如下式所示:

$$v_1^* = \max_i [m(v_i)] \quad (8\text{-}16)$$

下一个聚类中心通常被一些具有高密度值的网格点包围,因此需消除已经辨识过的聚类中心对该中心的影响,对此可通过修改当下聚类中心的山峰函数来实现。假设 c_k 是第 k 次得到的聚类中心,当下聚类中心的山峰函数按式(8-17)修改

$$m_{\text{new}}(v_i) = m(v_i) - m(c_k) \cdot \exp\left(-\frac{\|v_i - v(c_k)\|^2}{2\beta^2}\right) \quad (8\text{-}17)$$

式中,被减量 $m(c_k) \cdot \exp\left(-\dfrac{\|v_i - v(c_k)\|^2}{2\beta^2}\right)$ 与 v_i、c_k 之间的距离成反比,而与中心位置的高度 $m(c_k)$ 成正比,选取新的山峰函数值最大的点作为下一个聚类中心。这样不断重复,修改山峰函数并求下一个聚类中心,直到获得需要的聚类中心后终止。

对于山峰聚类中的参数 σ 和 β,裴继红等提出了一种确定方法[28],如下式:

$$\sigma = \beta = \min_k \left[\max_i (\|x_i - x_k\|) \right] / 2 \quad (8\text{-}18)$$

在某个纯净端元上,其他地物对纯净端元的辐射贡献为 0,因此对于单波段的影像来说,聚类中心就是影像的纯净端元。

8.3.3 高/多光谱影像混合像元分解

高光谱影像由于其精细的波段而具有丰富的谱信息,其混合像元的解混可以通过每个谱段建立一个方程组来求取丰度。多光谱影像空间分辨率低且谱信息并不充分,其混合像元的解混直接采用高光谱解混的方法不可行,因此可采用单波段处理,然后再综合的策略。图 8-8 分别给出了高/多光谱像元解混的基本流程。

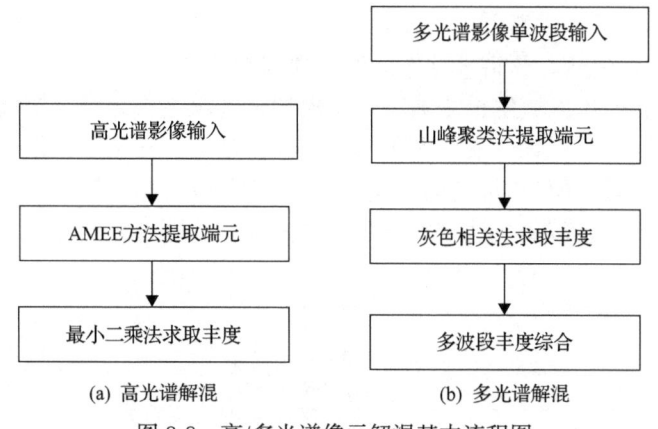

(a) 高光谱解混　　　　(b) 多光谱解混

图 8-8　高/多光谱像元解混基本流程图

图 8-8 中，高光谱混合像元解混采用 AMEE 方法提取端元，并用最小二乘法求取丰度。多光谱混合像元解混是针对单幅图像进行处理，因此采用山峰聚类法提取端元，灰色相关法求取丰度。

1. 高光谱影像混合像元丰度求取

针对高光谱混合像元解混，在确定各个端元后，根据线性混合模型式(8-1)，利用最小二乘法确定混合像元中各个组分所占的比例 f_i，在此过程中需要满足条件：$\sum_{i=1}^{n} f_i = 1$，$f_i > 0$。

直接用最小二乘法求取丰度时，由于同物异谱现象，有些纯净像元会被错判为混合像元，因此需要附加条件以求取较准确的解。计算图像中每一个像元点与各个纯净端元的光谱角余弦值，得到关系矩阵 A (余弦值越大越好)，然后分别计算其八邻域各个像元点与几类纯净端元之间的光谱角余弦和，得到关系矩阵 B，若满足：$A(k) > \mathrm{TH}_1$ 且 $B(k) > \mathrm{TH}_2$，则认为目前的像元点与第 k 类端元是同一类地物，这时可直接得到丰度为 1。若不是纯净的地物，则利用最小二乘法求取丰度。参数 TH_1 一般选取 0.99(光谱角余弦值为 0.99 时二者相似度很高，可认为属于同一类)，TH_2 选取为 8(邻域大小)*TH_1，此时结果更接近于真实情况。

2. 多光谱影像混合像元丰度求取

在 8.3.2 节中，我们已经简单论述基于山峰聚类法的端元提取方法，该方法实现分四步完成。

(1) 建立数据网格。一幅影像的灰度范围一般从 0~255，所以数据格网的取值为 0~255 的灰度值。

(2) 根据数据格网对整幅图像求取山峰函数。

(3) 用山峰消减法求取聚类中心(端元)。

(4) 区域生长分割，获得无须解混的纯净地物。

确定端元后，用区域生长法确定纯净地物，区域生长是一种根据事前定义的准则将像元或局部区域聚合成更大区域的过程，基本方法是以一组"种子"点开始，将与种子性质相似(如灰度级或颜色的特定范围)的相邻像元附加到生长区域的每个种子上[29]。山峰聚类法求取纯净地物的流程如图 8-9 所示。

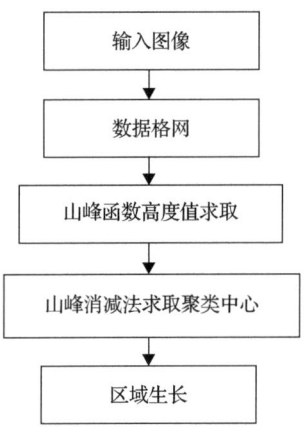

图 8-9　山峰聚类法求取纯净地物的流程图

前面提到山峰聚类法中山峰函数中 σ 越小，聚类中心就越多，产生的峰就越多，此处 σ 较地物分类应取较小值。在山峰消减公式中，需要慎重选择参数 β，其目的是消除已经辨识出的聚类中心对下一个聚类中心的影响。聚类中心由式 $m_{k+l}(v_i)/m_l(v_i)<\delta$，$\delta<1$ 确定。通过山峰聚类，我们得到的只是种子点的灰度值，对应于这些灰度值的点大部分是纯净端元，但混合端元的值也可能位于这些值中。混合像元一般都处于图像的边缘处，所以种子点的选择必须排除边缘上的点。对一幅单波段图像采用山峰聚类法实现纯净地物分割，其中 σ 取 4，β 取 3，结果如图 8-10 所示。

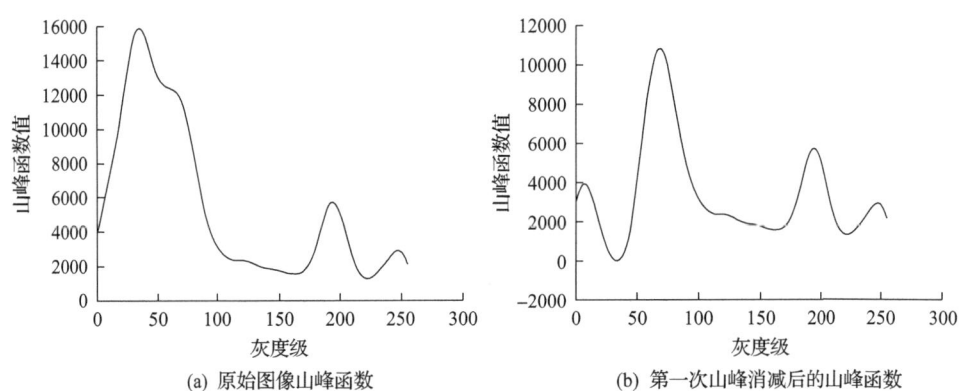

(a) 原始图像山峰函数　　　　　　　　(b) 第一次山峰消减后的山峰函数

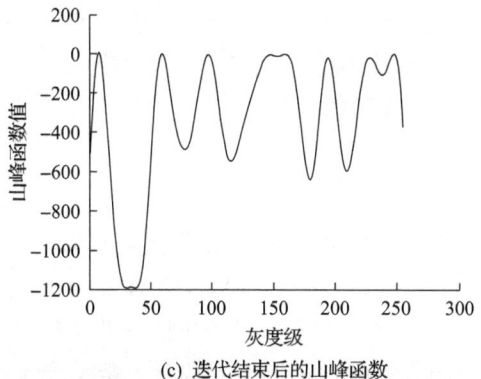

(c) 迭代结束后的山峰函数

(d) 原始图像

(e) 纯净地物分割结果(如白色所示)

图 8-10 纯净地物分割结果

将图 8-10(a)～(c)对比可发现，山峰函数通过山峰消减法，可求取出每个峰值的位置，但当求取足够多的聚类中心后，山峰函数大部分为负值，可用 $m_{k+l}(v_i)/m_l(v_i)<\delta$，$\delta<1$，终止迭代，获得纯净地物的数目(即聚类中心的数目)。图 8-10(e)表明可很好地将纯净地物分割出来。

需要研究的信息部分清楚、部分不清楚，并且该信息中带有不确定性现象的应用数学学科称为灰色系统理论。在现实世界中，信息确知的白色系统和黑色系统很少存在，大部分情况下都是灰色系统。利用灰色理论中的灰色相关对混合像元进行分解的方法即称为灰色相关法。

某个只能知道大概范围而不知其确切值的数，称为灰数，但它并不是一个数，而是一个数集，记灰数为 $\otimes$ [30]。

令 A 为一区间，a 为 A 中的数，若 $\otimes$ 在 A 内取值，则 a 是 $\otimes$ 的一个可能的白化值。若 $\otimes$ 为一般灰数，则 $\otimes(a)$ 表示以 a 为白化值的灰数。

任何一个混合像元都由其周围的纯净像元决定。考虑纯净像元的灰性，根据像元的邻域信息进行像元分解。充分利用图像的空间信息，灰色相关法能有效地提高遥感影像的分类和识别精度，下面将介绍基于灰色相关法的丰度求取。

(1) 纯净地物及其灰度值的确定。对任一灰度值为 d 的地物，设定阈值 T，如果存在第 t 种纯净地物，其灰度值满足：

$$d(t)-T < d < d(t)+T \tag{8-19}$$

则认为具有灰度值 d 的地物为纯净地物，记纯净地物的灰度值为 $\otimes(d)$。

(2) 进行混合像元的方程分解工作。设纯净地物有 k 种，$\otimes[d(1)], \otimes[d(2)], \cdots, \otimes[d(k)]$ 分别为其灰度，从小到大排序纯净地物灰度的白化值，仍记为 $\otimes[d(1)], \otimes[d(2)], \cdots, \otimes[d(k)]$。接下来确定相邻像元数目：距某像元最近并且与该像元对称的两个像元，称为相邻像元对，八邻域中相邻像元对表示如下：

$$\{S_1(i,j), S_2(i,j)\} \in \{[f(i,j-1), f(i,j+1)], [f(i+1,j-1), f(i-1,j+1)], [f(i+1,j), f(i-1,j)], [f(i-1,j-1), f(i+1,j+1)]\} \tag{8-20}$$

式中，$f(i,j)$ 为像元 (i,j) 的灰度值。像元对确定后，需要建立分解模型，即

$$\begin{cases} \min|S_1(i,j) - \otimes[d(t)]| = |S_1(i,j) - \otimes[d(m)]| \\ \min|S_2(i,j) - \otimes[d(t)]| = |S_2(i,j) - \otimes[d(n)]| \end{cases} \tag{8-21}$$

$D(i,j)$ 表示 (i,j) 处的灰度值，当 $D(i,j)$ 都大于或者小于 $\otimes[d(m)]$ 和 $\otimes[d(n)]$ 时，这个相邻像对不可能产生混合像元，否则 $\otimes[d(m)]$ 和 $\otimes[d(n)]$ 为一组解，则可列出方程组，即

$$\begin{cases} k(m,t_1) \otimes [d(m)] + k(n,t_2) \otimes [d(n)] = D(i,j) \\ k(m,t_1) + k(n,t_2) = 1 \end{cases} \tag{8-22}$$

式中，$k(m,t_1)$、$k(n,t_2)$ 分别为第 m、n 种纯净地物在 (i,j) 混合像元中第 t_1、t_2 次出现所占面积比例。

$$\begin{cases} k(m,t_1) = \dfrac{\otimes[d(n)] - D(i,j)}{\otimes[d(n)] - \otimes[d(m)]} \\ k(n,t_2) = \dfrac{\otimes[d(m)] - D(i,j)}{\otimes[d(m)] - \otimes[d(n)]} \end{cases} \tag{8-23}$$

(3) 将相同纯净地物在混合像元中所占面积比求和，并取算术平均，作为其在该混合像元中的丰度，即

$$\begin{cases} \overline{k(m)} = \dfrac{\sum_{t=1}^{t_1} k(m,t)}{4} \\ \overline{k(n)} = \dfrac{\sum_{t=1}^{t_2} k(n,t)}{4} \end{cases} \quad (8\text{-}24)$$

纯净像元出现与否，完全由混合像元的相邻像元属性决定，这样就充分利用了空间信息。

经过上述过程，每一个波段的解混结果可能不同，因此需将诸多个波段综合起来。具体来讲，针对某一像元，存在 p 种解混结果（p 为多光谱的波段数），分别记为 $H_i = (h_{i1}, h_{i2}, \cdots, h_{iq})$，$i=1,2,\cdots,p$，$q$ 为端元数，$h_{i1}, h_{i2}, \cdots, h_{iq}$ 分别为该像元上第 i 波段不同端元的丰度。该像元最终的端元丰度为各个波段上丰度的平均值，即 $H = \left(\sum_{i=1}^{p} h_{i1}, \sum_{i=1}^{p} h_{i2}, \cdots, \sum_{i=1}^{p} h_{iq} \right)$。

8.4 高/多光谱影像亚像元定位

8.4.1 亚像元定位

对一幅遥感影像进行分解后，得到混合像元各个端元组分的比例即丰度，但是并不能确定这几个端元在混合像元中的分布情况，而这种空间分布信息对后续的处理是极其重要的，1997 年 Atkinson 等提出了亚像元定位的概念[31]，即在亚像元级别上为每一个混合像元的混合组分找到合适的空间位置。从现有的研究来看，端元空间定位多是通过像元的空间相关性，应用空间统计学理论构造目标函数求解来获得，现有的方法包括像元分割法、模糊算法、线性最优化方法、人工神经网络[32,33]、遗传算法[34]、小波变换[35]、元胞自动机（cellular automata, CA）和最大后验概率正则化等多种方法[36]。其中线性最优化方法[37]通过一个线性公式建立方程和约束条件，寻最优解，有学者利用该方法进行湖泊填图实验[38]；另有进化 Agent 模型[39]，采取了优胜劣汰的原则，通过与环境的不断交换、进化、淘汰和复制 Agent，最终求得最优解。

上述亚像元定位方法均是基于空间相关性理论，根据相关性理论，在遥感影像中，距离较近的亚像元与距离相对较远的亚像元相比，属于同一类型的可能性较大。

对于像元空间分布相关性的理解，以一个简单例子来说明，如图 8-11 所示，图中含有两种端元，分别用空心和实心圆圈表示。图 8-11(a) 表示的是一个 3×3

像元，32%表示第一种端元在混合像元中丰度为32%，第二种端元则占68%（其他数值作相同理解）。若将原始一个像元裂变为5×5的亚像元，通过图8-11(a)中的丰度，可以计算出每种端元在亚像元空间中占有的亚像元数，如第1类端元丰度为32%，裂变后应该有8个亚像元代表该种地物，而其他17个亚像元则表示另外一种地物。图8-11(b)表示在亚像元空间中，两个端元一种可能的分布状态。显然，根据空间分布相关性，这种分布状态不符合相关性大的要求，图8-11(c)是另外一种亚像元分布的可能状态，比图8-11(b)的分布更合理，相关性更大，同时，两种端元在亚像元中所占比例也满足图8-11(a)中丰度的要求。因此，基于空间分布相关性的假设，可以认为图8-11(c)所示的亚像元空间分布状态要优于图8-11(b)所示的分布状态。

32%	100%	40%
12%	40%	16%
0%	0%	0%

(a) 带有端元丰度的3×3像元

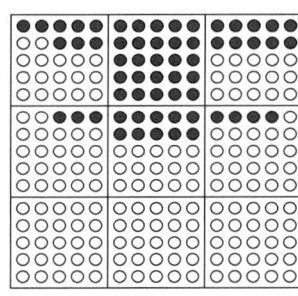

(b) 亚像元空间端元的分布状态1

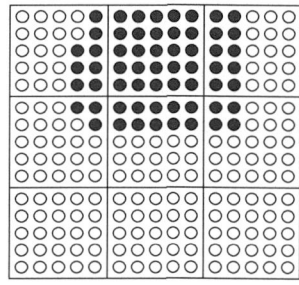

(c) 亚像元空间端元的分布状态2

图 8-11　亚像元空间分布示意图

8.4.2　基于位置可信度分析的高光谱亚像元定位

亚像元定位的目的是在亚像元级别上，对各个混合成分进行定位，确定各成分的空间位置。基于亚像元定位的空间相关性原理，这里介绍一种基于位置可信度分析的高光谱亚像元定位方法。

如图8-12所示，下面举例说明。

灰度1	灰度2
灰度3	灰度4

灰度1	灰度1	灰度2	灰度2
灰度1	灰度1	A/B	灰度2
灰度3	灰度3	灰度4	灰度4
灰度3	灰度3	灰度4	灰度4

图 8-12　可信度度量方法

首先，将每个原始像元放大2倍，裂变为4个，计算涂覆阴影地方的可信度。假设有 A 和 B 两种地物，将 A 填充在该位置，计算以 A 为中心的八邻域内的灰度值的均值，将该均值赋值到 A 所对应的原始像元，再对其他原始像元做同样的操作，并将以 A 为中心的八邻域方差的倒数记为 A 在该位置处的可信度。然后，换成 B 填充在该位置，并重复上面操作得到 B 在该位置处的可信度。最后，对四个亚像元都做同样处理，在每一个亚像元处，每一种地物都有一个可信度。根据丰度得到每一种地物所占亚像元的个数，从个数最多的地物开始填充，按照可信度从大到小依次填充亚像元，直到满足丰度要求，并对填充过的位置进行标记，以免重复在同一个位置填充。

用方差作为可信度的度量方式，考虑了空间相关性，理论上方差越大，相关性越小，方差越小，相关性越大。基于可信度度量方法的步骤如下。

(1) 在原图中用 flag=1 标记混合像元点，并将退化后的图放大 r 倍。

(2) 在退化图 (i,j) 处，如果 flag=1，找到其在放大图中的位置 $(m-r:m+r:n-r:n+r)$。

(3) 将 (i,j) 处的每一种组分 k 分别填入 $(m-r:m+r:n-r:n+r)$ 处，计算其八邻域的方差作为端元 k 在该位置处的可信度值，并保存在可信度矩阵 $B(k)$ 中。

(4) 初始化 $k=1$，分别计算第 k 个组分在放大图中的个数，根据可信度矩阵 $B(k)$，依次从可信度最大值处开始填充 k 组分直到满足个数要求；令 $k=k+1$，重复上述步骤，直到 k 达到上限。

(5) 混合像元点都填充完后的图即为解混图。

8.4.3 基于元胞自动机多光谱亚像元定位

1. 元胞自动机简介

为了模拟生物学中的自复制行为，20世纪50年代，冯·诺依曼（Von Neumann）提出了元胞自动机系统，目前元胞自动机已经被成功应用于社会、经济、军事和科学研究的各个领域[40]。元胞自动机是21世纪科学研究中的一个异常活跃的前沿领域，是复杂性科学的核心技术之一[41]。元胞自动机是一种时间、空间、状态均离散，具有时空计算特征的网格动力学模型，包含数学、物理学、计算机科学、生物学和系统科学等多学科[42]。元胞自动机理论尚未完全成熟，无论是对元胞自动机本身的演化行为方面，还是元胞自动机的应用方面，都需要进一步开展相应的研究工作[41]。

在具有离散、有限状态的元胞组成的元胞空间中，元胞空间、状态、邻域及规则四个部分组成了元胞自动机模型，记元胞自动机模型为 $A=(L_d,S,N,f)$，A 表示元胞自动机模型；L_d 表示元胞空间，d 表征空间维数；$S=(s_0,s_1,s_2,\cdots,s_{k-1})$ 表示元胞的 k 个有限离散状态；$N=(v_1,v_2,\cdots,v_m)$ 表示由 m 个不同的邻域组成的向量；f 表示从 S^m 到 S 映射的局部转换函数（也称为规则）。

下面分别对元胞自动机四个组成部分进行介绍。

(1) 元胞空间：由元胞构成的 1、2 或是 N 维欧几里得空间，元胞则处于元胞空间的格网点上。

(2) 状态：用 $\{0,1\}$ 的二进制形式，或 $\{s_1,s_2,s_3,\cdots,s_i,\cdots,s_k\}$ 整数离散形式代表元胞的状态。

(3) 邻居：在元胞进化之前，必须先明白哪些元胞属于邻居，因为在进化过程中，元胞及邻居的状态会影响元胞进化结果。常用冯·诺依曼与摩尔两种类型来描述二维元胞自动机的邻居。

(4) 规则：一个状态转移的动力学函数，利用元胞当前状态及其邻居状态，预测下一刻该元胞的状态。

2. 基于改进元胞自动机的多光谱亚像元定位

依从元胞自动机本身的特点，以及亚像元定位问题，可知元胞自动机模型适合于解决亚像元定位问题，为得到适合于亚像元定位的元胞自动机模型，可以对原始的元胞自动机模型进行相应的调整，下将对该模型进行介绍。

设遥感影像中有 N_{LC} 种不同地物类型，而且每一类地物在混合像元中所占比例已知（丰度已知）。将原来低分辨率像元裂变为 N^2 个亚像元，N_i^{SP} 表示 i 类地物在亚像元空间中所占亚像元数目。亚像元定位问题可表述如下：在满足 i 类地物亚像元个数 N_i^{SP} 前提下，寻求各类地物的空间位置使得空间相关性最大。

基于元胞自动机的亚像元定位实现方法如下（模型每次仅处理一个像元）。

(1) 元胞：在亚像元级别上，每一个亚像元称为一个元胞。

(2) 元胞空间：亚像元空间即表示元胞空间。

(3) 状态：每一个元胞状态对应于 N_{LC} 类不同地物类型中的一类。

(4) 边界条件：以元胞空间邻域内其他低分辨率像元裂变后得到的亚像元为边界。

(5) 邻居：采用摩尔邻居。

元胞自动机示意图如图 8-13 所示，深灰色表示中心元胞 $v_0=(v_{0x},v_{0y})$，邻居半径 r 设为 1，在维数为 d 时，邻居个数为 (3^d-1)，其邻居 $v_i=(v_{ix},v_{iy})$ 用浅灰色表示，邻居的集合定义如下[43]：

$$N_{\text{Mxre}}=\left\{v_i=(v_{ix},v_{iy})\big||v_{ix}-v_{0x}|\leqslant 1,|v_{iy}-v_{0y}|\leqslant 1,(v_{ix},v_{iy})\in Z^2\right\} \quad (8\text{-}25)$$

(6) 进化规则如下。

首先，初始化。对元胞空间中的每一个元胞初始化一个状态（即一个元胞对应一种地物），初始化过程中，元胞状态可以是 N_{LC} 种地物中的任意一种，但是同种元胞状态的个数必须符合亚像元数目 N_i^{SP} 的要求。

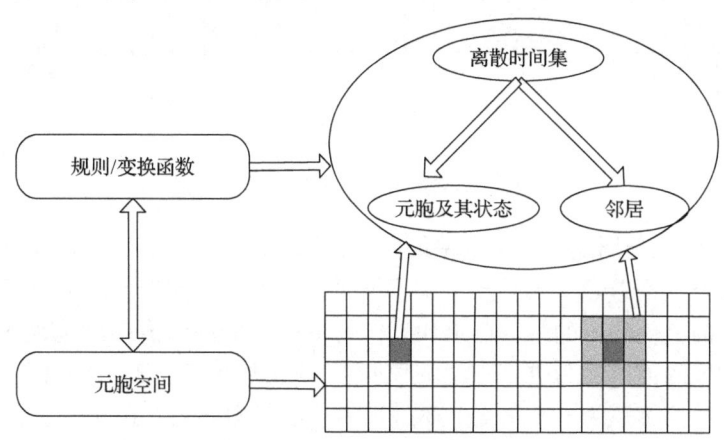

图 8-13 元胞自动机示意图

其次，系统进化。其中每一步进化由 k（k 的大小由地物种类和亚像元个数决定，一般设为 $N_{LC} \times N^2$）个子过程组成，每个子过程步骤如下。①随机选择一个邻居状态，该邻居状态与元胞本身状态不完全相同。②在元胞空间中，随机选择另一个与原始元胞状态不同，并且该元胞所有邻居状态都与其本身不同的元胞，执行步骤③，否则结束子过程。③计算"交换效益" G 和 G_1（G_1 表示在交换两个元胞之后，以该元胞为中心的八邻域的 G 之和；交换两个元胞之后，与元胞状态相同的邻居个数总和记为 A，交换元胞之前与元胞状态相同的邻居个数总和记为 B，A 与 B 之差记为 G，如果 $G>0$ 且 $G_1>0$（交换两个元胞可以提高空间相关性），则交换两个元胞。④结束子过程。

在原始的元胞自动机模型中，交换条件只有 $G>0$，并没有考虑交换过后元胞空间周围邻域的情况，导致交换后的结果不理想。而这里的实验中加入另一个条件 $G_1>0$，考虑了元胞的空间信息，有助于解混结果的改善。

对各个波段的图像进行亚像元定位之后，图像中的每点处各个波段的填充情况并不完全相同，所以要将所有波段的填充情况进行综合，得到最终的填充结果。这里采用的综合方法是将空间相关性最大的结果作为输出。

关于空间相关性解释如下：假设某图中共有四种典型地物，分别记为 A、B、C、D，选用 4 个不同波段。对于每一个点，四个波段的填充情况完全一致的概率是很小的。统计该点处所有波段中出现过的典型地物，如在某一点处，在第一波段填的是 A，在第二波段填的是 B，第三波段填的是 C，第四波段也填的是 C，如图 8-14 所示，突出标记的点，坐标(2,2)为需要综合定位的点。

该点的最终填充有三种可能，即或 A 或 B 或 C。①将该点在各个波段的值都

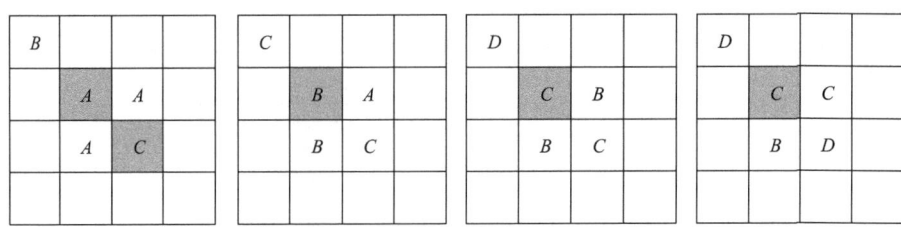

图 8-14 多光谱亚像元最终定位示意图

赋为 A,计算该点与周围八邻域的差值向量,即令 $M=(A,A,A,A)$, $N_1=(B,C,D,D)$(左上角邻居),作差 $C_1=M-N_1$,计算向量 C_1 的模,同理计算出该点与其他八邻域内各点的差值向量的模,再求和,作为填充 A 的评判值(越小越好);②将该点在各个波段的值都赋为 B,重复上述过程,求出作为填充 B 的评判值;③将该点在各个波段的值都赋为 C,重复上述过程,求出作为填充 C 的评判值;④比较这三个值,值最小的作为最终的填充选择。

参 考 文 献

[1] 刘建贵. 高光谱城市地物及人工目标识别与提取. 北京: 中国科学院遥感应用研究所, 1999.

[2] 薛绮. 基于线性混合模型的高光谱图像端元提取方法研究. 长沙: 国防科技大学, 2004.

[3] 吕长春, 王忠武, 钱少猛. 混合像元分解模型综述. 遥感信息, 2003, 3: 55-60.

[4] 饶萍. EOS-MODIS 像元分解及其应用. 长春: 吉林大学, 2006.

[5] 范旻昊. 基于 MODIS 遥感数据的混合像元分解技术与方法. 南京: 南京信息工程大学, 2007.

[6] 罗红霞. 地学知识辅助遥感进行山地丘陵区基于系统分类标准的土壤自动分类方法研究. 武汉: 武汉大学, 2005.

[7] 张洪恩. 青藏高原中分辨率亚像元雪填图算法研究. 北京: 中国科学院遥感应用研究所, 2004.

[8] 凌峰, 张秋文, 王乘, 等. 基于元胞自动机模型的遥感图像亚像元定位. 中国图象图形学报, 2005, 10(7): 916-921.

[9] 武佳卫, 徐建华, 谈文琦. 光谱混合分解技术改进及其在城市绿地信息提取中的实验研究. 中国科技论文在线, 北京, 2006: 1-8.

[10] Hu Y H, Lee H B, Scarpace F L. Optimal linear spectral unmixing. IEEE Trasactions on Geoscience and Remote Sensing, 1999, 37: 639-644.

[11] Heinz D C, Chang C I. Fully constrained least squares linear spectral mixture analysis method for material quantification in hyperspectral imagery. IEEE Trasactions on Geoscience and Remote Sensing, 2001, 39(3): 529-545.

[12] 李素, 李正文, 周建军, 等. 遥感影像混合像元分解中的端元选择方法综述. 地理与地理信息科学, 2007, 23(5): 35-42.

[13] 王强. Hyperion 高光谱数据进行混合像元分解研究. 哈尔滨: 东北林业大学, 2006.

[14] Chang C I, Plaza A.A fast iterative algorithm for implementation of pixel purity index. IEEE Trasactions on Geoscience and Remote Sensing, 2006, 3: 63-67.

[15] 薛绮, 匡纲要, 李志勇. 基于线性混合模型的高光谱图像端元提取. 遥感技术与应用, 2004, 19(3): 197-201.

[16] 惠巍巍. 高光谱混合像元的分解及地物分类的研究. 哈尔滨: 东北林业大学, 2007.

[17] 李志勇. 高光谱图像异常检测方法研究. 长沙: 国防科学技术大学, 2004.

[18] 刘锋. 高光谱数据降维及端元提取. 北京: 北京理工大学, 2008.

[19] 张兵, 陈正超, 郑兰芬, 等. 基于高光谱图像特征提取与凸面几何体投影变换的目标探测. 红外与毫米波学报, 2004, 23(6): 441-445.

[20] Boardman J W. Analysis, understanding, and visualization of hyperspectral data as convex sets in n space. SPIE, 1995, 2480: 14-22.

[21] Winter M E.N-FINDR: An algorithm for fast autonomous spectral endmember determination in hyperspectral data. Proceedings of the 13th International Conference on Applied Geologic Remote Sensing, Vancouver, 1999.

[22] 耿修瑞. 高光谱遥感图像目标探测与分类技术研究. 北京: 中国科学院遥感应用研究所, 2005.

[23] Plaza A, Martínez P, Pérez R, et al. Spatial/spectral endmember extraction by multidimensional morphological operations. IEEE Trasactions on Geoscience and Remote Sensing, 2002, 40(9): 2025-2041.

[24] Plaza A.Parallel implementation of endmember extraction algorithms from hyperspectral data. IEEE Trasactions on Geoscience and Remote Sensing, 2006, 3(3): 334-338.

[25] 沈洪远, 彭小奇, 王俊年, 等. 基于改进微粒群算法的快速山峰聚类法. 系统工程学报, 2006, 21(3): 333-336.

[26] Yang M S, Wu K L. A modified mountain clustering algorithm. Pattern Analysis and Applications, 2005, 8(1): 125-138.

[27] Rickard J T, Yager R R, Miller W. Mountain clustering on non-uniform grids using p-trees.Journal Fuzzy Optimization and Decision Making, 2005, 4(2): 87-102.

[28] 裴继红, 范九伦, 谢维信. 聚类中心的初始化方法. 电子科学学刊, 1999, 21(3): 320-325.

[29] Gonzalez R C, Woods R E. 数字图像处理(第二版). 阮秋奇, 阮宇智, 等译. 北京: 电子工业出版社, 2003.

[30] 杨贵军, 张继贤. 利用灰色相关分解混合像元方法研究. 测绘通报, 2004, 10: 1-3.

[31] Atkinson P M, Cutler M, Lewis H G.Mapping sub-pixelproportional land cover with AVHRR imagery. International Journal of Remote Sensing, 1997, 18 (4): 917-935.

[32] Tatem A J, Lew is H G, Atkinson P M. Land covermapping at the sub-pixel scale using a Hopfield neural network. International Symposium on Remote Sensing of Environment, Cape

Town, 2000.

[33] Mertens K C, Verbeke L P C, de Wulf R R.Sub-pixel mappingwith neural net works: Real-world spatial configurations learned fromartificial shapes. Proceedings of 4th International Symposium on Remote Sensing of Urban a Reas, Regensburg, 2003.

[34] Mertens K C, Verbeke L P C, Ducheyne E I. Usinggenetic algorithms in sub-pixel mapping. International Journal of Remote Sensing, 2003, 24(21): 4241-4247.

[35] Mertens K C, de Baets B, Verbeke L P C, et al. Direct sub-pixel mapping exploiting spatial dependence. IEEE International Geoscience and Remote Sensing Symposium, Anchorage, 2004.

[36] 付必涛. 基于亚像元分解重构的 MODIS 水体提取模型及方法研究. 武汉: 华中科技大学, 2009.

[37] Verhoeye J, de Wulf R R. Land cover mapping at sub-pixelscales using linear optimization techniques.Remote Sensing of Environment, 2002, 79: 96-104.

[38] 张洪恩, 施建成, 刘素红. 湖泊亚像元填图算法研究. 水科学进展, 2006, 17(3): 376-382.

[39] 吴柯, 李平湘, 张良培. 一种基于进化 Agent 的遥感影像亚像元定位方法. 遥感学报, 2009, 1007(4619): 60-66.

[40] 周成虎, 孙战利, 谢一春. 地理元胞自动机研究. 北京: 科学出版社, 1999.

[41] 王仲君, 王能超, 冯飞, 等. 元胞自动机的演化行为研究. 计算机应用研究, 2007, 24(8): 38-41.

[42] Wolfram S. A New Kind of Science. Champaign: Wolfram Media, 2002.

[43] 杨丽徙. 基于元胞自动机理论的电力负荷空间分布预测. 中国电机工程学报, 2007, 27(4): 15-20.

第9章 光谱超分辨率重建

9.1 引　　言

作为新一代光电探测技术，遥感光谱成像技术发端于20世纪80年代并在20世纪90年代形成发展热潮。高光谱成像技术将光谱探测技术与图像成像技术结合起来，可以将像元点地物光谱特性表征为几百个波段，分析地物特有的光照反射特性，也可以在光谱段上对同一地物同时成像，探测地物的空间分布特性，从而形成所谓的"数据立方"[1]。

多光谱数据波段范围宽，波段数偏少，光谱为离散的几点，不能反映地物特征光谱，不利于分类识别，而高光谱数据波段数更多，波段更窄，为一条连续的光谱曲线，能很好地反映地物的光谱特性。但是高光谱传感器的研制成本较高，此外，由于受观测条件的限制，不可能获取任意条件下的高光谱遥感数据。因此，基于多光谱研究光谱超分辨率技术，不仅可以大大降低硬件的成本，还可以提高光谱的地物分类能力，满足遥感科学研究和应用的需要[2]。这里需要强调的是，前面的章节是介绍图像空间分辨率的提升问题，而本章则关注光谱分辨率的提升。

基于多光谱的超光谱分辨率重建，目前的研究成果尚不丰富。文献[3]给出了一种利用宽波段光学遥感影像采取光谱细分的方法，获得窄波段的高光谱影像。其基本方法是利用已有多光谱遥感影像上各像元点的多光谱数据和波谱库中查找到的细分波段反射率值为输入参数，构建转换模型，得到光谱波段细分的图像。这种方法首先需要利用多光谱数据和地物光谱数据库做识别，地物类型识别的结果对光谱超分辨率重建的精度有着直接的影响，可是通常情况下，由于多光谱数据波段宽、波段数少，其识别精度很难得到保证。其次，若多光谱像元点为混合像元点，多光谱为混合光谱，则无法从光谱数据库中识别出地物类型。最后，在构建转换模型时，由于将各相近波段反射率之间的关系简单地假定为线性模型，这种假设比较牵强，致使高光谱模拟的准确性难以得到保证。文献[4]研究将多光谱 ALI 数据模拟为高光谱 Hyperion 数据，其基本做法是运用通用模式分解法（universal pattern decomposition method, UPDM）作为光谱重建法。先将 UPDM 应用于 ALI 数据，得到与传感器无关的分解系数 C 和 ALI 分解系数 PA，再将该系数 C 和 Hyperion 分解系数 PH 用于高光谱 Hyperion 数据的 UPDM 重建，从而得到模拟的高光谱 Hyperion 图。其中精准的系数 PH 的计算需要获取研究地域内的标准光谱模式，不利于实际应用；且系数 PH 估计不准会导致一些波段模拟数据与真实 Hyperion 数据偏差较大。

9.2 基于多光谱影像的超光谱影像重建

9.2.1 光谱超分辨率重建基本思想

基于多光谱影像，实现光谱超分辨率重建问题描述如下：利用多光谱影像，获得高光谱影像，即在保持空间分辨率不变的情况下，对多光谱中的每一个像元点，利用已知多波段光谱值得到更多、更窄波段的光谱值，其数学形式为

$$r_{\text{multiple}}(x,y) = (r_1, r_2, \cdots, r_m) \Rightarrow R_{\text{high}}(x,y) = (R_1, R_2, \cdots, R_M) \quad (9\text{-}1)$$

式中，$r_{\text{multiple}}(x,y)$ 和 $R_{\text{high}}(x,y)$ 分别为多光谱和高光谱影像在像元点 (x,y) 处的光谱；m 和 M 分别为多光谱影像和高光谱影像的波段数，且 $m<M$；$r_i(i=1,2,\cdots,m)$ 和 $R_i(i=1,2,\cdots,M)$ 分别为多光谱影像和高光谱影像在对应波段处的光谱值，前者是地物在某一频点处的一个相对较宽波段内的能量反映，后者是地物在某一频点处的一个相对较窄波段内的能量反映。

光谱超分辨率重建的自然想法是利用多光谱影像进行光谱插值得到，但这种做法存在以下问题：①无论是哪种插值模型事实上都是假设地物光谱曲线符合所采用的插值模型，但这种假设缺乏物理意义上的支持；②多光谱遥感数据是比较稀疏的，波段数很少，简单地利用稀疏的多光谱数据插值得到的稠密的高光谱数据，并不能反映地物光谱的真实性状，如峰点、谷点、蓝移、红移等，导致获得的光谱与实际光谱偏差较大。因此，直接利用简单的插值方法实现高光谱重建效果一般不会理想。但是，要实现多光谱到高光谱的转化，必须要包含插值的过程，为此研究一种能反映地物光谱特性的插值方法是实现高光谱模拟的关键。换言之，对每一像元光谱的插值过程需要真实地物光谱特性的辅助。当然地物的真实光谱数据可以通过查询地面采集的光谱数据库得到。由此而引发的问题是光谱数据库中含有很多条光谱数据(称之为细分光谱)。究竟哪一条可用来辅助多光谱插值？有理由认为，如果待插值的多光谱数据所代表的地物的细分光谱数据一定存在于数据库中，即数据库中存在着与多光谱反映同一种地物的细分光谱数据，那么从光谱库中选择该光谱辅助多光谱插值得到的光谱与该细分光谱的误差一定最小，因此应该选择该细分光谱辅助多光谱插值。

9.2.2 基于像元解混的光谱超分辨率重建流程

基于 9.2.1 节的讨论和分析，这里介绍一种基于多光谱影像的高光谱影像重建方法，其基本流程如图 9-1 所示。

第 9 章 光谱超分辨率重建 ·247·

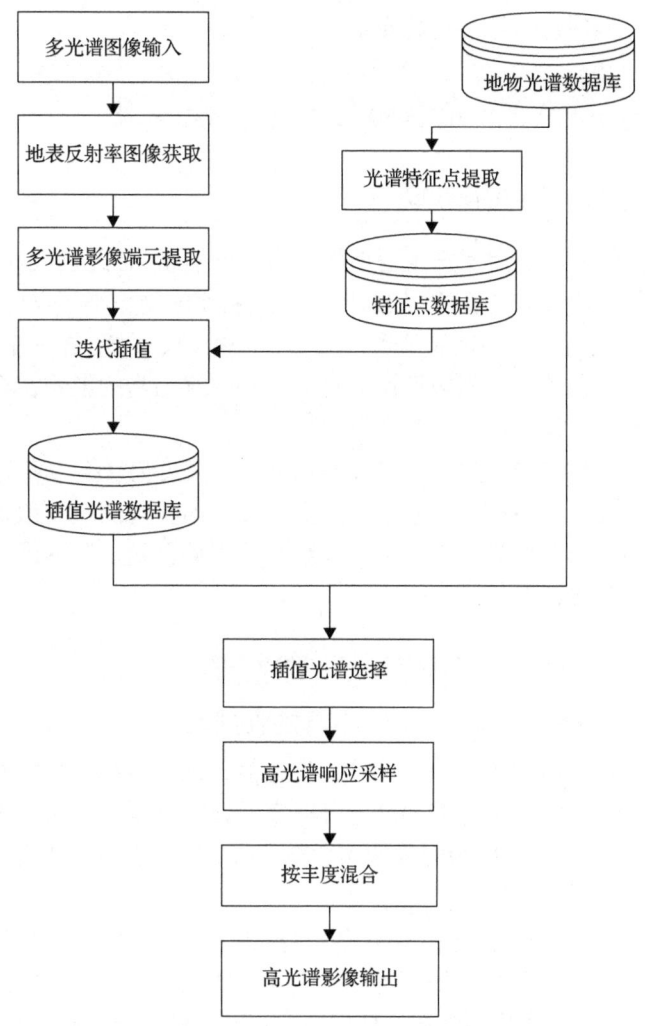

图 9-1 基于多光谱影像的高光谱影像重建流程

按照图 9-1，利用多光谱影像重建高光谱影像，主要分为如下几个步骤：①多光谱地表反射率图像获取；②多光谱影像端元提取；③光谱特征点提取；④多光谱迭代插值；⑤插值光谱选择；⑥高光谱影像重建。

首先，对获得的遥感多光谱数据进行预处理得到地表反射率数据，通过多光谱解混方法对其解混得到端元的多光谱和相应丰度。其次，对地物光谱数据库各光谱提取光谱特征点，并借此光谱特征点构造端元多光谱的插值方法，得到插值后的光谱数据。然后，计算各插值光谱与数据库中各个对应光谱的差异，找出差异性最小者，则认为该插值光谱为对应多光谱的正确插值光谱，对插值光谱做高光谱响应得到端元的高光谱。最后，对得到的各端元高光谱按照解混得到的丰度进行混合,即可得到每个像元的高光谱。

9.3 光谱超分辨率重建实现

9.3.1 多光谱地表反射率图像获取

地物接收太阳光的照射所产生的地面反射光谱信息,在经过大气传输过程中,会受到大气辐射传输效应的影响。故遥感影像上灰度值的大小不仅反映地物信息,还夹带一系列干扰因素,如地貌地形、太阳光入射角、大气透过率和散射率、传感器观测角方位角等。模拟数据源需排除这些干扰因素的影响,将遥感影像原始像元亮度值数据转换为地表反射率数据[5]。

首先,对数据进行辐射定标,将传感器所测得的亮度值转换为表观辐射亮度[6]。Landsat-5 和 Landsat-7 系列的辐射定标是通过飞行前实地测量,预先测出了各个波段的辐射值和记录值之间的校正增益系数和校正偏移量。遥感器光谱辐射定标时采用以下转换算式,即

$$L_{\text{Satl}} = \text{DN} \times \text{Gain} + \text{Bias} \tag{9-2}$$

式中,L_{Satl} 为表观辐射亮度,即传感器接收到的大气顶部的辐射能量值,$\text{mW}/(\text{cm}^2 \cdot \text{sr} \cdot \text{mm})$;DN 为遥感影像像元亮度值,记录地物的灰度值,无单位,是一个整数值,其大小与传感器的辐射分辨率、地物发射率、大气透过率和散射率等有关;Gain 和 Bias 分别为图像的增益与偏置,可从图像的头文件中读取,头文件一般与原始数据一起提供。

其次,对数据进行大气校正,消除多光谱遥感影像中大气的影响。通过消除大气中水汽、二氧化碳、氧气和臭氧等物质,以及大气分子和气溶胶散射对地表反射率的影响,获得真实物理模型参数,如地物反射率、辐射率或者地表温度等[7]。大多数情况下,使用大气校正来反演地物固有反射率,得到地物光谱。

目前常用的遥感大气校正方法与模型主要有以下四种。

1. 辐射传输模型法

在诸多的大气校正方法中校正精度较高的方法是辐射传输模型(radiative transfer model)。通过分析电磁波在介质为大气时的辐射传输原理,建立大气校正模型。广为应用的有 6S(second simulation of the satellite signal in the solar spectrum,卫星信号在太阳光谱中的第二次模拟)模型[8]、LOWTRAN(low resolution transmission,低分辨率传输)模型[9]、MODTRAN(moderate resolution transmission,中分辨率传输)模型[9]和 ATOCOR(a spatially-adaptive fast atmospheric correction,

空间自适应快速大气校正)模型[10]等。

2. 黑暗像元法

黑暗像元法[11](dark object method)是一种经典、简单的大气校正方法,仅通过遥感影像内部信息,不需要额外补充野外实地测量数据,可以适用于历史保存数据及地理位置偏远不易到达的地域。黑暗像元法整个过程的关键是寻找黑暗像元及黑暗像元增加的像元值。这种方法简单方便,其校正精度也基本可以满足一般的科学研究应用,具有较强的实用性。

3. 不变目标法

不变目标法(invariable object method)是一种相对大气校正的方法。所谓不变目标是指图像上可以确定地理意义的像元,其反射辐射特性较稳定。研究表明这些不变目标像元在不同时相的遥感影像上的反射率存在一种线性关系。利用这种特性,就可以对遥感影像进行大气校正。可以看出,不变目标法非常简洁,具有一定准确性,但它本质上是对遥感影像进行一种统计分析,是一种相对的大气校正方法。要获取地物的绝对大气校正结果,则需补充一些卫星过境时的实时测量资料[12]。

4. 直方图匹配法

直方图匹配法(histogram matching method)是典型的非线性校正法。首先,确定某个没有受到大气影响的区域作为参考图像,受到大气影响的区域作为待校正图像。然后,利用参考图像的直方图对待校正图像的直方图进行匹配处理[13]。这种办法处理起来较简单、方便,已集成在各类遥感影像处理软件中,如 ERDAS 和 ENVI 等。

这里采用 ENVI 软件的 FLAASH 大气校正模块来对数据进行预处理。FLAASH 基于 MODTRAN4+辐射传输模型,可以对 Landsat、SPOT、AVHRR、ASTER、MODIS、MERIS、AATSR、IRS 等多光谱、高光谱数据、航空影像及自定义格式的高光谱影像进行快速大气校正分析。该软件具有很强的工程化应用价值,首先,可以应用在任何遥感影像的标准 MODTRAN 大气模型和气溶胶类型上;其次,通过分析提取遥感影像像元的光谱曲线特征来获取大气的属性,不依赖图像成像时实测的大气参数数据;最后,对于图像中存在水蒸气/气溶胶的散射效应,目标像元和近邻像元交叉辐射的近邻效应,FLAASH 可以有效地去除和矫正。

9.3.2 多光谱端元提取

由于多光谱遥感影像空间分辨率一般达到十几到几十米,因此其像元点为混合像元的情形普遍存在,而光谱数据库中提供的地物光谱可以视作是纯净地物光谱，采用基于纯净地物光谱辅助的光谱插值，需要对混合像元进行光谱解混，将解混得到的多光谱端元插值为高光谱端元，再按解混丰度混合即得到像元点高光谱像元点的光谱。

实际情形下往往很难事先知道一幅遥感影像中的端元个数，故需要在端元个数信息未知的情况下，从遥感影像中分解出端元光谱及其在像元中所占的比例，即为混合像元盲解混。近年来，随着盲信号处理技术的兴起和发展，盲解混越来越受到遥感研究人员的关注，并成为当前的一个研究热点。

目前，线性混合模型下的混合像元盲解混主要有以下四类方法[14]。

1. 盲源分离的方法

盲源分离(blind source separate, BSS)是指在信号的理论模型和源信号无法精确获知的情况下，从观测信号中分离出各源信号的过程[15]。因为其数据模型和光谱线性混合模型完全一致，盲源分离的方法自然会被引入用来处理混合像元分解问题。盲源分离的核心方法是独立成分分析(independent component analysis, ICA)，将独立成分分析应用于盲源分离，得到了很好的效果。

2. 矩阵分解的方法

光谱线性混合模型($R=MS$)本身就是一个带约束的矩阵分解问题，随着矩阵分解特别是非负矩阵分解(nonnegative matrix factorization, NMF)的发展，矩阵分解方法的优点逐一显现出来，得到了大量遥感学者的重视。

3. 基于分类的方法

基于分类的盲解混方法的主要思路是先运用各种分类手段(支持向量、神经网络等)对像元点进行分类，然后利用分类的后验概率估计各端元的丰度。

4. 以上方法的结合

由于光谱数据自身的特点，仅采用一种方法得不到好的解混结果。所以一般会采用上面的某种方法作为基础，将其他方法看作约束，多种方法相结合来进行光谱像元盲解混。

这里采用文献[16]中提出的迭代光谱混合分析(iterative spectral mixture analysis, ISMA)的光谱盲解混。考虑某光谱影像 R 中的某个像元点 r，光谱线性混合模型如下：

$$r = MS + n = m_1 s_1 + m_2 s_2 + \cdots + m_p s_p + n \tag{9-3}$$

式中，r 为一个混合像元点；$M = (m_1, m_2, \cdots, m_p)$ 为像元点 r 可能包括的所有端元光谱；$S=(s_1,s_2,\cdots,s_p)$为各端元光谱在像元点r的丰度,其中$0 \leqslant s_i \leqslant 1$；$n$为噪声。

若已知端元光谱M,可以利用最小二乘法解得各端元丰度S,若S有某分量为负,可以证明该真实解必在约束边界上,即有些$s_i=0$,也就是在原模型中剔除了变量。这就是光谱混合分析(spectral mixture analysis, SMA)的基本原理。由于提取的光谱端元不可避免地会存在误差,加上线性模型中存在噪声n,使得解混误差会放大。针对这种情况,Rogge等提出了一种迭代的SMA(iterative spectral mixture analysis, ISMA)方法,逐步剔除该像元点中不包含的端元光谱,消除这些虚假端元对解混结果的影响[16]。

利用ISMA方法进行高光谱解混的流程如下。

(1) 初始化。根据先验知识,从标准光谱数据库中选择,或者利用端元提取技术从高光谱影像中获取初始端元光谱集,即标准光谱M。

(2) 更新丰度矩阵。首先,对高光谱图中的每个像元点逐一利用标准光谱进行ISMA解混,得到可能解集。然后,去除掉包含负丰度的可能解,再利用空间选择最优的可能解,作为该高光谱影像的丰度估计。

具体来说,逐像元的ISMA方法有如下步骤:①利用标准光谱M对像元点r进行带约束最小二乘解混,得到丰度S；②从标准光谱M中剔除丰度S的最小分量对应的端元光谱,把剩下的端元光谱作为新的标准光谱；③标准光谱M非空时重复①；否则,继续；④利用重建误差选择最优的可能解,作为该像元点的丰度。

(3) 更新端元。利用丰度矩阵S及各类地物的统计端元更新端元光谱集。某类地物的统计端元光谱为该类地物纯像元(丰度>0.99)点的均值光谱。新的端元光谱集中,若某条光谱能被其他光谱线性组合,则认为该光谱为混合光谱,将其剔除。

上述方法的流程图如图9-2所示。

9.3.3 多光谱迭代插值

这里涉及的多光谱迭代插值方法需要借助于地面光谱库中的光谱数据进行辅助,对输入的多光谱数据进行插值,然后,对插值光谱计算多光谱响应后迭代校正,最后,得到误差最小的插值光谱。由此,需要完成光谱数据库的整合、多光谱传感器响应采样,以及基于细分光谱数据的多光谱插值,以下分述之。

1. 光谱数据库的整合

每种地物都有其特定的反射特性,利用高分辨率光谱仪采集各类地物的光谱特性数据,并加以规范化和统一化,与采集时相关环境参数、观察参数等一起储存于数据库系统中,就构成了地物光谱数据库。随着遥感研究领域的不断深入和扩展,如地物种类识别,对地物光谱数据库的要求也在不断提高,促进了地物光谱数据库向着种类更丰富、波段更全面、资料更详细的方向发展,并逐渐实现资源共享[17]。

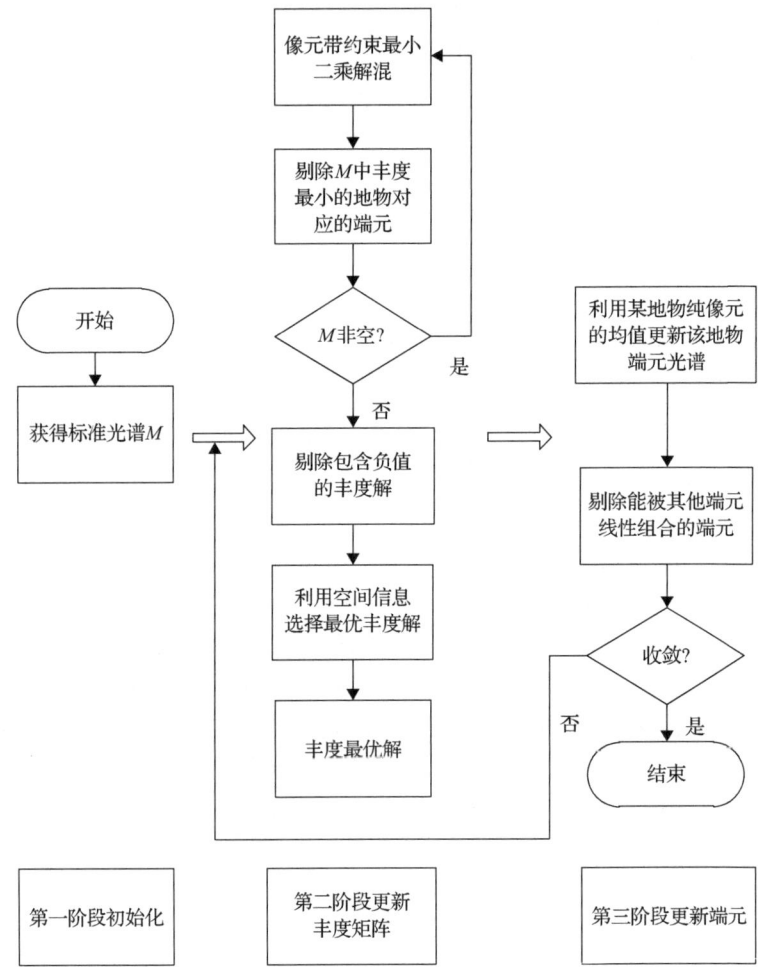

图 9-2　基于 ISMA 方法的多光谱影像端元提取

国际上有代表性的数字化地物反射光谱数据库有美国地质调查局(United States Geological Survey, USGS)光谱数据库、约翰·霍普金斯大学(Johns Hopkins University, JHU)光谱数据库、美国喷气推进实验室(Jet Propulsion Laboratory, JPL)光谱数据库等[18]。国内的光谱数据库虽起步较晚但发展迅速，自 20 世纪 70 年代至今，已相继建成 10 余个具有相当规模的地物反射光谱数据库，为国内遥感研究提供了丰富资料。多种典型光谱数据库被嵌入常用遥感数据处理软件中，作为用户进行光谱分析与地物识别的重要依据。

1) USGS 光谱数据库

美国地质调查局在结合 JPL 数据库的基础上，拓展创建了 USGS 光谱数据库，以满足日益扩大的遥感研究需求。由最初的第一版经过不断的丰富完善，目前已经建成了第五版 USGS 光谱数据库。波长范围从紫外波段到近红外波段，地物种类极其丰富，涵盖了常见的矿物、岩石、土壤、植物、液态物质，以及各类人造材料等 800 多种。该数据库还可细分为实验室光谱数据库、地面实测光谱数据库及高光谱遥感光谱库。地物反射光谱数据库不仅提供数据存储功能，还具备较强的数据库管理和分析功能，可以任意下载指定地物的光谱数据。

2) JHU 光谱数据库

JHU 光谱数据库是由美国约翰·霍普金斯大学与美国地质调查局联合开发的，提供了 15 个子数据库，详见表 9-1，分别是粗/细粒岩浆岩、粗/细粒沉积岩、粗/细粒变质岩、月球物质、人造物、流星物、雪、土壤、矿物、植物和水。数据库包含有两类反射率数据，其中矿物和陨石样品的光谱数据是双向反射率[19,20]；其余是除去雪和植被外的地物类型，测量的是半球-方向反射率数据[21,22]。

表 9-1 JHU 地物反射光谱数据库子数据库

名称	光谱波长/μm	光谱数	物种数
粗粒岩浆岩	0.4～14	33	23
细粒岩浆岩	0.4～14	34	22
粗粒沉积岩	0.4～14	15	15
细粒沉积岩	0.4～14	13	13
粗粒变质岩	0.4～14.98	25	25
细粒变质岩	0.4～14.98	29	29
月球物质	2.08～14	17	17
人造物	0.42～14	14	10
人造物	0.3～12.5	19	14
流星物	2.08～25	59	44
雪	0.3～14	4	4
土壤	0.42～14	25	24
矿物	2.08～25	326	82
植物	0.3～14	3	3
水	2.08～14		

3) JPL 光谱数据库

美国喷气推进实验室研究开发了典型矿物反射光谱数据库，对 160 种不同粒度的常见矿物种类进行了测试[23-25]。光谱范围为 400～2500nm，其中 400～800nm 光谱分辨率为 1nm、800(不含)～2500nm 光谱分辨率为 4nm。最后按照小于 45nm、45～125nm、125(不含)～500nm 三种粒度，建立了 JPL1、JPL2、JPL3 三个数据库，通过粒度分布分析粒度是否影响光谱反射率。

这里对国际电话电报(International Telephone and Telegraph, ITT)公司ENVI软件中自带的内置波谱数据库进行了整理，包括USGS光谱数据库、JHU光谱数据库及JPL光谱数据库。

ENVI 提供的 USGS 光谱数据库包括 481 种地物类型，包括 400 余种优质矿物光谱和几个植物光谱，光谱范围为 0.3951～2.56μm，光谱分辨率范围为 1～3nm。

JHU 光谱数据库共包含 15 个小类，各类的光谱范围都有不同，而多光谱的波段范围是 0.3～2.35μm，有些小类波段范围与多光谱波段范围不一致，不整合到光谱数据库中，而整合到数据库中的小类包括土壤、雪、植被、人造物及几种岩石类。

JPL 光谱数据库包含 135 种不同矿物反射光谱数据共 405 条。

将三种粒度子数据库均整合进库中。整合后的光谱数据库共包括 1216 种地物。由于 JHU、JPL 光谱数据库的光谱分辨率与 USGS 光谱数据库的不同，统一将整合数据库的光谱分辨率设定为 USGS 光谱数据库的光谱分辨率，对 JHU、JPL 光谱数据库中的数据按 USGS 光谱数据库中数据的分辨率进行插值统一。

2. 多光谱传感器响应采样

传感器的特性主要包括波段响应函数、传感器的增益系数和偏移量系数。其中后两个主要用于预处理、辐射定标，来获取地表反射率图像，而波段响应函数则反映了传感器各波段的特性。传感器受元器件特性的制约，每个波段对不同光谱辐射的响应能力不同，波段对光谱的选择响应能力就是波段的光谱响应。传感器的光谱响应特性由所有波段光谱响应函数的集合来描述，遥感中常用的中心波长和光谱分辨率分别是波段光谱响应函数的峰值波长和半峰全宽。光谱响应函数记录的是在每一波长 λ 上传感器获取的辐射能量与入瞳处辐射能量之间的比值，反映了传感器入瞳处的能量与记录值之间的关系[26]。所有光学遥感数据都是传感器以其光谱响应函数对真实连续光谱进行加权平均采样的结果。由于辐射能量与反射率存在线性关系，故光谱响应函数也反映了每一波长 λ 上传感器记录的反射率与传感器通道记录的反射率之间的关系。

根据光谱响应函数可知传感器通道记录的反射率与每一波长 λ 上传感器记录的反射率的关系如下：

$$S = \frac{\int_{\lambda_1}^{\lambda_2} l(\lambda) r(\lambda) \mathrm{d}\lambda}{\int_{\lambda_1}^{\lambda_2} r(\lambda) \mathrm{d}\lambda} \qquad (9\text{-}4)$$

式中，S 为传感器在 λ_1 至 λ_2 内传感器通道记录的反射率；$l(\lambda)$ 为传感器入瞳处波长为 λ 的反射率；$r(\lambda)$ 为传感器在波长 λ 处的光谱响应值。

对于多光谱卫星,其波段范围较宽,多光谱数据体现的是波段内的平均效应,即对波段内反射率的响应积分值。多光谱卫星的响应函数作为卫星的重要参数,一般均可在其卫星的官方网站上得到,如常用的 Landsat 系列、MODIS,以及 CBERS 卫星网站公开提供的参数。图 9-3 为 Landsat-7 卫星的多光谱传感器各波段的光谱响应函数。

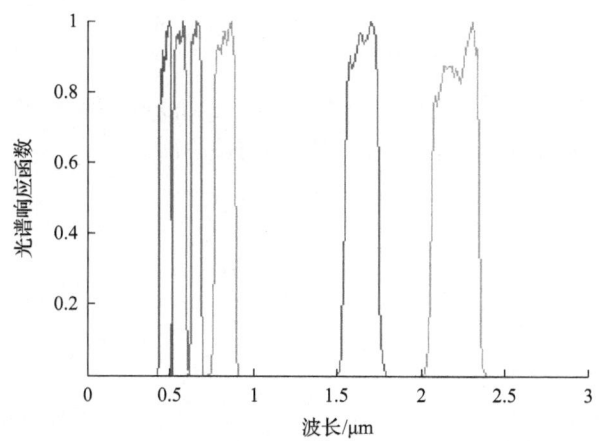

图 9-3 Landsat-7 卫星多光谱传感器各波段的光谱响应函数

图 9-3 中每条曲线代表一个波段的光谱响应函数。可以看到每个波段光谱响应函数大致类似于高斯函数,横坐标表示波长范围,纵坐标表示该波长处的光谱响应函数值,其范围为 0~1。若为 0,表示该波长处传感器不接收辐射能量,即 CCD 相机不接收此波长处的辐射能量;若为 0.5,表示有一半的辐射能量会被接收;若为 1,则表示辐射能量可以全部接收。

3. 基于细分光谱数据的多光谱插值

现在我们已知多光谱反射率数据 S 及其波段响应函数 r,通过插值迭代的方法得到式(9-4)中的 l,即传感器入瞳处接收到的每个波长处的反射率,再对多光谱插值后的光谱 l 做高光谱响应采样即可得到细波段数据 H,由此即可由多光谱 S 细分为高光谱 H。具体包括以下步骤。

(1)输入多光谱数据 S 和从数据光谱提取的光谱特征点集合 T。

地物光谱曲线一般有以下三种特征点[27]:①波峰波谷,地物光谱反射率曲线由众多连续排列的离散点组成,波峰值大于两肩的数值,波谷值小于两肩的数值。波峰波谷对于确定光谱曲线的形状具有很重要的作用,是一类重要的光谱特征点。由于光谱曲线一般带有噪声,故可以先对曲线做一定的平滑后再提取极值点。②植物红边和蓝边,健康植被的光谱曲线在 700~800nm 有一个陡坡,反射率急剧升高,这是植被特有的光谱特征。此段曲线斜率最大的点称作"红边",有时称作红边拐点。蓝边是蓝光在 490~530nm 反射率一阶导数最大值位置,是高光谱遥感中植被光谱曲线的特征点和特征区域,可以反映植被的生长状况。③弧段顶点,光谱曲线近似地可看成是由分段的凹凸曲线组成的。某一段弧线的顶点即凹凸曲线段上曲率最大的点,对确定曲线的形状有重要作用,如图 9-4 中的 D 点。曲率的计算公式为

$$k(\lambda) = |f''(\lambda)| / \left[1 + f'(\lambda)^2\right]^{\frac{3}{2}} \tag{9-5}$$

式中,$f'(\lambda)$、$f''(\lambda)$ 分别为光谱曲线 f 在波长 λ 处的一阶导数和二阶导数;$k(\lambda)$ 为波长 λ 处的曲率,求取 $k(\lambda)$ 的极值点即得到弧段顶点。

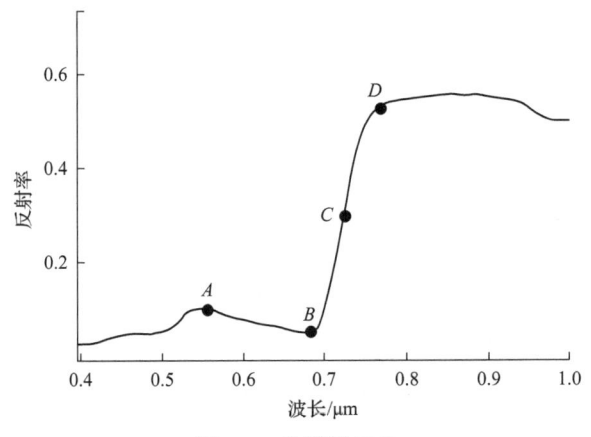

图 9-4 光谱特征点

曲率的计算由于用到一阶和二阶导数,所以受噪声的影响极大。曲线上的"毛刺"段导数的变化极大,曲率值远超弧线的顶点,所以式(9-5)适用于平滑曲线,对于不稳定的波段需去噪平滑处理。

图 9-4 示出了对一条光谱提取的四类光谱特征点。其中,A 点为波峰点;B 点为波谷点;C 点为植物红边拐点;D 点为曲线弧段顶点。

(2)插值节点由 S' 和 T 组成,当前 S' 取输入多光谱数据 S。由于多光谱波段数目太少,故很难用来做插值节点,插值结果会出现各种不确定情况,如波峰波谷倒置现象,加上光谱特征点作为插值节点,可以大致确定出插值曲线的形状,以保证插值后的光谱保持应有的光谱特性。

(3)利用分段三次 Hermit 插值方法,对当前插值节点进行加密插值,得到插值光谱 l。

(4)根据已知的多光谱响应函数 r,对插值光谱 l 做响应采样得到响应光谱 L。

(5)判断响应光谱 L 是否足够接近输入多光谱数据 S。若否,则转至(6),若是,则转至(8)。判断 $\|S - L\| < n$,其中参数 n 为一个值很小的常数,一般取 10^{-3}

数量级，若差的范数大于 n，说明响应光谱 L 与输入多光谱数据 S 差异过大，不满足要求，需修正插值节点，转至(6)；若差的范数小于 n，说明响应光谱 L 足够接近输入多光谱数据 S，即当前的插值节点满足要求，无须修正，转至(8)。

(6)计算 S 与 L 的差异值，对当前 S' 做修正，$S' = S' + S - L$。对于初始输入的插值节点 S 和 T 插值并做多光谱响应得到的 L 与 S 会存在较大差异，设 $S_i - L_i = m_i$，m_i 代表输入多光谱 i 波段值与响应光谱 i 波段值的差。若 m_i 小于 0，即由插值节点 S'_i 插值响应得到的 L_i 偏大，说明输入的插值节点 S'_i 偏大，故减小 S'_i，使得差异 $|m_i|$ 减小；若 m_i 大于 0，说明输入的插值节点 S'_i 偏小，故增大 S'_i，使得差异 $|m_i|$ 减小。对多光谱所有波段修正后再迭代插值，最后使得 $\|S - L\| < n$，即响应光谱 L 足够接近输入多光谱数据 S。

(7)当前插值节点由修正后的 S' 和 T 组成，则转至(3)，将修正后的插值节点重新代入插值。

(8)输出插值光谱 l，即为多光谱传感器接收到的每个波长处的反射率。经过不断的迭代修正，最后得到的插值光谱做多光谱响应后会很接近原多光谱。由于加入了特征点辅助，插值得到的光谱与细分光谱(光谱库中的光谱)在形状上保持良好的一致性。对端元的插值光谱做高光谱响应采样即可得到端元的高光谱。

整个插值迭代过程如图 9-5 所示。

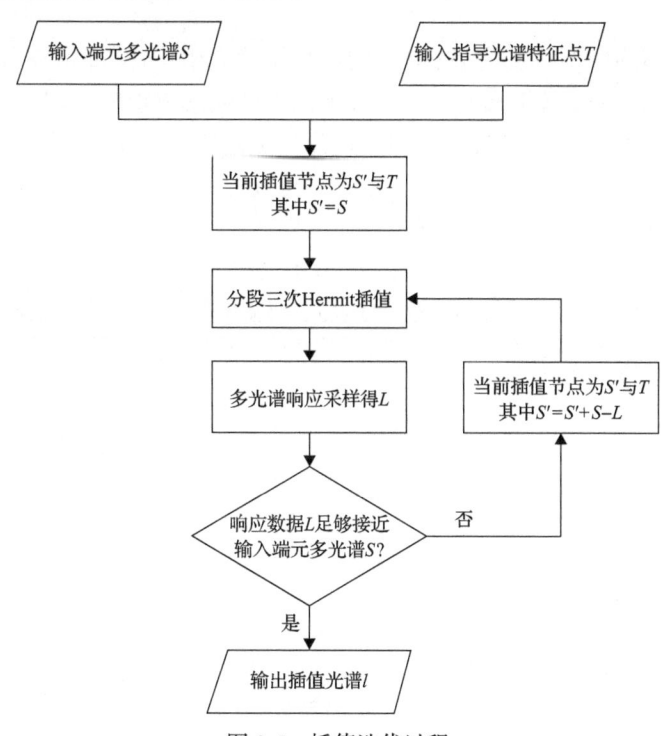

图 9-5 插值迭代过程

9.3.4 插值光谱选择

真实情况下,给定一条多光谱数据,是无法得知该多光谱数据对应数据库的哪一种地物,需要哪一条光谱来辅助插值。因此,需要对输入的多光谱数据用光谱数据库中所有的光谱进行迭代插值。前文中提到整合后的地物光谱数据库中包含 1216 条数据,其中包含多光谱影像中地物的光谱,也包含许多多光谱影像中不存在的地物的光谱。因此,利用数据库中所有的光谱对某一端元光谱进行插值,产生 1216 条插值光谱,从中选出正确的细分光谱对应的插值光谱。

从上面的迭代插值过程可知,如果某端元的插值光谱由对应地物的细分光谱作为辅助插值得到,则插值光谱与该细分光谱的差异性较小;反之如果某端元的插值光谱由另一地物(非该端元对应的地物)光谱进行辅助插值,则得到的插值光谱与进行辅助插值的细分光谱的差异性一定偏大,因此从 1216 对中找到插值光谱与辅助插值的细分光谱差异度最小的一对,借此找到该端元光谱的正确插值光谱,亦可找到该像元对应的地物类型。评判辅助光谱和插值光谱的差异性可以有很多度量方式,为简单计算起见,这里使用欧几里得距离,即

$$d = \sqrt{\sum_{i=1}^{n}[A(i)-B(i)]^2} \tag{9-6}$$

式中,A 为光谱库中的细分光谱;B 为对应的插值光谱;n 为光谱波段数。逐一计算光谱库中所有 1216 条细分光谱与插值光谱间的欧几里得距离,从中找出欧几里得距离最小的一对,对应的插值光谱即认为是正确的插值光谱。

图 9-6、图 9-7 分别为光谱库中正确的细分光谱和错误的细分光谱辅助同一条多光谱的插值结果,曲线①代表光谱库中的两条细分光谱,曲线②表示从细分光谱上提取的光谱特征点,曲线③代表对应的两条插值光谱,曲线②代表插值光谱和细分光谱之间的误差。可以看到,对应同一输入多光谱数据,正确细分光谱辅

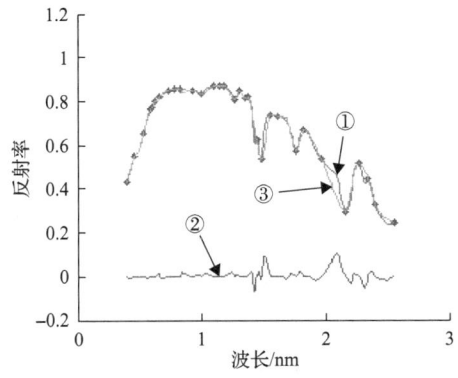

图 9-6 正确细分光谱特征点辅助插值

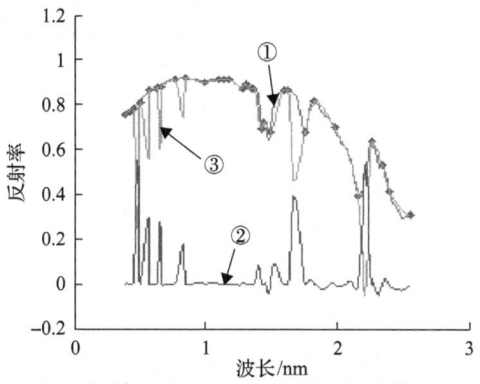

图 9-7 错误细分光谱特征点辅助插值

助得到的插值光谱很接近该光谱,两者的误差曲线很贴近水平线,欧几里得距离很小;而错误的细分光谱得到的插值光谱则会出现一系列的波动,导致两者间的误差曲线也同样出现很大的冲击峰,欧几里得距离较大。比较得到的 1216 个欧几里得距离,找出其中的最小值对应的细分光谱和插值光谱,从而选出正确的地物插值光谱。

9.3.5 高光谱传感器响应采样

为得到最后的高光谱分辨率图像,在得到插值光谱后,利用待重建的高光谱的光谱响应函数对插值光谱做响应采样,即可得到重建后的高光谱影像。对于高光谱卫星,波段的光谱响应范围比较窄,一般为 10nm 左右。很多高光谱遥感器都没有提供每个波段的光谱响应函数。但一般提供了中心波段和半峰全宽(full width at half maximum,FWHM)。因为高光谱遥感器每个波段的光谱响应函数一般是在中心波长处的响应比较高,两侧逐渐变低,接近于高斯函数,因此可用高斯函数模拟高光谱遥感器波段的光谱响应[28],即

$$r(\lambda) = e^{-\frac{(\lambda-\lambda_0)^2}{2\delta^2}}, \quad \delta = \frac{\Delta}{2\sqrt{2\ln 2}} \tag{9-7}$$

式中,$r(\lambda)$ 为高光谱传感器在波长 λ 处的光谱响应值;λ_0 为中心波长;Δ 为高光谱传感器的半峰全宽。星载高光谱卫星 Hyperion 第 14~18 波段的中心波长和半峰全宽如表 9-2 所示。

表 9-2 Hyperion 第 14~18 波段中心波长和半峰全宽

参数/nm	14	15	16	17	18
中心波长	487.868	498.043	508.218	518.394	528.569
半峰全宽	11.3784	11.3538	11.3133	11.2580	11.1907

对上述波段用高斯函数来模拟其波段高光谱响应函数如图 9-8 所示。

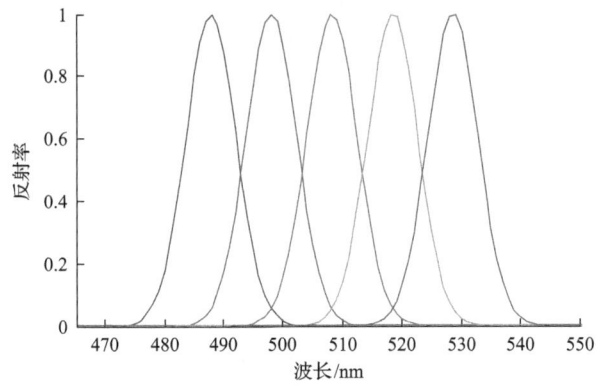

图 9-8　高斯函数模拟高光谱响应函数

图 9-8 中，每条曲线代表一个波段的光谱响应函数。可以看到，越靠近中心波长，光谱响应值越高，且中心波长处为 1，表示该波段传感器 CCD 相机能接收中心波长处的全部辐射能量；越靠近波段两端，光谱响应值逐渐趋近于 0，代表越远离中心波长，该波段传感器 CCD 相机对辐射能量的接收能力越弱。

9.3.6　高光谱影像合成

由于多光谱传感器空间分辨率有限，得到的数据多为混合像元反射率，而混合像元在数据库中并没有对应的细分光谱。所以对混合像元多光谱细分处理前先需要对数据做解混，得到组成它的纯净端元光谱，细分后再混合。按照 9.3.2 节中介绍的盲解混方法，输入一幅多光谱影像，即可解混得到端元多光谱和丰度，整个方法过程无须输入解混端元数。混合像元光谱细分流程如图 9-9 所示。

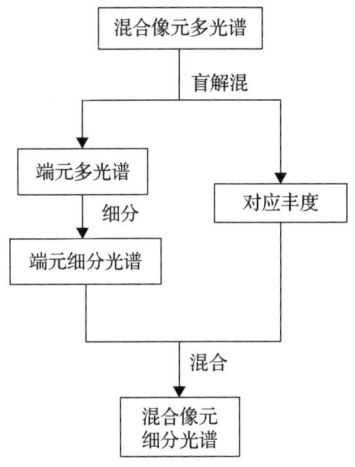

图 9-9　混合像元光谱细分流程图

盲解混得到解混端元和对应丰度，先对各端元多光谱细分模拟得到端元高光谱，再乘以相应丰度求和即为该混合像元的高光谱。这中间必然存在误差，其一，解混得到的端元光谱存在误差，会影响对端元光谱的细分；其二，解混丰度存在误差，会影响后面对端元高光谱的混合。

9.4 光谱超分辨率实验及分析

9.4.1 实验方案

为验证以上章节所介绍的多光谱重建高光谱的有效性，采用图 9-10 所示的实验方案流程进行验证。

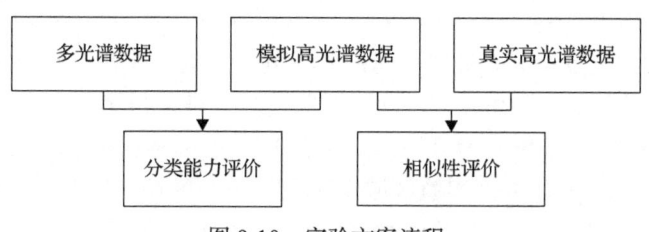

图 9-10 实验方案流程

实验方案从两个方面来验证：①选择星载多光谱实验区域，将其重建的模拟高光谱数据与该地区真实的高光谱数据做相似性评价；②对多光谱数据和模拟高光谱数据分别做分类能力实验，对两者的分类能力进行评价。

9.4.2 测试数据选择

在地球资源卫星近 30 年的发展过程中，最具代表性的有 Landsat 系列、其次是 SPOT 系列、IRS 系列、RADARSAT 和 CBERS-1 等卫星[29]。其中美国的 Landsat-7 于 1999 年 4 月 15 日发射升空后，延续前 Landsat 系列卫星的数据优质性和延续性，成为包括中国在内的大多数国家遥感卫星地面站的主要使用数据之一。这里采用 Landsat-7 数据作为输入多光谱数据来模拟高光谱数据。

选取的实验区域 1 为巴西的马托格罗索州地区，时间为 2001 年 6 月 23 日，实验区域位于亚马孙流域，大部分地区为草地相间的灌丛林地。实验区域 2 为美国内华达州地区，时间为 2005 年 7 月 2 日，该区包含丰富的岩矿地物，有露岩层，如沉积岩、火山岩和冲积层等。由于矿物组合多样，该区从 20 世纪 70 年代起，就成为美国遥感地质研究的重要实验基地，许多遥感地质研究和矿物波谱研究项目都以该区为实验区域。Landsat-7 波段设置及空间分辨率如表 9-3 所示。

表 9-3 Landsat-7 波段设置及空间分辨率

通道	波段	波长范围/μm	空间分辨率/m
1	蓝绿	0.45~0.515	30
2	绿	0.525~0.605	30
3	红	0.63~0.69	30
4	近红外	0.75~0.90	30
5	短波红外	1.55~1.75	30
6	长波红外	10.4~12.5	60
7	短波红外	2.09~2.35	30
8	全色	0.52~0.9	15

Landsat-7 共设置有 8 个波段的感应器，覆盖了从红外到可见光的不同波长范围，地面分辨率有 15m、30m 和 60m。选取地面分辨率相同的 1、2、3、4、5、7 通道的数据进行实验分析，为可见光波段、近红外波段和短波红外波段，空间分辨率均为 30m。从上述两个实验区域中选取三个小区域，每个区域包含 64×64 像元，选择 3~5 通道的波段用真彩色显示，如图 9-11 所示。

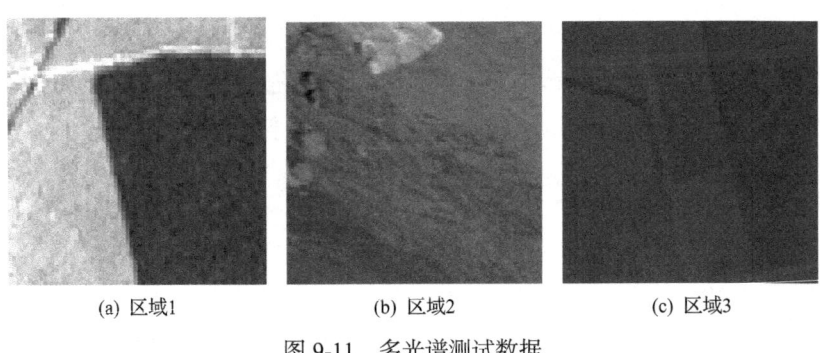

(a) 区域1   (b) 区域2   (c) 区域3

图 9-11 多光谱测试数据

9.4.3 光谱超分辨率真实性验证

1. 真实高光谱数据获取

为了验证模拟结果的正确性，选取了与图 9-11 中同地区的高光谱 Hyperion 数据，时间分别为 2004 年 7 月 10 日和 2011 年 2 月 6 日。Hyperion 传感器是第一台星载高光谱图谱测量仪，搭载在 Earth Observing-1(EO-1)地球观测卫星上，于 2000 年 11 月 21 日发射升空。EO-1 轨道卫星轨道与 Landsat-7 基本相同，为太阳同步轨道，轨道高度为 705km，倾角 98.7°，比 Landsat-7 差 1min 过赤道。该高光谱数据共有 242 个波段，光谱范围为 400~2500nm，光谱分辨率达到 10nm，地面分辨率为 30m[30]。Hyperion 产品的详细特性说明见表 9-4。

表 9-4 Hyperion 产品的详细特性说明

产品特性	数据
波长/nm	356~2577
波段数	242
像元分辨率/m	30
图像大小/像元	256×6460
VNIR 波段	1~70(356~1058nm)
SWIR 波段	71~242(852~2577nm)
数据类型	2 位有符号整型
像元格式	BIL
字节序	Network(IEEE)
文件大小/字节	800、427、520

同 Landsat-7 数据一样，在实验前，需要将遥感影像原始像元亮度值数据转换为地表反射率数据，包括波段分析与去除、像元亮度值转换辐亮度值、影像条带去除、坏线修复、光谱 Smile 效应校正，以及经 MODTRAN 大气校正等处理，获得高光谱分辨率的地物反射率图像[31-33]。具体的预处理流程如图 9-12 所示。

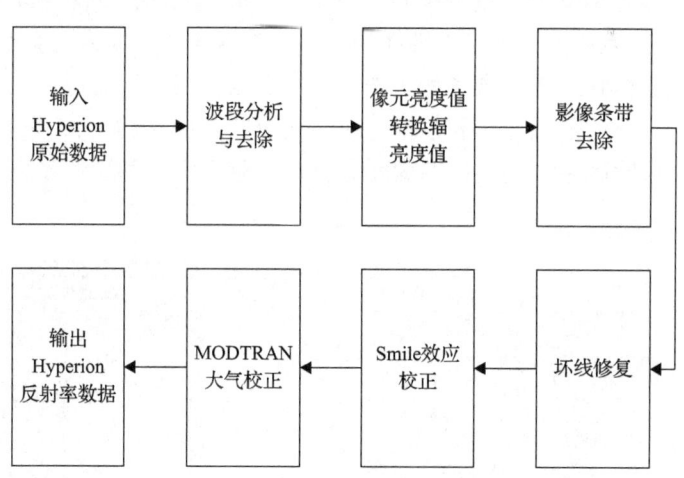

图 9-12 Hyperion 数据预处理流程

实验所用的 Hyperion 数据共 200 波段，光谱范围为 396~2405nm，在这 200 个波段中有些波段由于大气窗口的影响，为无效数据，将其去除。另外，多光谱数据波段范围和高光谱波段范围不完全一致，与多光谱六个波段的波段范围比较，高光谱在多光谱波段范围内共 116 个波段，故模拟高光谱的波段就设置为这 116 个波段。模拟高光谱与真实高光谱数据中心波长和光谱分辨率完全相同，采用半峰全宽为光谱分辨率大小的高斯函数模拟高光谱响应函数。

对应某一区域多光谱数据图，提取其 1、2、3、4、5、7 通道的数据，用算法对这 6 个宽波段数据模拟高光谱，得到 116 个波段的模拟高光谱图。对模拟高光谱和真实高光谱图中对应像元的 116 个波段比较，计算两条谱线的光谱角距离，若光谱角距离小，说明两条谱线相近，从而说明模拟高光谱数据正确性较高。

设 n 为波段数，$A=(x_1,x_2,\cdots,x_n)$ 为模拟高光谱，$B=(y_1,y_2,\cdots,y_n)$ 为真实高光谱，则两者间的广义光谱角距离定义为[34]

$$\theta = \arccos\left\{\left(\sum_{i=1}^{n} x_i y_i\right) \Big/ \left[\left(\sum_{i=1}^{n} x_i^2\right)^{\frac{1}{2}} \left(\sum_{i=1}^{n} y_i^2\right)^{\frac{1}{2}}\right]\right\} \tag{9-8}$$

通过计算重建的高光谱 A 与像元实测高光谱 B 的光谱夹角，确定它们的匹配程度。θ 值越小，$\cos\theta$ 越接近 1，则光谱的相似程度越高。从式中可以看出 θ 值与光谱向量的模是无关的，光谱角匹配强调了光谱的形状特征，对图像的亮度(增益)并不敏感，这对图像增益引起的误判现象有一定的抑制效果。而欧几里得距离主要描述了光谱向量的亮度差异，对于光谱影像的亮度(增益)敏感。

实验中从多光谱图选择的数据点如图 9-13 所示。通过目视判读可以看出，图 9-13(a)中数据点 1 和 2 为两类纯净像元点，数据点 3 和 4 为两类混合像元点；图 9-13(b)中数据点 1~5 包含各种矿物类型，可以考察算法对每种地物光谱的重建精度；图 9-13(c)中数据点 1 和数据点 3 为纯净像元点，数据点 2 为混合像元点。通过选择三个不同区域不同类型的像元点进行实验，更有利于从多方面说明算法的有效性。

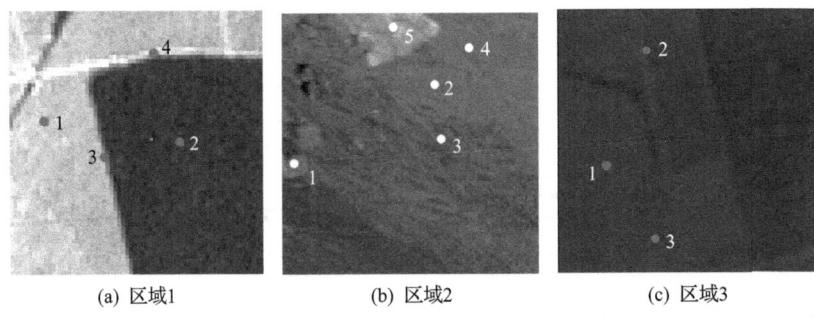

图 9-13　测试数据图

2. 实验结果及分析

图 9-14(a)~(d)、图 9-15(a)~(d) 分别为图 9-13 区域 1 中数据点 1~4 的多光谱图和重建的高光谱图，其中图 9-15 中曲线①代表该数据点的重建高光谱，曲线②代表真实高光谱，曲线③代表该波段的响应函数。

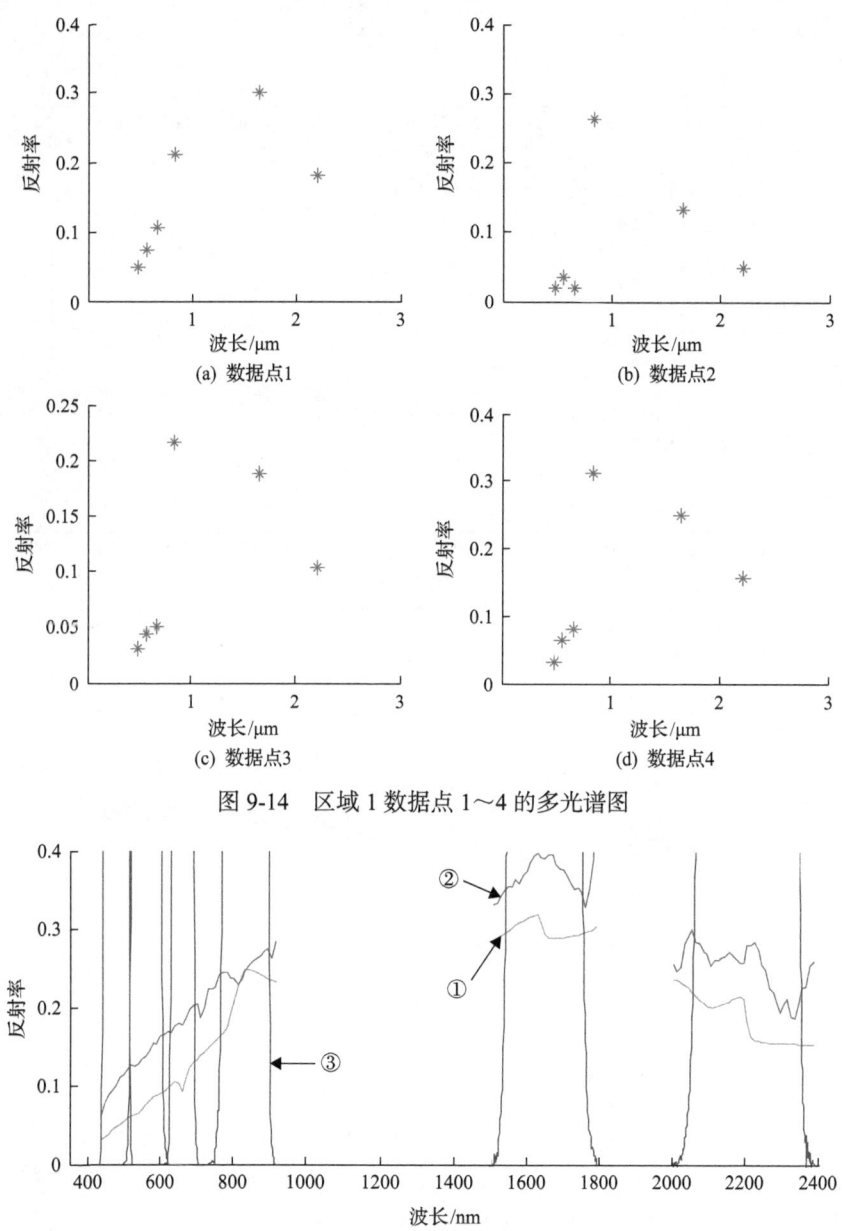

图 9-14 区域 1 数据点 1~4 的多光谱图

(a) 数据点1

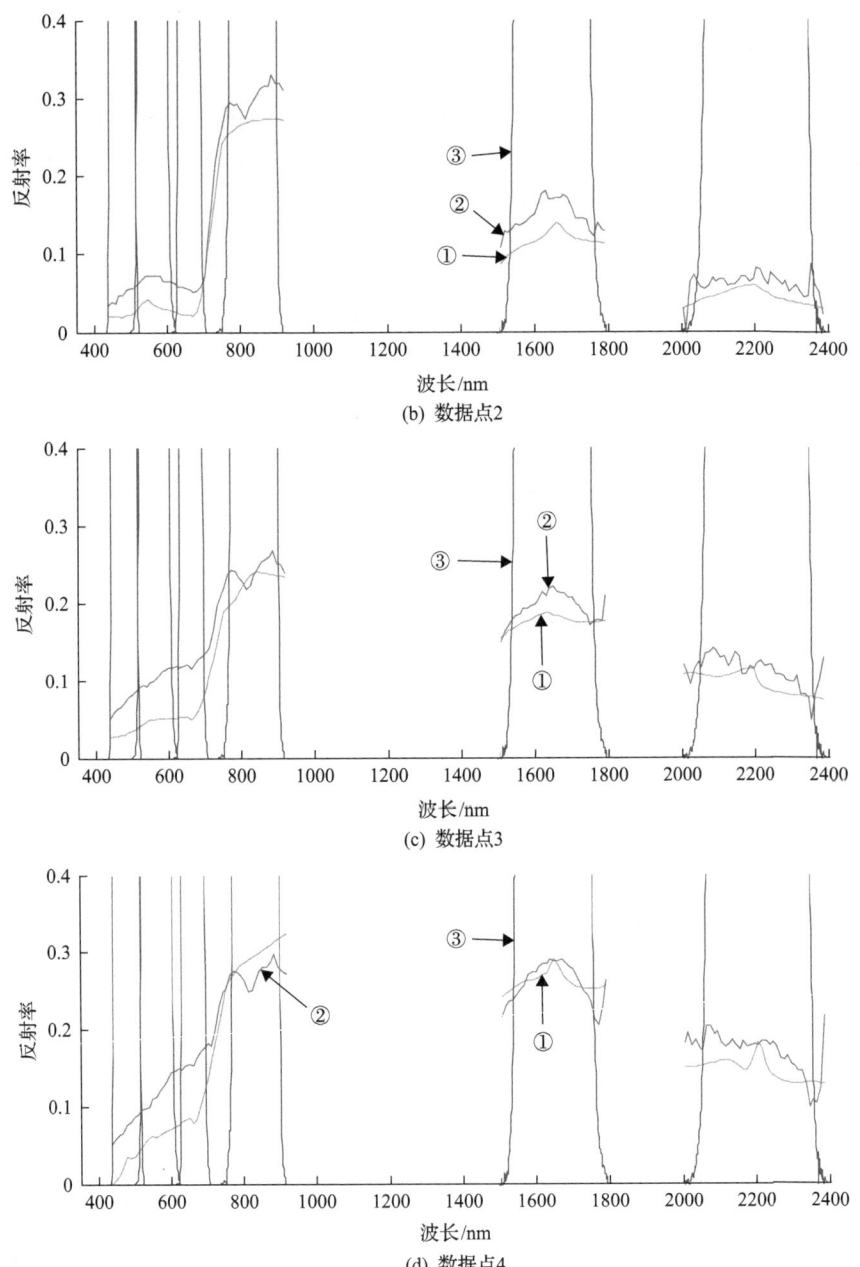

图 9-15 区域 1 数据点 1~4 重建的高光谱图

图 9-16(a)~(e)、图 9-17(a)~(e)分别为图 9-13 区域 2 中数据点 1~5 的多光谱图和重建的高光谱图,其中图 9-17 中曲线①代表该数据点模拟高光谱,曲线②代表真实高光谱,曲线③代表该波段的响应函数。

(a) 数据点1　(b) 数据点2　(c) 数据点3　(d) 数据点4　(e) 数据点5

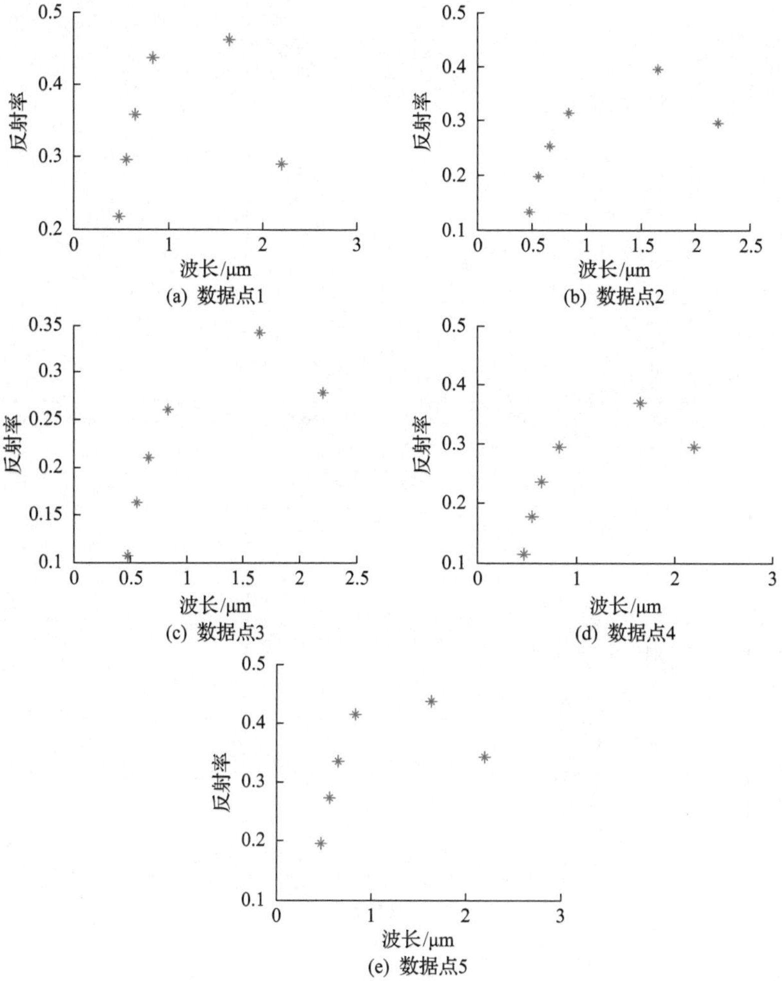

图 9-16　区域 2 数据点 1～5 的多光谱图

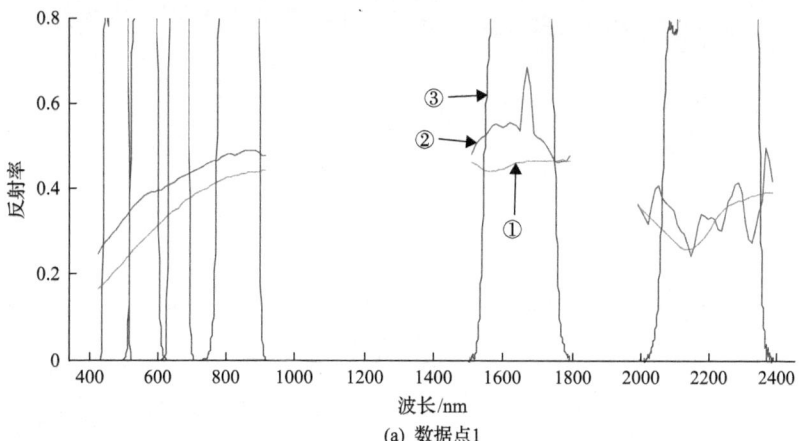

(a) 数据点1

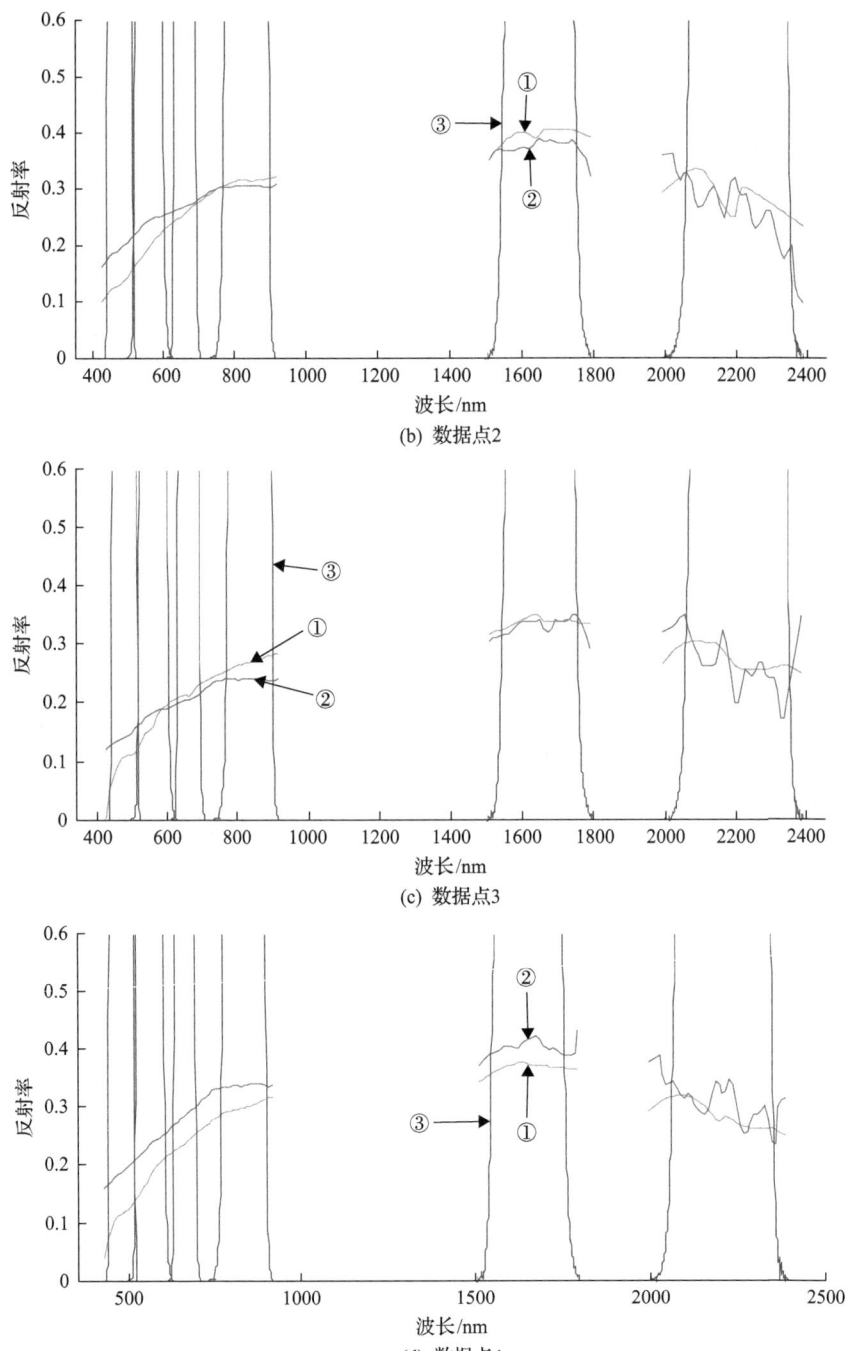

(b) 数据点2

(c) 数据点3

(d) 数据点4

第9章 光谱超分辨率重建

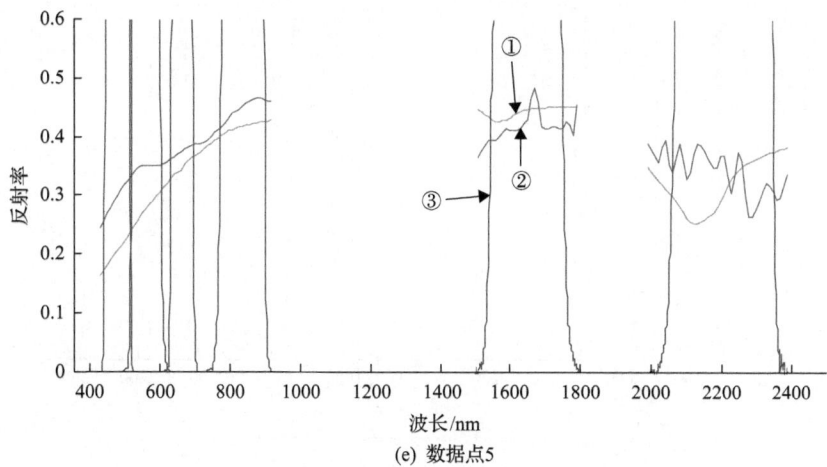

(e) 数据点5

图 9-17 区域 2 数据点 1~5 重建的高光谱图

图 9-18(a)~(c)和图 9-19(a)~(c)分别为图 9-13 区域 3 中数据点 1~3 的多光谱图和重建高光谱图,其中图 9-19 中曲线①代表该数据点模拟高光谱,曲线②代表真实高光谱,曲线③代表该波段的响应函数。

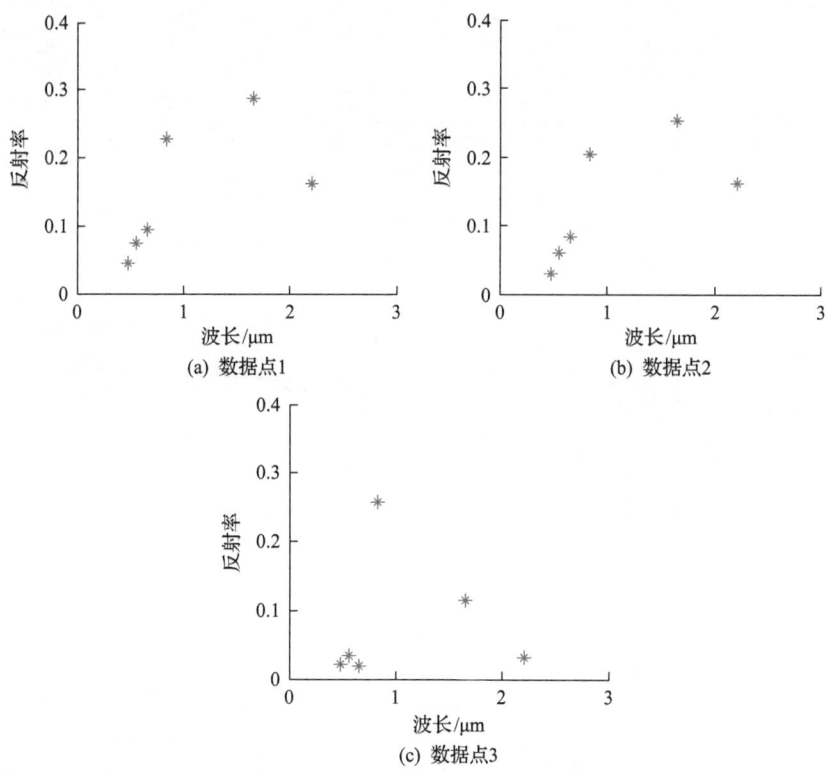

图 9-18 区域 3 数据点 1~3 的多光谱图

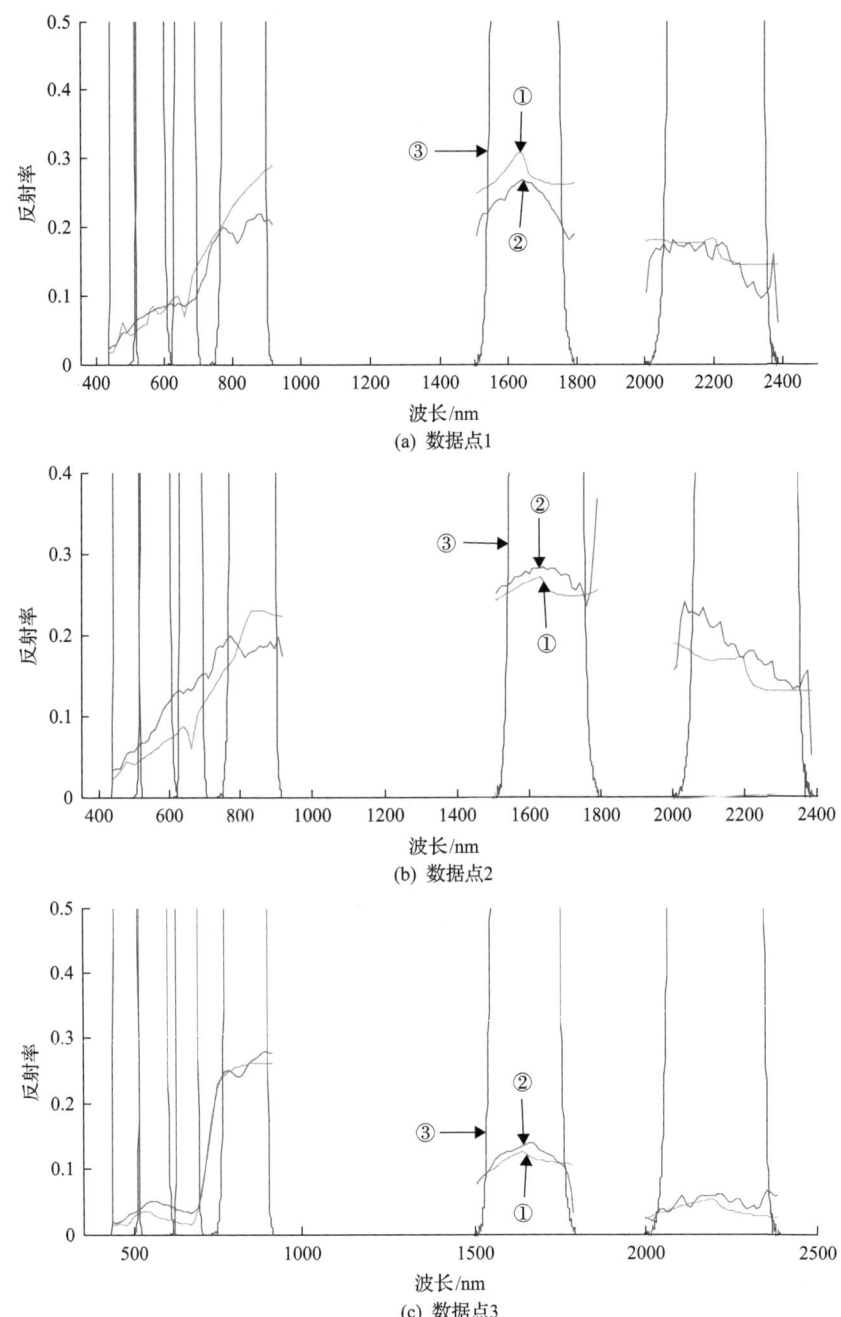

图 9-19 区域 3 数据点 1~3 重建的高光谱图

从上述的实验结果可以看到以下两点。

(1) 对于任意的星载多光谱数据,如 Landsat、SPOT 和 CBERS 等,只需要提供其传感器的光谱响应函数,就可以借助地物光谱数据库将多光谱数据细分得到高光谱数据。重建高光谱的中心波长和光谱分辨率可以依据真实星载高光谱数据设置,即待重建高光谱的波段参数与真实高光谱完全一致;也可以根据需要自行设定中心波长和光谱分辨率,即可重建任意高光谱数据。

(2)从图 9-15、图 9-17、图 9-19 中可以直观看到各数据点的重建的高光谱与真实高光谱具有很高的相似性,光谱的形状和光谱值都比较接近。计算两者的光谱角距离(光谱角的余弦值)如表 9-5 所示。

表 9-5　区域 1～3 重建高光谱与真实高光谱的光谱角距离

区域编号	数据点				
	1	2	3	4	5
1	0.9849	0.9917	0.9828	0.9838	
2	0.9929	0.9901	0.9933	0.9957	0.9885
3	0.9903	0.9819	0.9913		

从表 9-5 中可见,各区域数据点重建的高光谱与真实的高光谱间的光谱角相似度都达到 98%以上,平均光谱角相似度也达到 99%,最高的甚至达到约 99.6%,进一步说明重建的高光谱与真实高光谱具有较高的吻合度。另外,从图 9-15、图 9-17 和图 9-19 中可以看到,重建的高光谱与真实高光谱还是存在一些差异,主要表现在两点。

(1)重建的高光谱的幅值与真实高光谱的幅值不完全吻合。

(2)真实高光谱存在一些细小的起伏波纹,主要位于第 7 波段,而模拟光谱不存在波纹起伏的情况。

分析导致差异的原因,主要有以下七个方面。

(1)多光谱数据解混存在误差。解混得到的端元光谱存在误差,影响模拟端元高光谱的准确性;再有解混丰度存在误差,影响对重建后的端元光谱的混合。

(2)用地物光谱数据库来辅助端元多光谱细分时存在误差。首先各个数据库测量的光谱存在误差。另外,地物光谱数据库为地面或是实验室测得数据,与遥感卫星得到的星载数据存在一定差异。

(3)用来比较的真实高光谱数据本身存在误差。首先,是各种校正产生的误差。其次,虽然经过各种校正和定标,但不能完全消除大气传输和设备带来的误差,只能比较真实地反映地物的反射率。

(4)测试数据选取的 Landsat-7 和 Hyperion 数据空间分辨率虽然都是 30m,且选用的是同一地区,但各像元点包含的区域只能是相对对应,不可能完全一致,故像元光谱也只是相对对应。

(5)高光谱影像与多光谱影像并不是同时相的,地物场景会发生变化。同时,二者获取过程中的成像通道、探测角度等许多要素都不尽相同。

(6) 这里的实验选择了多光谱的 6 个通道，仿真高光谱的 116 个通道，通道数的差异非常之大，这必然会导致多光谱解混的精度及光谱库辅助的准确性大大下降，从而影响最后的高光谱仿真结果。

(7) 由于不知道高光谱的波段响应函数，这里采用半峰全宽为光谱分辨率大小的高斯函数模拟高光谱波段响应函数，这无疑会与真实的高光谱波段响应函数存在差异，从而影响最终高光谱重建结果的正确性。

9.4.4 光谱影像分类能力验证

多光谱影像由于波段数较少，波段宽度大，能用于分类的光谱信息量较少，故直接利用多光谱信息进行光谱影像分类，其精度不高；反之，高光谱影像波段数目更多、波段更细，因而蕴含着更为丰富的光谱信息，基于高光谱影像光谱信息的图像分类应该具有较高的精度。

该部分设计了三组实验：第一组实验意在分析重建的高光谱与多光谱数据点之间可分性的变化；第二组实验通过分别计算重建的高光谱与多光谱的两类类内距离和类间距离，分析了两类之间可分性的改变；第三组实验进一步比较重建的高光谱与多光谱测试数据图的分类精度的变化。通过上述三组实验来检验模拟高光谱是否能提高多光谱的分类能力。

1. 数据点验证实验

由模式识别理论知道，各类地物之所以能够分开是因为它们位于特征空间中的不同区域，显然这些区域之间距离越大类别可分性就越大；各类地物靠近是因为它们位于特征空间的近邻区域，距离越小说明类别越相近。

从图 9-11 三个区域的数据图中均提取三个数据点，其中两点 x_1、x_2 属于同一类地物，另一点 x_3 属于另一类地物，如图 9-20 所示。记 d_{12} 和 d_{13} 分别表示在原多光谱数据上，点 x_1 和点 x_2、点 x_1 和点 x_3 之间的距离；d'_{12} 和 d'_{13} 分别表示在重建的高光谱数据上，点 x_1 和点 x_2、点 x_1 和点 x_3 之间的距离。判断是否满足以下条件，即

$$\frac{d_{12}}{d_{13}} > \frac{d'_{12}}{d'_{13}}$$

如果满足，即表示 x_1 点类内距离/类间距离变小，则说明这三点的可分性变强，间接验证了重建后的高光谱影像比原始多光谱影像更有利于分类。

对图 9-20 所示的三个区域中数据点分别计算多光谱和重建后的高光谱的类内距离、类间距离及其比值。这里的距离度量选用光谱角距离，因为光谱角距离所描述的距离度量更注重向量的方向，某种程度上能表示形状。计算结果见表 9-6。

第 9 章 光谱超分辨率重建

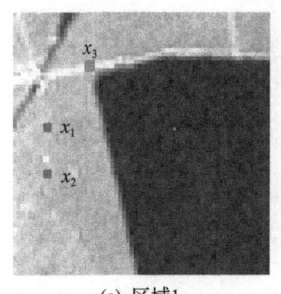
(a) 区域1

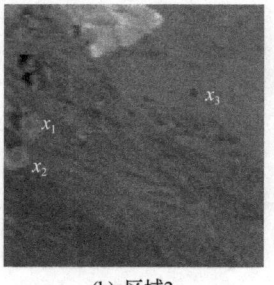
(b) 区域2

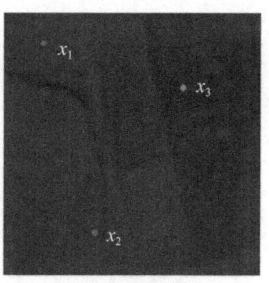
(c) 区域3

图 9-20 测试数据图

表 9-6 区域 1～3 多光谱与重建高光谱数据点的可分性比较

区域	多光谱类内距离、类间距离及其比值			重建高光谱类内距离、类间距离及其比值		
	d_{12}	d_{13}	d_{12}/d_{13}	d'_{12}	d'_{13}	d'_{12}/d'_{13}
区域 1	0.0157	0.0447	0.3511	0.0078	0.1396	0.0559
区域 2	0.0593	0.1332	0.4452	0.0027	0.1843	0.0147
区域 3	0.0248	0.5985	0.0414	0.0026	0.6017	0.0043

从表 9-6 可以看到，重建的高光谱与多光谱相比较，区域 1～3 中同类数据点间类内距离减小，不同类数据点间类间距离增大，做比之后类内距离/类间距离减小，符合重建前后类内距离/类间距离减小的原则，从而说明数据点的可分性变强，更有利于分类。

2. 两类验证实验

提取两类地物多光谱 A_1 和 A_2，分别得到重建的高光谱，记为 B_1 和 B_2，计算原多光谱类内距离 d_{11}、d_{22} 和类间距离 d_{12}，以及重建后的高光谱类内距离 d'_{11}、d'_{22} 和类间距离 d'_{12}，看是否满足以下条件，即

$$\frac{d_{11}}{d_{12}} > \frac{d'_{11}}{d'_{12}} \text{ 且 } \frac{d_{22}}{d_{12}} > \frac{d'_{22}}{d'_{12}}$$

若满足，则表示重建的高光谱的类内距离/类间距离小于原多光谱的类内距离/类间距离，说明这两类的可分性增强。

A、B 两类各取 4×4 共 16 个数据点组成数据类，如图 9-21 所示。计算两类类间距离是先求 A 类中任一点与 B 类中任一点的距离，然后把所有这些距离相加求平均，即类内平均距离，计算类间距离是先分别对 A 类和 B 类的特征向量求均值，求两类均值向量之间的距离。分别比较各区域重建后的高光谱与多光谱的类内平均光谱角距离、类间均值向量距离及其比值的变化，如表 9-7 所示。

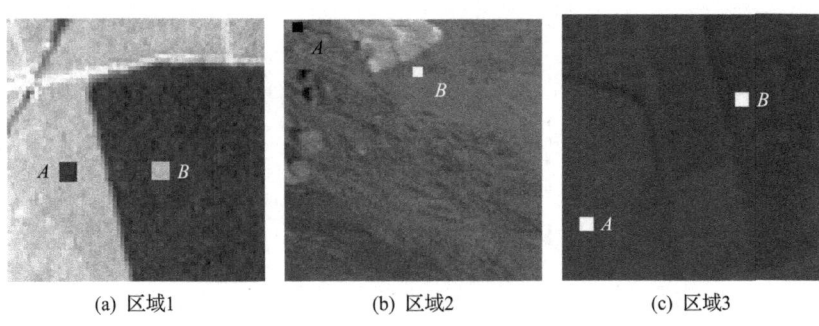

(a) 区域1　　　　　(b) 区域2　　　　　(c) 区域3

图 9-21　测试数据图

表 9-7　两类地物区域 1~3 多光谱与重建高光谱数据点的可分性比较

区域		多光谱类内类间距离			重建高光谱类内类间距离		
		类内平均光谱角距离	类间均值向量距离	比值	类内平均光谱角距离	类间均值向量距离	比值
区域 1	A 类	0.0012	0.5992	0.0020	0.0004	0.6055	0.0006
	B 类	0.0018	0.5992	0.0029	0.0008	0.6055	0.0013
区域 2	A 类	0.0021	0.1012	0.0210	0.0010	0.1820	0.0055
	B 类	0.0007	0.1012	0.0069	0.0007	0.1820	0.0036
区域 3	A 类	0.0015	0.0950	0.0153	0.0002	0.0439	0.0055
	B 类	0.0020	0.0950	0.0210	0.0004	0.0439	0.0086

通过上述实验结果可以看到，区域 1~3 中两类数据经过前述算法重建成高光谱后，类内平均光谱角距离均明显减小，类间均值向量距离有一定增大，这两者比值明显减小。这意味着通过将多光谱数据重建成高光谱数据，可以使类别的可分性增强，验证了重建高光谱的分类能力优于原多光谱数据。

3. 数据图分类实验

对多光谱数据图和重建的高光谱数据图分别做分类实验，并对分类结果做精度评价，由此检验重建的高光谱分类能力是否高于多光谱的分类精度。分类算法采用的是最小距离分类，距离度量采用光谱角距离。先从图像中对每类随机选取训练样本进行训练得到每类的平均光谱，再依次计算每一点到各类平均光谱的光谱角距离，如果到第 i 类光谱角距离最小，则将该点归为第 i 类。

为了评价分类的准确性，要选择合适的方式对分类结果进行精度评价。最常用的是混淆矩阵(confusion matrix)，定义如下：

$$M = \begin{bmatrix} m_{11} & m_{12} & \cdots & m_{1n} \\ m_{21} & m_{22} & \cdots & m_{2n} \\ \cdots & \cdots & \cdots & \cdots \\ m_{n1} & m_{n2} & \cdots & m_{nn} \end{bmatrix} \quad (9\text{-}9)$$

式中，m_{ij} 为实验区域内 i 类像元被分到 j 类中去的像元总数；n 为总类别数。混淆矩阵中对角线上表示的是被正确分类的像元数量。对误差矩阵的分析可得到基本的统计估计量，包括由混淆矩阵可计算得到主要的评价指标：总体分类精度、Kappa 系数、错分误差、漏分误差、制图精度和用户精度[35]。

(1) 总体分类精度：指总正确分类数占总样本数的比例，反映了分类结果总的正确程度，表示分类图中像元点的分类结果与地面实际类型相同的概率。

(2) Kappa 系数：全面利用混淆矩阵的信息，可作为分类精度评价的综合指标。计算式如下：

$$K = \frac{N \sum_{i=1}^{n} m_{ii} - \sum_{i=1}^{n}(m_{i+}m_{+i})}{N^2 - \sum_{i=1}^{n}(m_{i+}m_{+i})} \quad (9\text{-}10)$$

式中，n 为分类矩阵行列数；m_{ij} 为混淆矩阵中第 i 行第 j 列的元素值；m_{i+} 和 m_{+i} 分别为行总和及列总和；N 为总样本数。

(3) 错分误差(对于第 i 类)：指属于某一类但被错分为某用户感兴趣的类的像元，它显示在混淆矩阵的行里面。

(4) 漏分误差(对于第 i 类)：统计这一类像元，本属于某一真实类，但分类器将其漏分，没有分到相应类中。漏分误差在混淆矩阵的列中。

(5) 制图精度(对于第 i 类)：反映一种比率，即假设地表真实为 A 类，分类器可以将一幅图像中像元正确归为 A 类的概率。该指标反映生产这幅分类图方法的好坏。

(6) 用户精度(对于第 i 类)：同为一种比率，指假设被分类器归到 A 类的像元中，相应的地表真实类别是 A 的概率。它反映分类图中各类别的可信度，即这幅图的可靠性。

选取图 9-11 所示的 Landsat-7 多光谱数据进行实验，地区包括巴西马托格罗索州地区和美国内华达州地区，每个区域大小均为 64×64。图 9-22～图 9-24 中图(a)～(c)分别为区域 1～3 的分类参考图、多光谱图和重建的高光谱图。

对区域 1～3 的分类结果图分别计算总体分类精度、Kappa 系数，如表 9-8 所示。

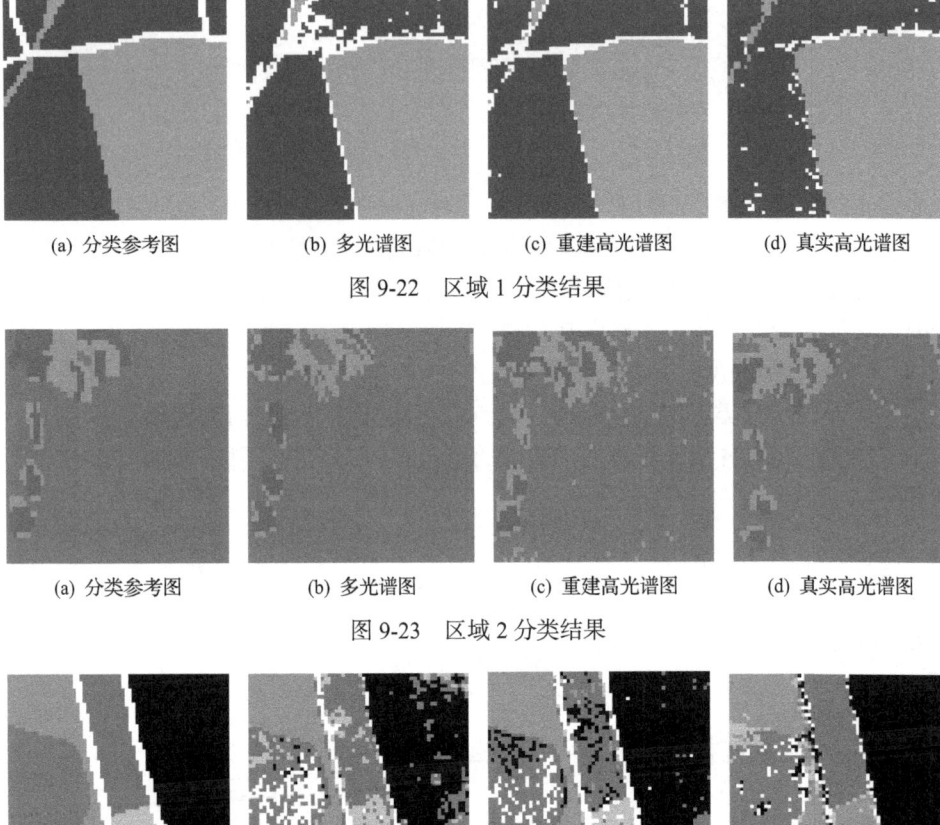

(a) 分类参考图　　(b) 多光谱图　　(c) 重建高光谱图　　(d) 真实高光谱图

图 9-22　区域 1 分类结果

(a) 分类参考图　　(b) 多光谱图　　(c) 重建高光谱图　　(d) 真实高光谱图

图 9-23　区域 2 分类结果

(a) 分类参考图　　(b) 多光谱图　　(c) 重建高光谱图　　(d) 真实高光谱图

图 9-24　区域 3 分类结果

表 9-8　多光谱图与重建高光谱图总体分类精度和 Kappa 系数比较

区域	总体分类精度/%			Kappa 系数		
	多光谱图	重建高光谱图	真实高光谱图	多光谱图	重建高光谱图	真实高光谱图
区域 1	90.80	95.58	95.78	0.8350	0.9187	0.9194
区域 2	78.16	83.23	78.30	0.6471	0.7344	0.6577
区域 3	71.12	79.81	78.86	0.6377	0.7403	0.7247

表 9-9～表 9-11 为区域 1～3 分类后每一类的错分误差、漏分误差、制图精度和用户精度。

表 9-9　区域 1 多光谱图与重建高光谱图分类精度比较

精度		第一类(紫)	第二类(绿)	第三类(白)
错分误差	多光谱图	0.0581	0.0032	0.7798
	重建高光谱图	0.0436	0.0027	0.4400
	真实高光谱图	0.0440	0.0101	0.5667
漏分误差	多光谱图	0.1054	0.0309	0.5956
	重建高光谱图	0.0228	0.0335	0.3880
	真实高光谱图	0.0400	0.0257	0.4526
制图精度	多光谱图	0.8946	0.9691	0.4044
	重建高光谱图	0.9772	0.9665	0.6120
	真实高光谱图	0.9600	0.9743	0.5474
用户精度	多光谱图	0.9419	0.9968	0.2202
	重建高光谱图	0.9564	0.9973	0.5600
	真实高光谱图	0.9560	0.9899	0.4333

表 9-10　区域 2 多光谱图与重建高光谱图分类精度比较

精度		第一类(红)	第二类(紫)	第三类(黄)	第四类(绿)
错分误差	多光谱图	0.1568	0.1771	0.2522	0.4848
	重建高光谱图	0.1117	0.1473	0.1414	0.5129
	真实高光谱图	0.2089	0.2191	0.2091	0.2847
漏分误差	多光谱图	0.2078	0.3248	0.1413	0.5278
	重建高光谱图	0.1543	0.1838	0.1544	0.3009
	真实高光谱图	0.2324	0.2446	0.1807	0.2821
制图精度	多光谱图	0.7922	0.6752	0.8587	0.4722
	重建高光谱图	0.8457	0.8162	0.8456	0.6991
	真实高光谱图	0.7676	0.7554	0.8193	0.7179
用户精度	多光谱图	0.8432	0.8229	0.7478	0.5152
	重建高光谱图	0.8883	0.8527	0.8586	0.4871
	真实高光谱图	0.7911	0.7809	0.7909	0.7153

表 9-11　区域 3 多光谱图与重建高光谱图分类精度比较

精度		第一类(紫)	第二类(绿)	第三类(白)	第四类(灰)	第五类(黄)	第六类(白)
错分误差	多光谱图	0.0893	0.3852	0.0535	0.3654	0.5835	0.6818
	重建高光谱图	0.1448	0.3295	0.0936	0.1725	0.2447	0.5112
	真实高光谱图	0.0898	0.3191	0.2010	0.1101	0.6733	0.7526

续表

精度		第一类(紫)	第二类(绿)	第三类(白)	第四类(灰)	第五类(黄)	第六类(白)
漏分误差	多光谱图	0.2539	0.2184	0.0549	0.4660	0.2468	0.5994
	重建高光谱图	0.1133	0.3264	0.0510	0.3213	0.2383	0.3876
	真实高光谱图	0.0088	0.1616	0.1626	0.3273	0.7692	0.7160
制图精度	多光谱图	0.7461	0.7816	0.9451	0.5340	0.7532	0.4006
	重建高光谱图	0.8867	0.6736	0.9490	0.6787	0.7617	0.6024
	真实高光谱图	0.9912	0.8384	0.8374	0.6727	0.2308	0.2840
用户精度	多光谱图	0.9107	0.6148	0.9365	0.6346	0.4165	0.3172
	重建高光谱图	0.8542	0.6705	0.9064	0.8275	0.7553	0.4888
	真实高光谱图	0.9102	0.6809	0.7990	0.8899	0.3267	0.2474

从上面的实验结果中可以看出以下结论。

(1) 区域1~3的重建高光谱图总体分类精度高于原多光谱总体分类精度，说明图像中被正确分类的像元总和增多，分类图的分类结果与地面相应区域的实际类型一致性更强；Kappa系数全面地利用了混淆矩阵的信息，故重建高光谱图Kappa系数比多光谱图Kappa系数增大，综合反映了图像分类精度的提高。

(2) 区域1~3的重建高光谱图大多数类的错分误差、漏分误差、制图精度和用户精度，要优于多光谱图的分类精度，说明这些类的正确分类数占分类参考图中该类别总数的比例增大，占该类像元总数的比例也在增大；但也有少数类的分类指标略微降低。

综合上述各项评价指标可以看出重建高光谱的分类精度要远高于原多光谱的分类精度，即重建高光谱影像分类能力优于多光谱影像，从总体上验证了前述算法的有效性。

参 考 文 献

[1] 王先华, 王乐意, 乔延利. 遥感中的高光谱技术及应用. 光电子技术与信息, 2001, (6): 7-13.
[2] 陈方, 牛铮, 廖楚江. 遥感图像模拟技术方法与应用分析. 地球信息科学, 2006, 8(3): 114-118.
[3] 陈方, 牛铮, 覃驭楚. 基于宽波段光学遥感图像的细分光谱光学遥感图像的模拟. 光电工程, 2007, 34(5): 89-96.
[4] Liu B, Zhang L, Zhang X, et al. Simulation of EO-1 Hyperion data from ALI multispectral data based on the spectral reconstruction approach. Sensors, 2009, 9: 3090-3108.
[5] 吴昀昭, 田庆久, 金震宇, 等. ETM+数据绝对反射率反演方法分析. 遥感信息, 2004, (2): 9-12.

[6] 张兆明, 何国金. Landsat5 TM 数据辐射定标. 科技导报, 2008, 26(7): 54-58.
[7] 郑伟, 曾志远. 遥感图像大气校正方法综述. 遥感信息, 2004, (4): 66-70.
[8] Vermote E F, Tanré D, Deuze J L, et al. Second Simulation of the satellite signal in the solar spectrum, 6s: An overview. IEEE Transaction on Geoscience and Remote Sensing, 1997, 35(3): 675-686.
[9] 吴北婴. 大气辐射传输实用算法. 北京: 气象出版社, 1998.
[10] 王建, 潘竟虎, 王丽红, 等. 基于遥感卫星图像的ATCOR2快速大气较正模型及应用. 遥感技术与应用, 2002, 17(4): 193-197
[11] 郑伟, 曾志远. 遥感图像大气校正的黑暗像元法. 国土资源遥感, 2005, 17(1): 8-11.
[12] Moran S, Jackson R D, Slater P N, et al. Evaluation of implified procedures for retrieval of land surface reflectance factors from satellite sensor output. Remote Sensing of Environment, 1992, 41(2-3): 169-184.
[13] Richter R. A spatially adaptive fast atmospheric correction algorithm. International Journal of Remote Sensing, 1996, 17(6): 1201-1214.
[14] 贾森. 非监督的高光谱图像解混技术研究. 杭州: 浙江大学, 2007.
[15] Bell A J, Sejnowski T J.An information-maximization approach toblind separationand blind deconvolution. Neural Computation, 1995, 7(6): 1129-1159.
[16] Rogge D M, Rivard B, Zhang J, et al. Iterative spectral unmixing for optimizing per-pixel endmember sets. IEEE Transaction Geoscience Remote Sensing, 2006, 44(12): 3725-3736.
[17] 朱长明, 骆剑承, 沈占锋, 等. 地物波谱数据辅助的SPOT影像模拟真彩色方法研究. 测绘学报, 2010, 39(2): 169-174.
[18] 周小虎, 周鼎武. 数字化地物反射光谱库研究进展. 光谱学与光谱分析, 2009, 29(6): 1616-1622.
[19] Salisbury J W, D'Aria D M, Jarosevich E. Mid-infrared(2.5-13.5μm) reflectance spectra of powdered stony meteorites. Lcarus, 1991, 92(2): 280-297.
[20] Salisbury J W, Walter L S, Vergo N. Infrared(2.1-25μm) Spectra of Minerals. Baltimore: Johns Hopkins University Press, 1991.
[21] Korb A R, Dybwad P, Wadsworth W. Portable Fourier transform infrared spectoradio meter for field measurements of radiance and emissivity. Applied Optics, 1996, 35(10): 1679-1692.
[22] Salisbury J W, D'Aria D M, Wald A. Measurements of thermal infrared spectral reflectance of frost, snow and ice. Journal of Geophysical Research: Solid Earth, 1994, 99(B12): 24235-24240.
[23] Grove C I, Hook S J, Paylor E D. Compilation of laboratory reflectance spectra of 160 minerals 0.4 to 2.5 micrometers. Pasadena: Jet Propulsion Laboratory, 1992.
[24] Kahle A B, Goetz A F H, Paley H N, et al. A data base of geologic field spectra. Preceedings of 15th International Symposium on Remote Sensing of Environment, Ann Arbor, 1981: 332.

[25] Clark R N, King T V V, Klejwa M, et al. High spectral resolution reflectance spectroscopy of minerals. Joumal of Geophysicai Research: Solid Earth, 1990, 95(B8): 12653-12680.

[26] 窦闻, 孙洪泉, 陈云浩. 基于光谱响应函数的遥感图像融合对比研究. 光谱学与光谱分析, 2011, 31(3): 746-752.

[27] 王亚飞, 钱乐祥, 刘含海. 地物光谱曲线特征点的提取和应用. 河南大学学报, 2006, 36(4): 67-70.

[28] 李红. 数值分析. 武汉: 华中科技大学出版社, 2003.

[29] 孙林, 柳钦火, 陈良富, 等. 环境与减灾小卫星高光谱成像仪陆地气溶胶光学厚度反演. 遥感学报, 2006, 10(5): 770-776.

[30] 行麦玲, 刘兆军. 资源卫星光学遥感器发展近况. 航天返回与遥感, 2004, 25(3): 17-21.

[31] 谭炳香, 李增元, 陈尔学, 等. EO-1 Hyperion 高光谱数据的预处理. 遥感信息, 2005, 6: 36-41.

[32] Goodenough D G, Dyk A, Niemann K O, et al.Processing Hyperion and ALI for forest classification. IEEE Transactions on Geoscience and Remote Sensing, 2003, 41(6): 1321-1331.

[33] Datt B, McVicar T R, van Niel T G, et al. Preprocessing EO-1 Hyperion hyperspectral data to support the application of agricultural indexes.IEEE Transactions on Geoscience and Remote Sensing, 2003, 41(6): 1246-1259.

[34] Kruse F A, Lefkoff A B, Boardman J W, et al. The spectral image processing system(SIPS)—interactive visualization and analysis of imaging spectrometer data. Remote Sensing of Environment, 1993, 44(2-3): 145-163.

[35] 梁继, 王建, 王建华. 基于光谱角分类器遥感影像的自动分类和精度分析研究. 遥感技术与应用, 2002, 17(6): 299-303.